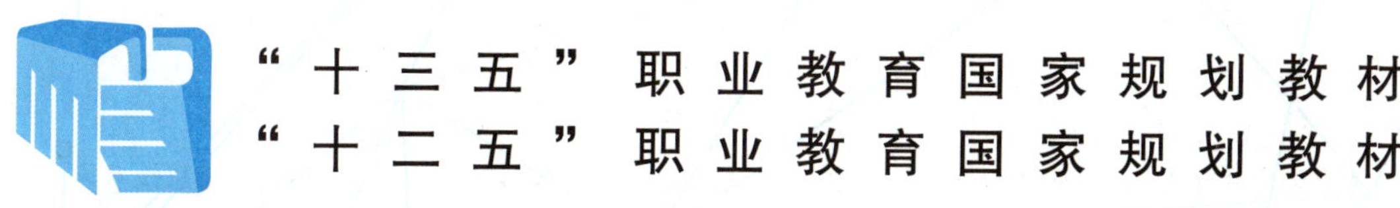

“十三五”职业教育国家规划教材

“十二五”职业教育国家规划教材

计算机应用技术与实践

（Windows 10 + Office 2016）（第四版）

陈　晴　魏翠芳◎主　编

纪晓娜　杨　欢　田博坚　程　琼◎副主编

中国铁道出版社有限公司

CHINA RAILWAY PUBLISHING HOUSE CO., LTD.

内 容 简 介

本书依据教育部《高等职业教育专科信息技术课程标准（2021年版）》编写，内容包括信息技术基础知识、Windows 10操作系统及应用、Word 2016文档处理、Execl 2016电子表格处理、PowerPoint 2016演示文稿制作、计算机网络应用六个模块，模块中包含认识Windows 10操作系统、管理文件与文件夹、制作双选会通知、创建学生成绩表、创建班级活动演示文稿等15个任务，将信息技术的基本理论和基本技能有机结合。本书目标明确，内容详略得当，充分体现了“学中做，做中学，实践中教理论，理实一体”的职业教育理念，不仅能帮助学生较全面地了解信息技术及计算机基础知识，还能使其较好地进行实践与运用。

本书适合作为高等职业院校计算机基础课程教材，也可作为计算机技能培训的入门教材。

图书在版编目（CIP）数据

计算机应用技术与实践：Windows 10 + Office 2016 / 陈晴，魏翠芳主编 .—4版 .—北京：中国铁道出版社有限公司，2023.9（2024.1重印）
“十三五”职业教育国家规划教材
ISBN 978-7-113-30453-9

Ⅰ.①计… Ⅱ.①陈…②魏… Ⅲ.① Windows操作系统 - 高等职业教育 - 教材②办公自动化 - 应用软件 - 高等职业教育 - 教材 Ⅳ.① TP316.7 ② TP317.1

中国国家版本馆CIP数据核字（2023）第150890号

书 名： 计算机应用技术与实践（Windows 10 + Office 2016）
作 者： 陈 晴 魏翠芳

策 划： 侯 伟　　**编辑部电话：**（010）51873135
责任编辑： 翟玉峰 李学敏
封面设计： 刘 颖
责任校对： 苗 丹
责任印制： 樊启鹏

出版发行： 中国铁道出版社有限公司（100054，北京市西城区右安门西街8号）
网 址： http://www.tdpress.com/51eds/
印 刷： 三河市燕山印刷有限公司
版 次： 2012年9月第1版 2023年9月第4版 2024年1月第2次印刷
开 本： 850 mm×1 168 mm 1/16 **印张：** 13.25 **字数：** 333千
书 号： ISBN 978-7-113-30453-9
定 价： 42.00元

前言

党的二十大报告指出："必须坚持科技是第一生产力、人才是第一资源、创新是第一动力，深入实施科教兴国战略、人才强国战略、创新驱动发展战略，开辟发展新领域新赛道，不断塑造发展新动能新优势。"我国正处在新时代，大数据、人工智能、云计算、区块链等新一代信息技术的广泛应用已成为经济社会转型发展的主要驱动力，信息化不仅改变着人们的生活和工作方式，而且改变着人们的思维和学习方式。科学、技术、经济、文化和军事的发展都需要各类人员具备良好的信息技术素养，能够熟练地操作计算机，特别是随着办公自动化程度的不断提高，熟练操作计算机和使用办公软件已经是高校学生必备的能力和素质。

2005年，我们首次开发了《计算机应用基础》教材，教材注重理实一体化的开发，从完成实际工作任务的主要工作过程入手，在教学过程中给学习者一定的思考空间，提升学习者的能力和素养，对培养"面向现代化，面向世界，面向未来"的创新人才更具深远意义。先后经过几次改版，《计算机应用技术与实践（Windows 7 + Office 2010）（第二版）》被评为"十二五"职业教育国家规划教材，《计算机应用技术与实践（Windows 10 + Office 2010）（第三版）》被评为"十三五"职业教育国家规划教材。第三版教材自出版后，受到广大用书院校师生的一致好评，多次重印。

本书继续体现"学中做，做中学，实践中教理论，理实一体"的职业教育理念，以《高等职业教育专科信息技术课程标准（2021年版）》为指南，结合全国计算机等级考试大纲等，将操作系统及常用软件进行了升级：操作系统由原来的Windows 7升级为 Windows 10，常用软件由原来的Office 2010升级到Office 2016。本书的素材及任务也得到了有效的升级并更新，同时还新增了新一代信息技术基础、网络应用与信息检索、信息安全等内容，涵盖了当今较新的网络和计算机应用技术。为方便读者学习，任务案例给出操作视频，扫描二维码即可观看。

本书从高校到工作岗位对计算机常用办公软件通用技能的要求着手，结合日常学习和生活对计算机应用的需求，全面提供了计算机应用软件的实用知识。全书分为六个模块，模块精心设计了若干实践任务，每个任务都包含“任务描述—任务分析—任务实现—相关知识—拓展训练”几个环节，可全面提升读者应用技能，培养其结合学习、生活、工作实际分析问题、解决问题的能力。

通过本书的学习，可加深对计算机基础知识点的理解，对取得全国计算机一级等级考试证书有很大帮助。

本书分为基础篇和实践篇，基础篇包括模块1：信息技术基础知识，以信息技术基础知识为主线，选择与计算机应用、信息技术密切相关的基础性知识，融入了人工智能、量子信息、移动通信技术、物联网等新兴技术。实践篇包括模块2：Windows 10操作系统及应用；模块3：Word 2016文档处理；模块4：Excel 2016电子表格处理；模块5：PowerPoint 2016演示文稿制作；模块6：计算机网络应用，并将知识点完全融入任务案例中，使学生可以边实践、边学习、边思考、边总结、边构建，增强处理同类问题的能力。

本书由武汉职业技术学院陈晴和河北轨道运输职业技术学院魏翠芳任主编，河北轨道运输职业技术学院纪晓娜、杨欢、田博坚和武汉职业技术学院程琼任副主编，武汉职业技术学院朱里奇、姜晓参与编写。其中，模块1由魏翠芳、朱里奇编写，模块2由纪晓娜、姜晓编写，模块3由杨欢编写，模块4由纪晓娜编写，模块5由魏翠芳编写，模块6由杨欢、程琼编写；陈晴、田博坚进行了最后的统稿工作。

编者精心组织、着力构建、认真检查，但书中难免存在疏漏之处，恳请广大读者给予批评指正。

编　者

2023 年 6 月

目录

上篇 基础篇

下篇 实践篇

二维码资源明细表

序号	二维码名称	页码
1	更换桌面背景 添加桌面图标	34
2	“开始”菜单	35
3	设置任务栏	36
4	窗口的组成	36
5	管理文件与文件夹（1）	44
6	管理文件与文件夹（2）	45
7	页面设置	58
8	标题文字设置	59
9	插入符号	60
10	正文文本设置	60
11	编号设置	61
12	子标题下编号设置	61
13	美化装饰设置	61
14	页面设置	66
15	页眉设置	66
16	页眉页脚美化设置	67
17	段落基本设置	68
18	首字下沉设置	70
19	分栏设置	70
20	虚线绘制	71
21	项目符号设置	72
22	各段落子标题设置	73
23	插入图标素材	74
24	添加图片水印	74
25	调整	74
26	图书订购单页面设置	78
27	订单表格—基本内容输入	78
28	表格字体设置	79
29	文字方向设置	79
30	表格设置	80
31	添加符号和项目符号	81
32	邮政编码符号	81
33	表格行高设置	82
34	公式乘法	82
35	公式求和	82
36	底纹	82
37	表格边框	82
38	表格底纹	82
39	斜表头设置	84
40	单元格文字居中设置	84

续表

序号	二维码名称	页码
41	表格整体调整	84
42	论文页面设置	90
43	新建样式	91
44	设置标题	91
45	关键词设置	92
46	正文文字段落设置	92
47	页眉设置	93
48	页脚设置	93
49	封面设置	94
50	分节符	94
51	目录与调整	95
52	输入和保存学生的基本数据	102
53	设置单元格的格式	104
54	添加页眉和页脚	106
55	计算考试成绩的总分及平均分	114
56	计算最高分、最低分、优秀率	115
57	计算男女生人数、男女生平均分、计算排名	117
58	计算三好和标兵	118
59	制作所有同学的总分对比图	126
60	制作张小光同学的科目成绩对比图、图表格式设置、打印统计表及其图表	127
61	排序	132
62	自动筛选	132
63	高级筛选	133
64	分类汇总、数据透视表	133
65	制作 1~4 张幻灯片	148
66	制作 5~12 张幻灯片	150
67	设置超链接	151
68	母版、音视频的插入	157
69	添加景点	160
70	插入表格	161
71	设置动感效果	161
72	设置动作按钮	170
73	演示文稿放映管理	170
74	浏览器浏览收藏学习强国	181
75	双引号搜索	181
76	site 站内搜索	182
77	intitle 搜索	182
78	filetype 搜索文件格式	182
79	书名号搜索	182
80	使用数字资源检索	183
81	站内高级检索	184
82	保存登录账号和密码	184
83	Outlook 网页版创建	195
84	Outlook 网页版的使用	198

上篇　基础篇

本篇以信息技术基础知识为主线，选择与计算机应用、信息技术密切相关的基础性知识，融入了人工智能、量子信息、移动通信技术、物联网等新兴技术的介绍，让学生了解现代信息技术发展的内容，理解利用信息技术解决问题的基本理念和方法，获得当代信息技术前沿的相关知识，拓展专业视野，并培养学生借助信息技术对信息进行管理、加工、利用的意识。

主要内容包括：

模块 1：信息技术基础知识

模块 1 信息技术基础知识

当今社会，是以数字化、网络化、智能化为特征的信息社会，新一代信息技术与人类生产、生活深度交汇融合，推动人类社会步入数字化和智能化的新时代。

本模块我们将学习信息技术发展历程和应用领域，了解信息社会相关的知识，理解信息系统的工作机制，根据生产、生活的需要选择和应用信息技术设备及系统，让信息技术成为助力同学们未来工作和生活的翅膀。

1.1 信息技术的发展与应用

1.1.1 信息与信息技术

信息在不同的领域有不同的定义，一般来说，信息是对客观世界中各种事物的运动状态和变化的反映，简单地说，信息是经过加工的数据，或者说信息是数据处理的结果，信息泛指人类社会传播的一切内容，如音讯、消息、通信系统传输和处理的对象等。在信息社会，信息已成为科技发展日益重要的资源。

信息技术（information technology，IT）是一门综合的技术，人们对信息技术的定义因其使用的目的、范围和层次不同而有所不同。联合国教科文组织对信息技术的定义为应用在信息加工和处理中的科学、技术与工程的训练方法和管理技巧。该定义强调的是信息技术的现代化应用与高科技含量，主要指一系列与计算机相关的技术。狭义范围内的信息技术是指对信息进行采集、传输、存储、加工和表达的各种技术的总称。

1.1.2 信息技术的发展

从语言、文字，到造纸术、印刷术，再到电报、电话，到现在的互联网、区块链、人工智能等，信息技术在不断改革，至今发生过五次信息革命，如图 1-1 所示。

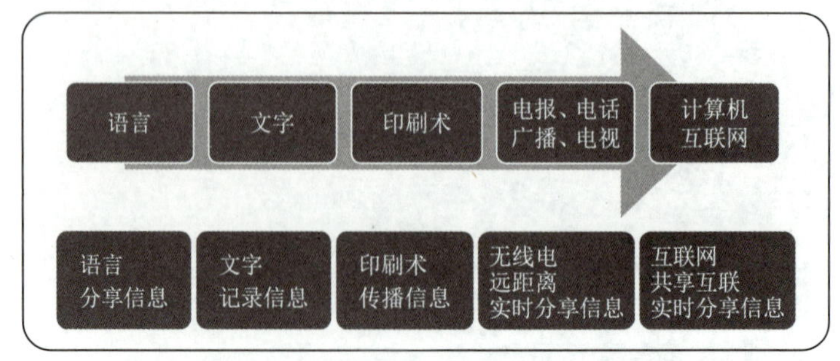

图 1-1 信息发展五个阶段

1. 第一次信息革命——语言

第一次信息革命是建立了语言，这是人类进化和文明发展的一个重要里程碑。语言的出现促进了人类思维能力的提高，并为人们相互交流思想、传递信息提供了有效的工具。

2. 第二次信息革命——文字

第二次信息革命是创造了文字。使用文字作为信息的载体，可以使知识、经验得到长期保存，并使信息的交流开始能够克服时间、空间的障碍，得以广泛流传和长期保存。

3. 第三次信息革命——印刷术

第三次信息革命是发明了印刷术，产生了书刊报纸，并极大地促进了信息的共享和文化的普及。印刷术是中国古代劳动人民的四大发明之一。活字印刷术的发明是印刷史上一次伟大的技术革命。

4. 第四次信息革命——电报、电话、广播、电视

第四次信息革命是出现了电报、电话、广播、电视等事物。电报、电话、广播、电视等信息传播手段的广泛普及，使人类的经济和文化生活发生了革命性的变化。

5. 第五次信息革命——计算机与互联网

第五次信息技术革命始于 20 世纪 60 年代，其标志是电子计算机的普及应用及计算机与现代通信技术的有机结合。近几十年是信息技术高速发展的时期，信息给产业赋能，带来的价值正在得到更多的发展。随着信息技术的发展，信息技术成为社会进步最重要的推动力，给人们带来越来越多的成果。

1.1.3　了解计算机的发展

1. 计算机的诞生

1946 年 2 月，第一台电子计算机诞生于美国宾夕法尼亚大学，它的名字叫 ENIAC，即电子数值积分计算机，如图 1-2 所示。这台机器是个庞然大物，占地面积约 170 m^2，重达 30 t，用了 18 800 只电子管、7 000 只电阻器、10 000 只电容器、50 万条线、6 000 个开关和配线盘，功率为 150 kW，每秒可以完成 5 000 次加法运算，是手工计算的 20 万倍。它的诞生为现代计算机的发展奠定了基础，并宣告一个崭新的计算机时代的到来。

图 1-2　世界上第一台计算机

同一时期，数学家冯·诺依曼针对 ENIAC 存储程序方面的弱点，提出了“存储程序”的通用计算机的工作原理，1946 年给出了新计算机 EDVAC 的设计方案，该计算机是当时最快的计算机，因此，人们把该理论称为冯·诺依曼体系结构并沿用至今，冯·诺依曼也被誉为“现代电子计算机之父”。

2. 计算机的发展历程

计算机问世至今虽然只有短短的 70 多年，但伴随其技术日新月异的发展，计算机已从昔日只能进行简单数值计算的庞然大物，演变成为今天功能强大的数字化信息处理机，这当中电子器件的变革是主要的推动力量，所以人们通常按计算机所采用的电子物理器件来划分计算机的发展阶段（见表 1-1），计算机发展至今总体上经历了电子管、晶体管、中小规模集成电路、大规模和超大规模集成电路四个阶段，现在或不远的将来将迎来计算机发展的第五个阶段。

表 1-1　计算机发展四个阶段

类别	起止年份	主要元件	速度（次 / 秒）	代表机型	应用
第一代	1946—1957 年	电子管	5000 ～ 1 万	ENIAC、EDVAC	科学和工程计算
第二代	1958—1964 年	晶体管	几万～几十万	TRADIC、IBM1401	数据处理、事务处理、工业控制领域
第三代	1965—1970 年	中小规模集成电路	几十万～几百万	PDP-8 机、PDP-11 系列机、VAX-11 系列机	拓展到文字处理、企业管理、自动控制方面
第四代	1971 年至今	大规模和超大规模集成电路	几千万～数十亿	IBMPC、Pentium 系列、Core 系列、APPLEiMACg5 系列	广泛应用到社会生活的方方面面

（1）第一代电子管计算机

1946—1957 年，这一时期生产的计算机主要以电子管为物理器件，采用水银延迟线、磁鼓等类型存储器。计算机使用的是定点运算，主要使用机器语言或汇编语言编写程序，没有操作系统，计算机体积大、运算速度慢、成本高、功能单一，主要应用于国防和科学计算。

（2）第二代晶体管计算机

1958—1964 年，这一时期生产的计算机主要是以晶体管为物理器件，采用磁芯存储器，计算机普遍使用浮点运算，开始使用磁盘和磁带等外部存储器，事务处理使用的 COBOL 语言、科学计算机使用的 ALGOL 语言和符号处理使用的 LISP 等高级语言开始进入实用阶段，出现操作系统雏形。计算机的使用方式由手工操作改变为自动作业管理，与第一代计算机相比，晶体管电子计算机体积小、成本低、功能强、可靠性高，除了科学计算外，还用于数据处理和事务处理。

（3）第三代中小规模集成电路计算机

1965—1970 年，这一时期生产的计算机主要是以集成电路为物理器件，采用半导体存储器，开始普遍采用虚拟存储技术。程序设计语言逐渐趋向标准化及结构化，高级语言种类进一步增加，操作系统在这一时期日趋完善，具备批量处理、分时处理、实时处理等多种功能，计算机体积、质量、功耗大大减少，运算精度和可靠性等指标大为改善，计算机应用遍及科学计算、工业控制、数据处理等各个方面。

（4）第四代大规模和超大规模集成电路计算机

从 1971 年至今，这一时期生产的计算机主要是以大规模和超大规模集成电路为物理器件，由于把 CPU、主存储器及各 I/O 接口集成在大规模集成电路和超大规模集成电路芯片上，计算机在存储容量、运算速度、可靠性及性能价格比方面均比上一代有较大突破；在软件方面发展为分布式操作系统、数据库和知识库系统、高效可靠的高级语言以及软件工程标准化等，并形成软件产业，计算机广泛应用于各行各业。

3. 计算机的发展趋势

随着社会经济和科学技术发展对计算机技术要求的提高，信息化、网络化使得计算机的发展更加趋向于巨型化、微型化、网络化和智能化。

（1）巨型化

巨型化是计算机发展的一个重要方向，其特点是具有超级的运算速度、超大的存储容量，可提供超强的功能，而不是指计算机的体积大。

（2）微型化

微型化则是计算机发展的另一个方向，其特点是利用超大规模集成电路研制质量更加可靠、性能更加优良、价格更加低廉、整机更加小巧的微型计算机。微型计算机现在已大量应用于仪器、仪表、家用电器等小型仪器设备中，同时也作为工业控制过程的“心脏”，使仪器设备实现“智能化”。

（3）网络化

网络化就是用通信线路将各自独立的计算机连接起来，以便进行协同工作和资源共享。例如，通过 Internet，人们足不出户就可以获取大量的信息，进行网上贸易等。今天，网络技术已经从计算机技术的配角地位上升到与计算机紧密结合、不可分割的地位，产生了“网络电脑”的概念。

（4）智能化

计算机的智能化就是要求计算机具有人的智能。能够像人一样思维，使计算机能够进行图像识别、定理证明、研究学习、探索、联想、启发和理解人的语言等，它是新一代计算机要实现的目标。智能化使计算机突破了“计算”这一初级的含义，从本质上扩展了计算机的能力，可以越来越多地代替人类的脑力劳动。

4. 计算机的特点

计算机作为一种通用的信息处理工具能得到广泛的应用和普及，是因为它具有如下特点：

（1）自动控制

计算机能在程序控制下自动连续地高速运算。由于采用存储程序控制的方式，因此一旦输入编制好的程序，启动计算机后，就能自动地执行下去直至完成任务。这是计算机最突出的特点。

（2）运算速度快

计算机能以极快的速度进行计算。现在普通的微型计算机每秒可执行几十万条指令，而巨型机则达到几十亿次，甚至几百亿次。随着计算机技术的发展，计算机的运算速度还在提高。例如，天气预报，由于需要分析大量的气象资料数据，单靠手工完成计算是不可能的，而用巨型计算机只需十几分钟就可以完成。

（3）运算精度高

计算机具有无法比拟的计算精度，目前已达到小数点后上亿位的精度。

（4）具有记忆和逻辑判断能力

人是有思维能力的，而思维能力本质上是一种逻辑判断能力。计算机借助于逻辑运算，可以进行逻辑判断，并根据判断结果自动地确定下一步该做什么。计算机的存储系统由内存和外存组成，具有存储和“记忆”大量信息的能力，现代计算机的内存容量已达到吉字节，而外存也有惊人的容量。如今的计算机不仅具有运算能力，还具有逻辑判断能力，可以使用其进行诸如资料分类、情报检索等具有逻辑加工性质的工作。

（5）可靠性高

随着微电子技术和计算机技术的发展，现代电子计算机连续无故障运行的时间可达到几十万小时，具有极高的可靠性。例如，安装在宇宙飞船上的计算机可以连续几年时间可靠地运行。计算机应用在管理中也具有很高的可靠性，而人却很容易因疲劳而出错。另外，计算机对于不同的问题，只是执行的程序不同，因而具有很强的稳定性和通用性。用同一台计算机能解决各种问题，应用于不同的领域。

5. 计算机的分类

计算机发展到今天，琳琅满目、种类繁多，计算机的合理分类有助于人们了解计算机的特点和性能，但是，如何对计算机进行分类并没有一个固定的标准，可以从不同的角度对计算机进行分类。目前，通常按计算机信息的表示形式和处理方式、用途、规模与性能对计算机进行分类。

（1）按计算机信息的表示形式和处理方式分类

按计算机信息的表示形式和处理方式划分，计算机分为模拟计算机、数字计算机和混合计算机。其中，模拟计算机是用模拟量（模拟量就是以电信号的幅值来模拟数值或某物理量的大小）来表示信息，模拟计算机主要用来处理连续的模拟信息，模拟计算机由于受元器件质量的影响，其计算精度较低，应用范围较窄，目前已很少生产。数字计算机是用 0 和 1 的代码串来表示信息，数字计算机主要用来处理由 0 和 1 代码串表示的、不连续的数字化信息，与模拟计算机相比，数字计算机具有运算速度快、准确、存储量大等优点，适用于科学计算、信息处理、过程控制和人工智能等，用途广泛，现在人们所使用的大都是数字计算机。混合计算机是综合了上述两种计算机的长处设计出来的。它既能处理数字量，又能处理模拟量。但是这种计算机结构复杂，设计困难。

（2）按计算机的用途分类

按计算机的用途不同来划分，计算机可分为通用计算机和专用计算机。通用计算机是为解决各种问题而设计的，它功能全、用途广、通用性强，目前的计算机多属于通用计算机。专用计算机则是为解决某一特定问题而设计的，它专用性强、功能单一。

（3）按计算机的规模与性能分类

按计算机运算速度、存储容量、功能的强弱，以及软硬件的配套规模等不同划分，计算机又分为巨型机、大型机、小型机、服务器与工作站、微型机、单片机等。

巨型机性能极高、运算速度极快，数据存储容量很大，结构复杂，价格昂贵。中国是世界上能研制巨型机的少数国家之一，2013 年 6 月研制成功的“天河二号”（见图 1-3）巨型超级计算机，（峰值）运算速度为 5.49 亿亿次每秒、持续计算速度为 3.39 亿亿次每秒，是当时全球最快的超级计算机。2016 年 6 月在公布的全球超级计算机 500 强排行榜上，中国的“神威 • 太湖之光”（见图 1-4）排名第一，中国的“天河二号”排名第二，美国的“泰坦”（见图 1-5）排名第三。“神威 • 太湖之光”所用的 CPU 全部是国产的，体现了我国制造 CPU 的能力。巨型机主要用于国家尖端技术研究和高科技领域，它是衡量一个国家科学综合实力的重要标志之一。

图 1-3　天河二号

图 1-4　神威 • 太湖之光

图 1-5　泰坦

大型机运算速度快，有较大的存储空间，主要应用在气象、军事、仿真等领域。小型机的运行原理与个人计算机相似，但它的性能和用途与个人计算机截然不同，主要应用在测量用的仪器仪表、工业自动控制、医疗设备中的数据采集等领域。

服务器（见图 1-6）是一种可供网络用户共享的高性能计算机，存储容量大，一般用于存放各类资源，并配备丰富的外部接口，可为网络用户提供浏览、电子邮件、文件传送、数据库等多种业务服务，由于网络操作系统要求较高的运行速度，为此很多服务器都配置多个 CPU。

工作站（见图 1-7）是一种高档微型机系统，通常配备有大容量存储器，具有较高的运算速度和较强的网络通信能力，有大型机或小型机的多任务和多用户功能，同时兼有微型计算机操作便利和人机界面友好的特点。工作站最突出的特点是图形功能强，具有很强的图形交互能力，因此在计算机辅助设计（CAD）、模拟仿真、软件开发、信息服务和金融管理等领域使用。

图 1-6　服务器

图 1-7　工作站

微型机就是我们日常使用最多的个人计算机，它采用微处理芯片，具有体积小、价格低、使用方便的特点。微型机分为台式机、笔记本电脑（见图 1-8）和平板电脑（见图 1-9）。

图 1-8　笔记本电脑

图 1-9　平板电脑

单片计算机（见图 1-10）则只由一片集成电路制成，其体积小、质量小，结构十分简单，一般用作专用机或用来控制高级仪表、家用电器等（见图 1-11）。

图 1-10　单片计算机

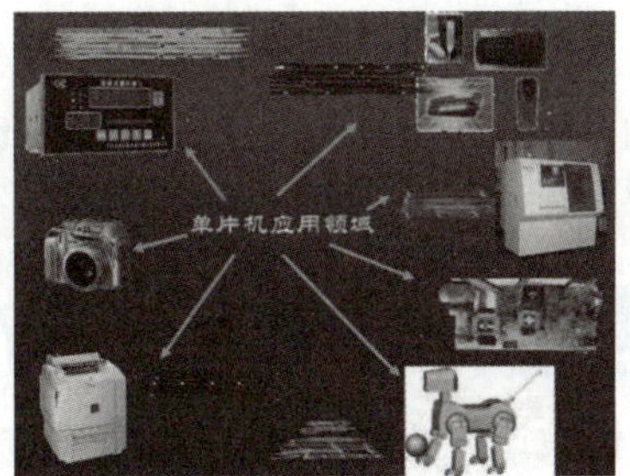

图 1-11　单片计算机应用领域

6. 计算机的应用领域

伴随着计算机技术和信息技术的迅速发展，计算机的应用领域也在不断拓宽，今天的计算机不仅仅应用于数值计算领域，而且在社会生产和人们生活的各个领域都得到了广泛应用，其应用领域主要如下：

（1）科学计算

科学计算又称数值计算，它是计算机代替人工计算和传统的计算工具最早的应用领域，一直以来，科学研究和工程技术等领域中大多数据量大、运算复杂的大型计算问题，都要依靠计算机来解决，如人造卫星轨迹的计算、地震预测、气象预报及航天技术等。

（2）数据处理

数据处理又称信息处理，它是指信息的收集、分类、整理、加工、存储等一系列活动的总称。所谓信息，是指可被人类感受的声音、图像、文字、符号、语言等。数据处理广泛应用于人口统计、办公自动化（OA）、企业管理、财务管理、邮政业务、机票订购、情报检索、图书管理、医疗诊断等领域。

（3）辅助设计、制造与教学

计算机辅助设计，就是把计算机作为一种工具辅助设计人员完成产品和工程等项目设计中的计算、分析、模拟和制图工作。CAD 技术已广泛应用于建筑工程设计、服装设计、机械制造设计、船舶设计等行业，使用 CAD 技术可以提高设计质量，缩短设计周期，提高设计自动化水平。

计算机辅助制造（CAM），就是由计算机来控制生产设备和生产操作，实现产品生产自动化。利用 CAM 可提高产品质量，降低成本和劳动强度。

计算机辅助教学，是指将教学内容、教学方法以及学生的学习情况等存储在计算机中，帮助学生轻松地学习所需要的知识。它在现代教育技术中起着相当重要的作用。

除了上述计算机辅助技术，还有其他的辅助功能，如计算机辅助出版、计算机辅助管理、辅助绘制和辅助排版等。

（4）实时控制

实时控制就是利用计算机根据其收集到的数据，对控制对象进行自动控制或调节过程，如导弹、人造卫星、飞机的跟踪与控制，就是计算机实时控制的具体应用。

（5）人工智能

人工智能是计算机一个新的应用领域，它是指利用计算机模拟人类的智能活动，使计算机具有判断、理解、学习、问题求解的能力。这方面的研究和应用正处于发展阶段，并在计算机阅卷、医疗诊断、文字翻译、密码分析、智能机器人等领域取得了一定的应用成果。

（6）系统仿真

系统仿真是根据系统分析的目的，在分析系统各要素性质及其相互关系的基础上，建立能描述系统结构或行为过程的且具有一定逻辑关系或数量关系的仿真模型，据此进行试验或定量分析，以获得正确决策所需的各种信息。

（7）计算机网络

计算机网络是计算机技术与通信技术相结合的产物。人们可通过它提供的电子邮件、文件传输、信息查询、网上新闻、各种论坛和电子商务等服务，实现信息的发布与获取，给工作和生活带来了极大的方便。

1.2 信息数据的表示和存储

所有能被计算机接收和处理的符号集合称为数据。数据的种类很多，除了数值数据外，还包括字母、符号、图形、图片、语音、视频等数据。要使计算机能接收和处理这些非数值数据，就必须将其转换为用“0”和“1”表示的代码，这一过程称为编码。

1.2.1 数据单位与存储形式

计算机内部存储和处理的数据均用二进制数表示，下面介绍几个相关概念。

1. 位

位表示一个二进制位的单位，单位为 bit，中文名称为“比特”。位是计算机存储数据和进行运算的最小单位。一个比特只能表示两种状态（0 或 1）。

2. 字节

一个字节（byte）由 8 个比特构成，单位为 B，它是计算机存储和运算的基本单位。

3. 字长

字长是指计算机一次能直接处理二进制数据的位数，即比特的数目。它是由 CPU 本身的硬件结构所决定的，它与数据总线的数目相对应。字长越长，计算机的整体性能越好。

1.2.2　数值数据的表示

数制是指用一组固定的数码和统一的规则来表示数值的方法。日常中采用的数制是十进制，除此之外有时也用到八进制和十六进制，而在计算机内部采用的数制是二进制。因此，数的编码就是将常用数制转换成二进制数。

顾名思义，二进制就是逢二进一的数字表示方法；依此类推，十进制就是逢十进一，八进制就是逢八进一等。

进位计数制中每个数码的数值不仅取决于数码本身，其数值的大小还取决于该数码在数中的位置。例如，十进制数 828.41，整数部分的第 1 个数码“8”处在百位，表示 800；第 2 个数码“2”处在十位，表示 20；第 3 个数码“8”处在个位，表示 8；小数点后第 1 个数码“4”处在十分位，表示 0.4；小数点后第 2 个数码“1”处在百分位，表示 0.01。也就是说，处在不同位置的数码所代表的数值是不同的，数码在一个数中的位置称为数制的数位；数制中数码的个数称为数制的基数，十进制数有 0、1、2、3、4、5、6、7、8、9 共 10 个数码，其基数为 10；在每个数位上的数码符号所代表的数值等于该数位上的数码乘以一个固定值，该固定值称为数制的位权数，数码所在的数位不同，其位权数也有所不同。

无论在何种进位计数制中，数值都可写成按位权展开的形式，如十进制数 828.41 可写成 $828.41=8\times100+2\times10+8\times1+4\times0.1+1\times0.01$ 或者 $828.41=8\times10^2+2\times10^1+8\times10^0+4\times10^{-1}+1\times10^{-2}$，上式为数值按位权展开的表达式，其中，$10^i$ 称为十进制数的位权数，其基数为 10，使用不同的基数，便可得到不同的进位基数制。设 R 表示基数，则称为 R 进制，使用 R 个基本的数码，R^i 就是位权，其加法运算规则是“逢 R 进一”，任意一个 R 进制数 D 均可以展开表示为

$$(D)_R=\sum_{i=-m}^{n-1}(K_i\cdot R^i)$$

上式中的 K_i 为第 i 位的数码，可以为 0，1，2，…，$R-1$ 中的任何一个数；R^i 表示第 i 位的权。表 1-2 为计算机中常用的几种进位计数制的表示。

表 1-2　计算机中常用的几种进位计数值的表示

进位制	基数	基本符号（采用的数码）	权	形式表示
二进制	2	0，1	2^i	B
八进制	8	0，1，2，3，4，5，6，7	8^i	O
十进制	10	0，1，2，3，4，5，6，7，8，9	10^i	D
十六进制	16	0，1，2，3，4，5，6，7，8，9，A，B，C，D，E，F	16^i	H

通过表 1-2 可知，对于数据 4A9E，从使用的数码可以判断出其为十六进制数。而对于数据 492 来说，

如何判断属于哪种数制呢？在计算机中，为了区分不同进制的数，可以用括号加数制基数下标的方式来表示不同数制的数，例如，$(492)_{10}$ 表示十进制数，$(1001.1)_2$ 表示二进制数，$(4A9E)_{16}$ 表示十六进制数；也可以用带有字母的形式表示 $(492)_D$、$(1001.1)_B$ 和 $(4A9E)_H$。在程序设计中，为了区分不同进制数，常在数字后直接加英文字母后缀来区别，如 492D、1001.1B 等表 1-3 所示为上述几种常用数制的对照关系表。

表 1-3　常用数制对照关系表

十进制数	二进制数	八进制数	十六进制数
0	0000	0	0
1	0001	1	1
2	0010	2	2
3	0011	3	3
4	0100	4	4
5	0101	5	5
6	0110	6	6
7	0111	7	7
8	1000	10	8
9	1001	11	9
10	1010	12	A
11	1011	13	B
12	1100	14	C
13	1101	15	D
14	1110	16	E
15	1111	17	F

提　示：

通过表 1-3 可以看出，采用不同的数制表示同一个数时，基数越大，则使用的位数越少，如十进数 12，需要 4 位二进制数来表示，需要 2 位八进制数来表示，只需 1 位十六制数来表示。所以，在一些 C 语言的程序中，常采用八进制和十六进制来表示数据。

下面介绍几种常用数制之间的转换方法。

1. 其他进制数转换为十进制数

将二进制数、八进制数和十六进制数转换为十进制数时，只需用该数制的各位数乘以各自对应的位权数，然后将乘积相加。用按位权展开的方法即可得到对应的结果。

例 1–1 将二进制数 10110 转换成十进制数。

先将二进制数 10110 按位权展开，然后将乘积相加，转换过程如下所示：

$$
\begin{aligned}
(10110)_2 &= (1\times 2^4+0\times 2^3+1\times 2^2+1\times 2^1+0\times 2^0)_{10}\\
&= (16+4+2)_{10}\\
&= (22)_{10}
\end{aligned}
$$

例 1–2 将八进制数 232 转换成十进制数。

先将八进制数 232 按位权展开，然后将乘积相加，转换过程如下所示：

$$
\begin{aligned}
(232)_8 &= (2\times 8^2+3\times 8^1+2\times 8^0)_{10}\\
&= (128+24+2)_{10}\\
&= (154)_{10}
\end{aligned}
$$

例 1–3 将十六进制数 232 转换成十进制数。

先将十六进制数 232 按位权展开，然后将乘积相加，转换过程如下所示：

$$
\begin{aligned}
(232)_{16} &= (2\times 16^2+3\times 16^1+2\times 16^0)_{10}\\
&= (512+48+2)_{10}\\
&= (562)_{10}
\end{aligned}
$$

2. 十进制数转换成其他进制数

将十进制数转换成二进制数、八进制数和十六进制数时，可将数字分成整数和小数分别转换，然后拼接起来。

例如，将十进制数转换成二进制数时，整数部分采用“除 2 取余倒读”法，即将该十进制数除以 2，得到一个商和余数（K_0），再将商数除以 2，又得到一个新的商和余数（K_1），如此反复，直到商是 0 时得到余数（K_{n-1}），然后将得到的各次余数，以最后余数为最高位、最初余数为最低位依次排列，即 $KK_{n-1}\cdots K_1K_0$，这就是该十进制数对应的二进制整数部分。

小数部分采用“乘 2 取整正读”法，即将十进制的小数乘 2，取乘积中的整数部分作为相应二进制小数点后最高位 K_{-1}，取乘积中的小数部分反复乘 2，逐次得到 $K_{-2}K_{-3}\cdots K_{-m}$，直到乘积的小数部分为 0 或位数达到所需的精确度要求为止，然后把每次乘积所得的整数部分由上而下（即从小数点自左往右）依次排列起来（$K_{-1}K_{-2}\cdots K_{-m}$）即为所求的二进制数的小数部分。

同理，将十进制数转换成八进制数时，整数部分除 8 取余，小数部分乘 8 取整；将十进制数转换成十六进制数时，整数部分除 16 取余，小数部分乘 16 取整。

例 1–4 将十进制数 225.625 转换成二进制数，用“除 2 取余倒读法”进行整数部分转换，再用“乘 2 取整正读法”进行小数部分转换，具体转换过程如下所示：

$(225.625)_{10}=(11100001.101)_2$

整数部分

除数	被除数	余数	
2	225	余1	低位
2	112	余0	↓
2	56	余0	↓
2	28	余0	↓
2	14	余0	↓
2	7	余1	↓
2	3	余1	↓
2	1	余1	高位

小数部分

计算	取整	
0.625		高位
× 2		↑
1.250	1	↑
× 2		↑
0.500	0	↑
× 2		↑
1.000	1	低位

1.2.3 了解计算机中字符的编码规则

编码就是利用计算机中的 0 和 1 两个代码的不同长度表示不同信息的一种约定方式。由于计算机是以二进制的形式存储和处理数据的，因此只能识别二进制编码信息，数字、字母、符号、汉字、语音和图形等非数值信息都要用特定规则进行二进制编码才能进入计算机。对于西文与中文字符，由于形式的不同，使用的编码也不同。

1. 西文字符的编码

在计算机中对字符进行编码，通常采用 ASCII 和 Unicode 两种编码。

（1）ASCII

美国信息交换标准代码（American standard code for information interchange，ASCII）是基于拉丁字母的一套编码系统，主要用于显示现代英语和其他西欧语言，它被国际标准化组织指定为国际标准（ISO646 标准）。标准 ASCII 使用 7 位二进制数来表示所有的大写和小写字母、数字 0 ～ 9、标点符号，以及在美式英语中使用的特殊控制字符，共有 2^7=128 个不同的编码值，可以表示 128 个不同字符的编码，如表 1-4 所示。低 4 位编码 $b_3b_2b_1b_0$ 用作行编码，而高 3 位 $b_6b_5b_4$ 用作列编码，其中有 95 个编码对应计算机键盘上的符号和其他可显示或打印的字符，另外 33 个编码被用作控制码，用于控制计算机某些外部设备的工作特性和某些计算机软件的运行情况。例如，字母 A 的编码为二进制数 1000001，对应十进制数 65 或十六进制数 41。

（2）Unicode

Unicode 也是一种国际标准编码，采用两个字节编码，能够表示世界上所有的书写语言中可能用于计算机通信的文字和其他符号。目前，Unicode 在网络、Windows 操作系统和大型软件中得到应用。

2. 汉字的编码

在计算机中，汉字信息的传播和交换必须有统一的编码才不会造成混乱和差错。因此，计算机中处理的汉字是指包含在国家或国际组织制定的汉字字符集中的汉字，常用的汉字字符集包括 GB/T 2312—1980、GB 18030、GBK 和 CJK 等。为了使每个汉字有一个全国统一的代码，我国颁布了汉字编码的国家标准，即 GB/T 2312—1980《信息交换用汉字编码字符集 基本集》，这个字符集是目前国内所有汉字系统的统一标准。

汉字的编码方式主要有以下四种：

（1）输入码

输入码也称外码，是指为了将汉字输入计算机而设计的代码，包括音码、形码和音形码等。

（2）区位码

将 GB/T 2312—1980 字符集放置在一个 94 行（每一行称为“区”）、94 列（每一列称为“位”）的方阵中，方阵中的每个汉字所对应的区号和位号组合起来就得到了该汉字的区位码。区位码用四位数字编码，前两位称为区码，后两位称为位码，如汉字“中”的区位码为 5448。

表 1-4　标准 7 位 ASCII

$b_3b_2b_1b_0$	$b_6b_5b_4$							
	000	001	010	011	100	101	110	111
0000	NUL	DLE	SP	0	@	P	`	p
0001	SOH	DC1	!	1	A	Q	a	q

续表

$b_3b_2b_1b_0$	$b_6b_5b_4$							
	000	001	010	011	100	101	110	111
0010	STX	DC2	“	2	B	R	b	r
0011	ETX	DC3	#	3	C	S	c	s
0100	EOT	DC4	$	4	D	T	d	t
0101	ENQ	NAK	%	5	E	U	e	u
0110	ACK	SYN	&	6	F	V	f	v
0111	BEL	ETB	‘	7	G	W	g	w
1000	BS	CAN	(	8	H	X	h	x
1001	HT	EM	)	9	I	Y	i	y
1010	LF	SUB	*	:	J	Z	j	z
1011	VT	ESC	+	;	K	[	k	{
1100	FF	FS	,	<	L	\	l	|
1101	CR	GS	-	=	M	]	m	}
1110	SO	RS	.	>	N	^	n	～
1111	SI	US	/	?	O	—	o	DEL

（3）国标码

国标码采用两个字节表示一个汉字，将汉字区位码中的十进制区号和位号分别转换成十六进制数，再分别加上 20H，就可以得到该汉字的国际码。例如，“中”字的区位码为 5448，区号 54 对应的十六进制数为 36，加上 20H，即为 56H，而位号 48 对应的十六进制数为 30，加上 20H，即为 50H，所以“中”字的国标码为 5650H。

（4）机内码

在计算机内部进行存储与处理所使用的代码称为机内码。对汉字系统来说，汉字机内码规定在汉字国标码的基础上，每字节的最高位置为 1，每字节的低 7 位为汉字信息。将国标码的两个字节编码分别加上 80H（即 10000000B），便可以得到机内码，如汉字“中”的机内码为 D6DOH。

1.3 计算机系统

1.3.1 计算机系统组成及层次结构

通常所说的计算机实际上指的是计算机系统，一个完整的计算机系统由硬件系统和软件系统两部分组成。硬件是软件工作的基础，软件是硬件功能的扩充和完善，两者相辅相成、协同工作，缺一不可。只具有硬件系统，却没有安装任何软件的计算机称为裸机，裸机是不能正常工作的。计算机系统的硬件和软件是按一定的层次关系组织起来的，最内层是计算机的硬件（即裸机），硬件的外层是操作系统，而操作系统的外层是其他软件，最外层是用户程序，计算机系统的基本组成如图 1-12 所示。

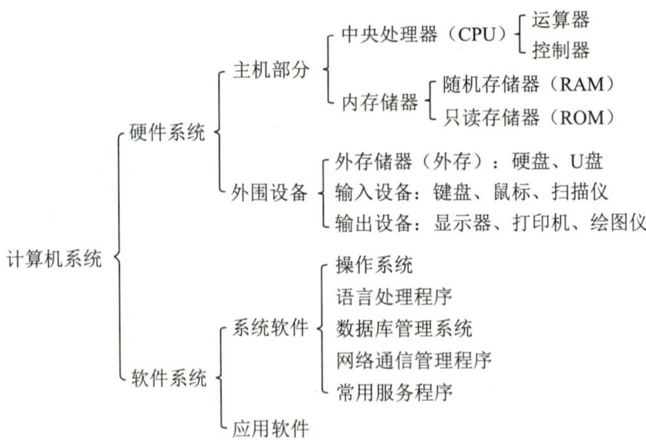

图 1-12 计算机系统的基本组成

1.3.2 计算机硬件系统

冯·诺依曼计算机由运算器、控制器、存储器、输入设备和输出设备五个基本部分组成，这五个部分通过系统总线联系成一体。在控制器指挥下，信息从输入设备传送到存储器存放，需要时可以把它们读出来，由程序控制计算机的操作，计算机按程序预先编排好的顺序逐条执行程序的指令，其间不必人工干预，因而可以实现自动高速运算。此外，只要输入不同的程序和数据，就可以让计算机做不同的工作，即可以通过改变程序来改变计算机的行为。这就是所谓“存储程序控制”的工作方式，也是计算机与其他信息处理机（如计算器、电报机、电话机、电视机等）的根本区别。它们之间的相互关系如图 1-13 所示。

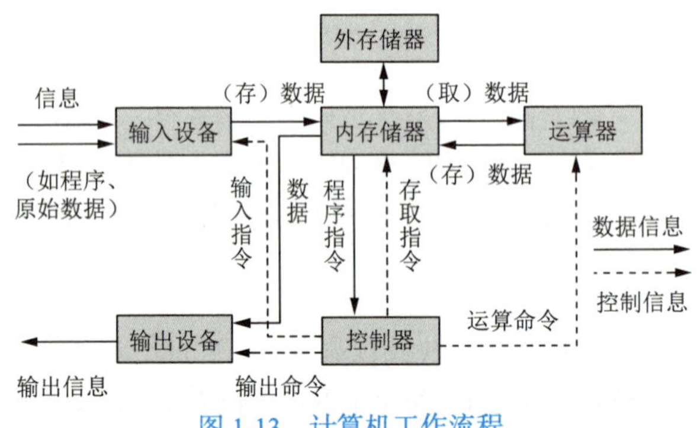

图 1-13 计算机工作流程

1. 运算器

运算器是计算机中负责数据运算的部件，其核心部件是加法器和寄存器，工作时从内存中读取数据，并在加法器中进行运算，运算后的结果送到寄存器存储，运算器对内存的读 / 写操作是在控制器控制下进行的。

2. 控制器

控制器是计算机的指挥中心，负责从内存中读取指令、翻译指令代码、识别指令要求后将控制信号送达各部件，并控制各部件有条不紊地完成指令所指定的操作。

控制器和运算器都是计算机系统的核心部件，集成在同一块芯片上，称为中央处理器（central

processing unit，CPU），又称微处理器。CPU 是微型计算机的核心，人们习惯用 CPU 表示微型计算机的规格，如 Core i7 和 AMD Phenom Ⅱ X4、中国龙芯（见图 1-14）等。

图 1-14　微处理器（CPU）

3. 存储器

存储器是计算机中可以存储程序和数据的部件，从存储器中取出信息，称为“读”，把信息存入存储器，称为“写”。

存储器通常分为内存储器和外存储器，内存储器简称内存（又称主存），与运算器和控制器相连接，可与 CPU 直接交换信息，主要用来存放当前执行的程序及相关数据，内存由半导体存储器芯片组成，其特点是体积小、耗电低、存取速度快、可靠性好，但内存存储单元造价高，容量比外部存储器小。内存储器又分为随机存储器（RAM）和只读存储器（ROM），如图 1-15 和图 1-16 所示。内部存储器与 CPU 一起称为计算机的主机。

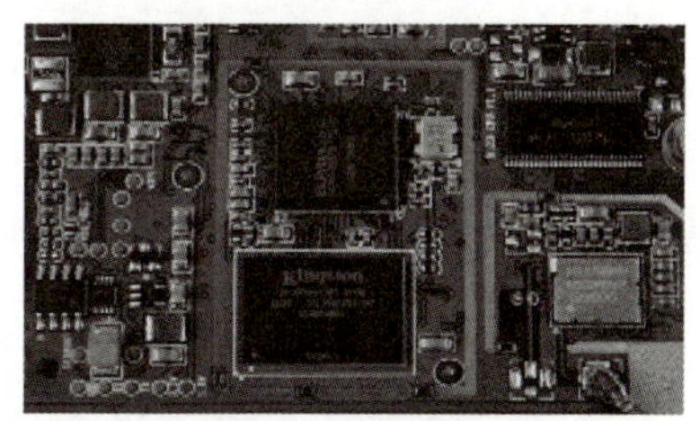

图 1-15　ROM

图 1-16　RAM

外存储器简称外存，又称辅助存储器，主要存放大量计算机暂时不执行的程序以及目前尚不需要处理的数据。外存储器不能与 CPU 直接交换信息，存放在外存储器中的程序及相关数据要先调入内存，才能被 CPU 使用，所以外存存取速度慢，但造价较低，容量远比内存大，计算机断电后，外存储器的程序和数据仍可保留，适合存储需要长期保存的数据和程序，常见的外存主要有硬盘、U 盘（见图 1-17 和图 1-18）等。

图 1-17　U 盘

图 1-18　硬盘

4. 输入 / 输出设备

输入 / 输出设备简称 I/O 设备，是负责计算机信息输入和输出的部分，通过输入设备可将程序、数据、操作命令等输入计算机，计算机通过输出设备可将处理的结果显示或打印出来。计算机最常用的输入设备有键盘、鼠标、扫描仪、数码照相机等，最常用的输出设备有显示器、打印机，而磁盘既是输入设备又是输出设备。输入/输出设备如图 1-19 所示。

图 1-19　鼠标、键盘、扫描仪、显示器、打印机

1.3.3　计算机软件系统

计算机软件系统是为运行、维护、管理、应用计算机所编制的所有程序和支持文档的总和，它分为系统软件及应用软件两大类。应用软件必须在系统软件的支持下才能运行，没有系统软件，计算机无法运行；有系统软件而没有应用软件，计算机无法解决实际问题。

1.　系统软件

系统软件是运行、管理、维护计算机必备的最基本的软件，一般由计算机生产厂商提供，它主要包括操作系统、语言处理程序、实用程序三种。

（1）操作系统

操作系统是控制与管理计算机硬件与软件资源，合理组织计算机工作流程以及提供人机界面供用户使用计算机的程序的集合。操作系统的主要功能是处理器管理、存储管理、文件管理、设备管理。常用的操作系统有 Windows 10、UNIX、Linux 等。

（2）语言处理程序

计算机只能识别机器语言，而不能识别汇编语言与高级语言。因此，用汇编语言与高级语言编写的程序必须“翻译”为机器语言才能为计算机接收和处理，这个“翻译”工作是由语言处理程序来完成的。语言处理程序分为汇编程序、解释程序和编译程序三种，三种语言处理程序的处理过程如图 1-20 所示。

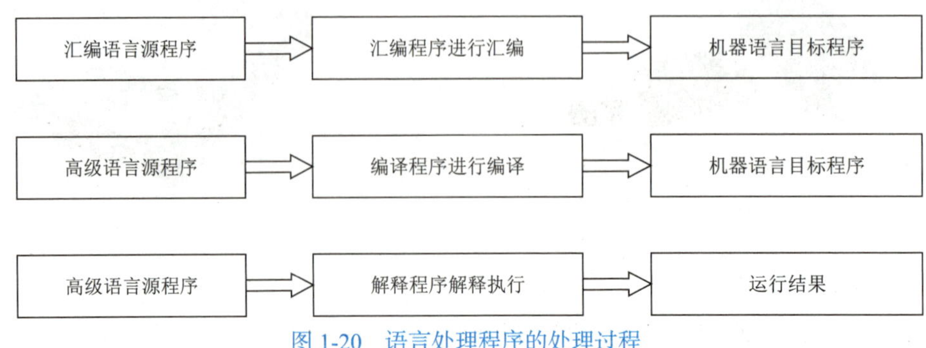

图 1-20　语言处理程序的处理过程

汇编程序将汇编语言写的源程序翻译为目标程序的翻译程序。解释程序将高级语言书写的源程序按动态执行的顺序逐句翻译处理。翻译一句，执行一句，直到程序执行完毕，这种语言处理方式称为“解释方式”，相当于口译。编译程序将高级语言书写的源程序整个翻译为目标程序的程序，这种语言处理方式称为“编译方式”，相当于笔译。

（3）实用程序

实用程序又称支撑软件，是机器维护、软件开发所必需的软件工具。

2. 应用软件

应用软件是为解决各类应用的专门问题而开发的，用户要解决的问题不同，需要使用的应用软件也不同。大体可分为：

①用户程序：面向特定用户，为解决特定的具体问题而开发的软件。

②应用软件包：是为了实现某种功能或专门计算而精心设计的结构严密的独立程序的集合。它们是为具有同类应用的许多用户提供的软件，软件包种类繁多，每个应用计算机的行业都有适合于本行业的软件包，如计算机辅助设计软件包、辅助教学软件包、财会管理软件包等。

③通用应用工具软件：用于开发应用软件所共同使用的基本软件，其中特别重要的是数据库管理系统，还有常用的文字处理 Word 2016、电子表格 Excel 2016、演示文稿 PowerPoint 2016 等软件。

1.3.4　计算机的主要性能指标

一台计算机的性能如何，一般可参考下面主要指标：

（1）主频

主频即计算机 CPU 的时钟频率，是 CPU 在单位时间内的平均操作次数。在很大程度上，主频决定了计算机的运算速度。主频的单位是兆赫兹（MHz）。

（2）基本字长

“字”是计算机一次存取、处理和传送的数据长度，是计算机处理信息的基本单位，一个字由若干个字节组成，通常情况下将组成字的位数称为字长，一般计算机的基本字长有 16 位、32 位、64 位等。

基本字长越长，操作数的位数越多，计算精度也就越高，但相应部件如 CPU、主存储器、总线和寄存器等的位数也要增多，使硬件成本也随着增高。基本字长也反映了指令的信息位的长度和寻址空间的大小。16 位字长的处理器其物理寻址空间是 64 KB，32 位处理器的寻址空间是 4 GB。足够的信息位长度能保证指令的处理能力。

为了较好地协调计算精度与硬件成本的制约关系，大多数计算机允许采用变字长运算，即允许硬件实现以字节为单位的运算、基本字长（如 16 位）运算及双字长（如 32 位）运算，并通过软件实现多字长（如 64 位）运算。

（3）内存容量

计算机的内存容量通常是指随机存储器（RAM）的容量，是内存条的关键性参数。内存的容量一般都是 2 的整次方倍，比如 64 MB、128 MB、256 MB 等，一般而言，内存容量越大越有利于系统的运行。

1.4　新一代信息技术

信息技术已经渗透入人们工作、生活的方方面面，了解信息、熟悉信息技术已成为高效工作和快乐生活的必备技能。本节主要介绍新一代信息技术如人工智能、量子信息、移动通信、物联网、区块链的基本概念、核心技术及典型应用场景。

1.4.1 人工智能技术

1. 人工智能的概念

广义的人工智能，是创造出能像人类一样思考的机器。狭义的人工智能，是怎样获得知识、怎样表示知识并使用知识的学科。

从人工智能实现的功能来定义，是指智能机器所执行的通常与人类智能的有关功能，如判断、证明、识别、学习和问题求解等思维活动。这些反映了人工智能学科的基本思想和基本内容，即研究人类智能活动的规律。

人工智能研究的一个主要目标是使机器能够胜任一些通常需要人类智能才能完成的复杂工作。

2. 人工智能在图像识别领域的应用

一般而言，传统图像识别系统主要由图像分割、图像特征提取以及图像识别分类构成。图像分割将图像划分为多个有意义的区域，然后将每个区域的图像进行特征提取，最后根据提取的图像特征对图像进行分类。高性能芯片、摄像头和深度学习算法的进步都为图像识别技术发展提供了源源不断的动力，日渐成熟的图像识别技术已开始在各类行业中应用。

（1）人脸识别

人脸识别又称人像识别、面部识别，是基于人的脸部特征信息进行身份识别的一种生物识别技术。人脸识别涉及的技术主要包括计算机视觉、图像处理等。20 世纪 90 年代后期，人脸识别技术进入初级应用阶段。目前，人脸识别技术已广泛应用于多个领域，如金融、司法、公安、边检、航天、电力、教育、医疗等。

（2）交通系统

图像识别技术（见图 1-21）被广泛应用于交通运输领域，如车牌识别、交通违章监测、交通拥堵监测、信号灯识别，可提高交通管理者的工作效率，更好地解决城市交通问题。

图 1-21 图像识别在交通系统中的应用

（3）医学图像处理

医学图像处理是目前人工智能在医疗领域的典型应用，如在临床医学中广泛使用的核磁共振成像、超声成像等生成的医学影像。利用计算机图像处理技术，可以对医学影像进行图像分割、特征提取、定量分析和对比分析等工作，进而完成病灶识别与标注，针对肿瘤放疗环节的影像的靶区自动勾画，以及手术环节的三维影像重建。该应用可以辅助医生对病变体及其他目标区域进行定性甚至定量分析，从而大大提高医疗诊断的准确性和可靠性。另外，医学图像处理在医疗教学、手术规划、手术仿真、各类医学研究、医学二维影像重建中也起到重要的辅助作用。

3. 人工智能在自动驾驶领域的应用

无人驾驶汽车是智能汽车的一种，主要依靠车内以计算机系统为主的智能驾驶控制器来实现无人驾驶。无人驾驶中涉及的技术包含多个方面，如计算机视觉、自动控制技术等。

2018年2月，小马智行第一支无人驾驶车队正式在广州南沙上路。百度与金龙客车合作打造的L4级自动驾驶巴士“阿波龙”量产下线。2020年，百度宣布在黄埔区、广州开发区开启中国首个数字交通运营商模式及自动驾驶示范运营模式，全球最大的自动驾驶MaaS平台正式启动，形成中国智能网联应用的“广州模式”。2021年，小马智行于12月8日获颁深圳市智能网联汽车道路测试牌照。取得牌照后，小马智行自动驾驶车队（见图1-22）随即开启在深圳市公开道路的道路测试及技术验证。

4. 人工智能在语音识别领域的应用

语音识别技术又称自动语音识别，其目标是将人类语音中的词汇内容转换为相应的文字。语音识别技术广泛应用于工业、家电、通信、汽车电子、医疗、虚拟现实和家庭服务等多个领域。Siri、小度、小爱同学都是人工智能在语音识别领域的典型应用，可用在个人移动、智能家庭、智能穿戴、智能办公、儿童娱乐、智能出行、智慧酒店、智慧学习等多种应用场景中。

5. 人工智能在制造业领域的应用

目前制造企业中应用的人工智能技术，主要围绕在智能语音交互产品、人脸识别、图像识别、图像搜索、声纹识别、文字识别、机器翻译、机器学习、大数据计算、数据可视化等方面。在智能分拣（见图1-23）、设备健康管理、基于视觉的表面缺陷检测、基于声纹的产品质量检测与故障判断、智能决策、数字孪生、需求预测、供应链优化等方面有非常广泛的应用。

图1-22　小马智行车队

图1-23　智能分拣机器人

1.4.2 量子信息技术

1. 量子信息的概念

量子信息是关于量子系统“状态”所带有的物理信息，通过量子系统的各种相干特性，如量子并行、量子纠缠和量子不可克隆等，进行计算、编码和信息传输的全新信息方式。

量子信息技术主要包括量子计算、量子通信和量子测量三个领域。

2. 量子科技典型应用场景

（1）LED

LED的工作原理是使用半导体，即在铜线等良导体和玻璃等绝缘体之间导电的材料。这些半导体设计有孔，当电子通过电流穿过电子空穴时，它们会通过光子或光粒子释放能量。这种光的颜色由半导体内孔的大小决定，只有部分LED使用了量子技术。

（2）激光

与 LED 一样，激光（lasers）也利用了量子物理学的特性。当具有高能级的原子与具有精确波长的光子相互作用时，激光就会工作，然后使原子发射与第一个光子完全相同的第二个光子。在这里，原子的量子态随着它们发射光子而降低。如此循环，便会产生激光。虽然激光在演讲厅中很常见，但激光还有许多其他应用。从军用武器、枪支瞄准器到显微镜，激光无处不在。无论是扫描杂货、在宠物的项圈上刻标签、玩激光游戏，都在使用激光，科学家还会使用高功率激光来诱发降雨和闪电风暴。

（3）全球定位系统

GNSS（global navigation satellite system）以原子钟（atomic clocks）的形式使用量子技术。原子钟通过量子物理学的特性工作。使用铯或铷原子，这些时钟“滴答作响”，因为特定微波的振荡会驱动这些原子的两个量子态之间的跃迁。因此，原子钟非常精确。

GNSS 的工作原理是使用来自多个原子钟的信号，查看来自不同卫星的不同到达时间，然后从原子钟和卫星获取数据以确定距离和目的地。每次需要导航时，GNSS 都会使用光速将原子钟给出的时间转换为距离，从而为人们提供精确的导航。

（4）核磁共振

核磁共振（magnetic resonance imaging，MRI）是一种众所周知的医生和其他专业人员进行人体成像的方法。MRI 机器使用氢原子工作，像所有原子一样，氢原子的原子核在自旋上具有特定的排列。MRI 机器使用精心布置的磁场翻转这些氢原子的自旋。这些自旋翻转是氢原子量子态的一部分，可以在量子水平上改变这些原子之间的相互作用。使用这些翻转旋转，医生可以查看体内不同浓度的氢，看到 X 射线上看不到的东西。

（5）晶体管

晶体管是微处理器中的基本硬件，它由半导体构成，其中仅允许携带电荷的电子占据某些离散的能级，这基于量子物理学。随着更多电子的加入，它们会以规定的方式形成允许的“能带”。所产生的能量“能带结构”可以通过向连接到设备的导线施加电压来修改，从而产生了构建成基本的电器元件的开关行为。

目前我们生活中所用的这些量子产品，可以说是第一次量子科技革命的结果。

1.4.3 移动通信技术

1. 移动通信的概念

通信，简单地说，就是传递信息。信息传递依赖于通信系统，任何一个通信系统包括三个要素：信源、信道和信宿。

通信技术的发展过程，其实就是研究如何在更短时间内传输更大信息量的过程。为了达到这个目的，信源需要不断升级自己的发送设备，信宿需要不断升级自己的接收设备，而信道的介质更需要不断升级。

我们常说的有线通信和无线通信的所谓的“线”其实就是信道。信道有很多种介质，同轴电缆、光缆、双绞线这类属于有线介质，而红外、无线电、微波属于无线介质。手机通信，是典型的无线通信系统，又称蜂窝通信系统，因为手机的通信依赖于基站，而基站小区的覆盖区看上去有点像蜂窝，所以手机通信系统被称为蜂窝通信系统。

2. 5G 典型应用场景

（1）5G+XR，沉浸式体验

4G 时代，短视频业务爆发展示了视频业务的旺盛生命力和发展潜力。借助 5G 的超高带宽，短视频、长视频以及视频社交将会有更为广阔的应用场景，这就是 5G 最热门的应用：5G+XR。

VR（virtual reality，虚拟现实）的实现过程，是利用计算机模拟产生一个虚拟空间（见图 1-24），提供视觉、听觉、触觉等感官的模拟，让使用者可以即时地、没有限制地观察虚拟空间内的事物，并与之交互。

AR（augmented reality，增强现实）则通过计算机技术，将虚拟的信息应用到现实世界中，真实环境和虚拟物体实时叠加到同一个画面或者空间，增强现实场景如图 1-25 所示。

除了 VR、AR 之外，还有 MR（mixed reality，混合现实），所有这些，合称为 XR。

图 1-24　虚拟现实场景

图 1-25　增强现实场景

（2）5G+车联网

车联网（internet of vehicles，IoV）不仅把车与车连接在一起，它还把车与人、车与路、车与基础设施（如信号灯）、车与网络、车与云连接在一起（见图 1-26）。

（3）5G+无人机

5G 在农业、电力、环保等领域的很多应用场景都和无人机（见图 1-27）有着密切的关系。5G 所具有的高带宽、低时延、高精度、宽空域、高安全等优势可以帮助无人机解锁更多的应用场景，满足更多的用户需求，经济效益和社会效益都非常客观。

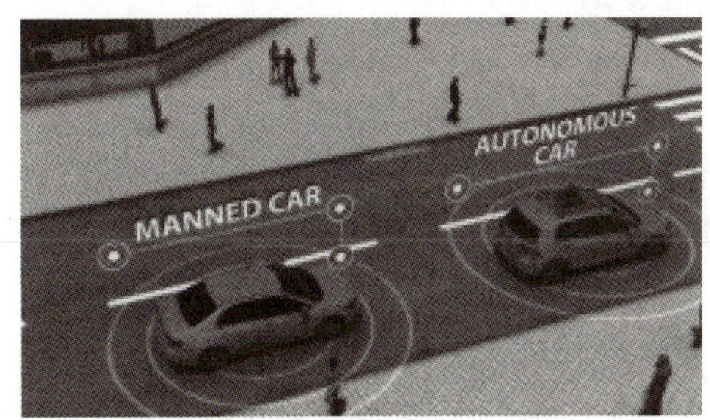

图 1-26　5G+ 车联网应用场景

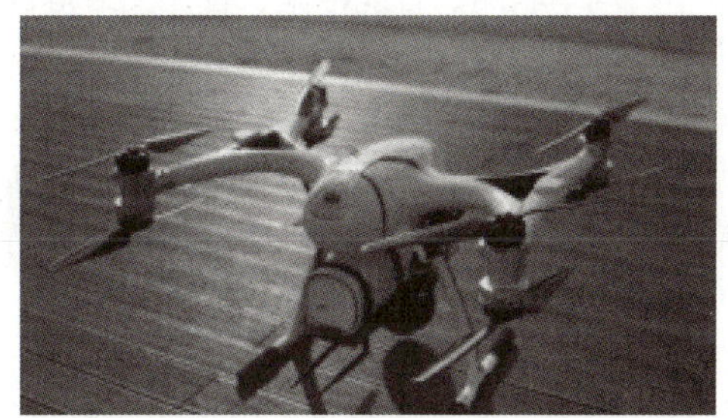
图 1-27　5G+ 无人机

（4）5G+工业互联网

工业互联网的本质是："通过开放的、全球化的通信网络平台，把设备、生产线、员工、工厂、仓库、供应商、产品和客户紧密地连接起来，共享工业生产全流程的各种要素资源，使其数字化、网络化、自动化、智能化，从而实现效率提升和成本降低。"

5G 作为新一代移动通信技术，并不是 4G 的简单升级，其功能定位、架构设计、应用场景等都发生了巨大变化。5G 将与众多行业深度融合，对百业千行进行数字化、智能化赋能，颠覆现有的生产模式、商业模式，乃至社会运行模式。

1.4.4　物联网

1. 物联网的概念

1999 年，麻省理工学院自动识别中心的凯文・阿什顿（Kevin Ashton）教授在研究射频识别技术

RFID 时最早提出了“物联网”的概念。

2005 年 11 月 17 日，在突尼斯信息社会世界峰会（WSISZ）上，国际电信联盟（ITU）发布的《ITU 互联网报告：物联网》指出，无所不在的“物联网”通信时代即将来临，世界上所有的物体从轮胎到牙刷，从房屋到纸巾都可以通过互联网进行信息交换。

物联网是通过射频识别、红外感应器、全球定位系统、激光扫描器等信息传感设备，按约定的协议，把物品与互联网连接起来，进行信息交换和通信，以实现智能化识别、定位、跟踪、监控和管理的一种网络。

物联网的核心和基础仍然是互联网，但用户端延伸和扩展到了任何物品之间。物联网主要解决物品与物品、人与物品、人与人之间的互联。

2. 物联网典型应用场景

（1）智能物流

智能物流（见图 1-28）是新技术应用于物流行业的一种总称，它是指以物联网、大数据、人工智能等信息技术为支持，在物流运输、仓储、包装、装卸、配送等环节实现系统感知、分析和处理等功能。实现智能物流，可以大大降低各个行业的运输成本，提高运输效率，提升整个物流行业的智能化和自动化水平。物联网在物流行业的应用，主要体现在三个方面，即仓库管理、运输监控和智能快递柜。

（2）智能交通

在物联网中，交通系统被认为是最有前景的应用领域之一。智能交通是物联网的具体表现形式，它利用先进的信息技术、数据传输技术、计算机处理技术等，将人、车、路有机结合起来，实现人、车、路的紧密结合，改善交通运输环境、保障交通安全，提高资源利用率。智能运输，包括智能公交车、共享单车、汽车联网、智能停车、智能交通灯等多种场景和领域。

（3）智能安防

智能安防系统主要包括门禁、报警和监控三大部分。安全是物联网应用的一个很大的市场，传统安全系统对人的依赖程度较高，而智能安防可以通过设备来实现智能判断。当前，智能安防最核心的部分是智能安防系统，它是将采集到的图像进行传输、存储、分析和处理。

（4）智能能源

在能源领域，物联网可以用来实现水、电、气等仪表和路灯的遥控。智能能源是智慧城市的一个组成部分，目前，将物联网技术应用于能源领域，主要用于水、电、气等表中，并根据外界气候条件对路灯的遥控控制等，以环境和设备为基础进行感知，通过监测，提高利用效率，减少能源损耗。

（5）智慧医疗

智慧医疗通过打造健康档案区域医疗信息平台，利用最先进的物联网技术，实现患者与医务人员、医疗机构、医疗设备之间的互动，逐步达到信息化。智能化医疗主要应用领域有两个：穿戴式医疗和数字医院。

（6）智能家居

智能家居（见图 1-29）是以住宅为平台，利用综合布线技术、网络通信技术、安全防范技术、自动控制技术、音视频技术将家居生活有关的设施集成，构建高效的住宅设施与家庭日程事务的管理系统，提升家居安全性、便利性、舒适性、艺术性，并实现环保节能的居住环境。

智能家居包括智能家电控制、智能灯光控制、电动窗帘控制、防盗报警、门禁对讲、煤气泄漏等，同时还可以拓展诸如三表抄送、视频点播等服务增值功能。对很多个性化智能家居的控制方式丰富多样，比如：本地控制、遥控控制、集中控制、手机远程控制、感应控制、网络控制、定时控制等。

图 1-28　智能物流

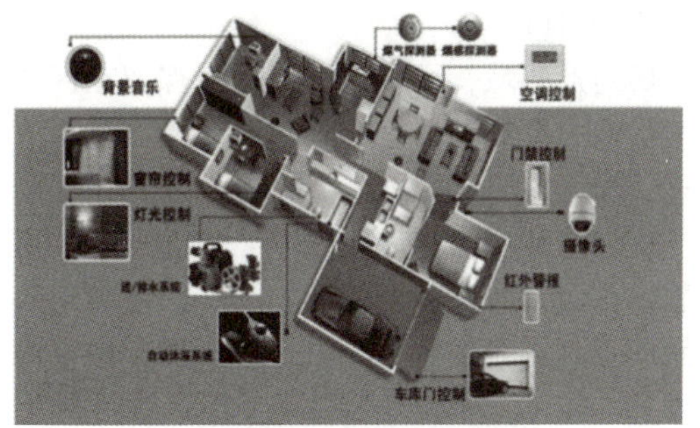

图 1-29　智能家居

（7）智慧零售

智慧零售是指运用互联网、物联网技术，感知消费习惯，预测消费趋势，引导生产制造，为消费者提供多样化、个性化的产品和服务。

24 小时不打烊的无人智能货柜，网上选品预定的品牌小程序，无须导购和收银员的无人售货超市，这些场景都是物联网技术在零售行业中的应用。

1.4.5　区块链

1. 区块链的概念

狭义来讲，区块链（block chain）是一种按照时间顺序将数据区块以顺序相连的方式组合成链式数据结构，是以密码学方式保证的不可篡改和不可伪造的分布式账本，以去中心化和去信任化的方式，集体维护一个可靠数据库的技术方案。

广义来讲，区块链技术是一种革新和颠覆性的思维理念，去中介化，建立信任社会，实现共享。

2. 区块链典型应用场景

（1）金融领域

在金融领域，区块链逐渐在跨境支付、供应链金融、保险、数字票据、资产证券化、银行征信等方面开始应用。

（2）医疗保健和生命科学

基于区块链的医疗保健解决方案将实现更快、更高效、更安全的医疗数据管理和医疗供应跟踪。这可以显著改善患者护理，确保全球市场流通的药物的真实性。区块链技术已被用于从安全加密患者数据到管理有害疾病的爆发等方方面面。例如，保护患者数据、根除处方药的滥用、简化护理并防止代价高昂的错误等。

（3）工业互联网

2021 年 1 月 13 日，工业和信息化部对外发布了关于印发《工业互联网创新发展行动计划（2021—2023 年）》的通知。在通知中，直接包含区块链内容的共有 5 处、7 个关键字匹配，在完善标识解析体系建设、工业互联网标识解析体系增强工程、平台体系壮大行动、新型模式培育行动、技术能力提升行动等领域，区块链技术频繁出现，充分说明在工业互联网领域，区块链技术的重要性越来越突出。

（4）商品溯源

溯源是指对农产品、工业品等商品的生产、加工、运输、流通、零售等环节的追踪记录。其价值在于，若某地爆发流行性疾病，通过溯源体系可以快速锁定传染源或污染源，从而控制传播源。区块链不可篡改、分布式存储等技术为溯源行业的信任缺失提供了解决方案，而公开透明性又为信息流、物流和资金流提供了透明机制。

（5）房地产

在房地产领域，可以将房产信息保留在区块链中，这样买家可以快速、简单、低成本地核实房主的真实信息，在现阶段这个过程中基本上是由人工完成的。这不仅带来较高的成本也更容易产生失误从而进一步增加成本，而区块链技术的使用则可以显著地减少失误，降低人工成本。

（6）媒体

数字项目的盗版、欺诈和知识产权盗窃每年给娱乐业造成的损失估计为 710 亿美元。区块链技术可以跟踪任何内容的生命周期，包括保护数字内容并促进真实数字收藏品或 NFT（不可替代的代币）的分发。

媒体和娱乐非常重视知识产权的保护和货币化。对于媒体公司而言，区块链具有行业范围的应用程序，可以改变内容的创建、消费和保护方式。

1.5 计算机信息安全

随着计算机网络被广泛应用，“信息高速公路”在为信息资源共享提供了极大方便的同时，也产生了在新的环境下如何确保信息安全的重大难题。计算机信息安全分为网络系统安全和数据安全两方面，网络系统安全指网络硬件和软件不被破坏，而且网络中的各个系统能够正常运行并通过网络交换信息。数据安全指网络中存储及传输的数据不被篡改、非法复制、解密和使用。

本节主要介绍计算机网络信息安全的知识、信息安全技术和病毒防治。

1.5.1 计算机信息安全的主要威胁

计算机信息安全的威胁是指信息系统被非法侵入或蓄意攻击，重要商业机密或经济财富被窃取，重要数据被篡改、破坏和非法复制，其威胁主要来自：

1. 计算机病毒泛滥

计算机病毒通过 U 盘、硬盘和计算机网络等传播途径威胁计算机信息安全，使计算机速度减慢、显示异常、文件丢失、硬件损坏、系统瘫痪等。

2. “黑客”非法侵入或攻击计算机网络

“黑客”是英文 Hacker 的译音，一般是指计算机网络的非法入侵者。“黑客”采用翻新的分散阻断服务（DDoS）攻击手法，用域名系统服务器来发动攻击，用大量的垃圾信息妨碍系统正常的作息处理，切断被攻击计算机与外界的联系，造成网络流量急速提高，网络链路不堪重负，甚至导致网络系统的崩溃。

3. 盗用合法用户身份窃取敏感信息

攻击者能通过未经确认的设备，以有效合法的个人身份凭证进入网络，使用木马程序、广告软件及其他恶意程序“偷窥”合法用户的信息，盗取用户名和密码，严重威胁网络系统的安全。

4. 不法分子利用计算机网络犯罪案件增多

不法分子利用计算机网络犯罪手段日益增多，如盗取 QQ 账号向受害者好友骗钱，制造银行账号被盗的谎言对用户诈骗等。

1.5.2 计算机信息安全的基本要求

计算机信息系统安全有四个基本要求：

① 数据的保密性：防止信息的非授权访问或泄露。

② 数据的可用性：保障网络中数据无论何时、经过何种处理，只要需要，信息就必须是可用的，防止非授权存取。

③ 数据的完整性：包括数据单元完整性和数据单元序列完整性，防止非授权修改。

④ 合法使用性：合法用户合法地访问和使用资源和信息。

1.5.3　计算机信息安全技术

计算机信息安全技术分两个层次，第一层次为计算机系统安全，第二层次为计算机数据安全。针对两个不同的层次，可以采取相应不同的安全技术。

1. 系统安全技术

系统安全技术又分成两个部分，一是物理安全技术，二是网络安全技术。

（1）物理安全技术

物理安全是计算机信息安全的重要组成部分，物理安全技术研究影响系统保密性、完整性及可用性的外部因素及应采取的防护措施。通常采取的措施有：减少自然灾害、外界环境对计算机系统运行可靠性造成的不良影响，减少计算机系统电磁辐射造成的信息泄露，减少非授权用户对计算机系统的访问和使用等。

（2）网络安全技术

网络安全使用广泛的技术就是防火墙技术（firewall），即在外部网络和内部网络之间设置一个网络安全系统。目前在全球连入网络的计算机中约有 1/3 是处于防火墙保护之下的。在古代，人们在木制结构房屋之间用坚固的石块堆砌一道墙作为屏障，当火灾发生时可以防止火灾的蔓延，从而达到防火的目的，这道墙被称为防火墙。在当今的电子信息世界里，人们借助这个概念，使用防火墙来保护计算机网络免受非授权人员的骚扰与黑客的入侵。不过这些防火墙是由先进的计算机系统构成的。

① 什么是防火墙。防火墙是一种特殊网络互连设备，用来加强网络之间的访问控制，防止外部网络用户以非法手段通过外部网络进入内部网络访问内部网络资源，保护内部网络操作环境。它对两个或多个网络之间的连接方式按照一定的安全策略来实施检查，以决定网络之间的通信是否被允许，并监视网络运行状态。从软件上讲，防火墙是实施安全控制策略的规则，防火墙软件就是这些规则在具体系统中实现的软件。这些软件包括网络连接、数据转发、数据分析、安全检查、数据过滤和操作记录等功能。

② 防火墙的作用。防火墙的作用包括：有效地记录互联网上的活动，并提供网络是否受到监测和攻击的详细信息；可以强化网络安全策略；防止内部信息的外泄；支持具有 Internet 服务特性的企业内部网络技术体系 VPN（虚拟专用网）；进行用户认证、防止病毒与黑客入侵等，保障数据安全。

2. 数据安全技术

由于计算机系统的脆弱性及系统安全技术的局限性，要彻底消除信息被窃取、丢失或其他有关影响数据安全的隐患，还需要保证计算机信息系统的数据安全技术。对数据进行加密，即所谓密码技术，这是保证数据安全行之有效的方法。在计算机网络内部及各网络间通信过程中，也采用密码编码技术。一旦数据被别人窃取，也会因为无法解密将之还原成原始未经加密的数据，从而保证了数据的安全性。

加密就是指对数据进行编码，使其看起来毫无意义，同时仍保持其可恢复的形态。接收到的加密消息可以被解密，转换成原来可理解的形式。在加密过程中使用的规则或者数学函数称为加密算法。一般的加密过程都需要一个加密参数，我们把这个参数称为密钥。加密后的数据称为密文，加密前的数据称为明文。如果密文被别人窃取了，也会因为没有密钥而无法将之还原成原始未经加密的数据，从而保证了数据的安全性；接收方因为有正确的密钥，因此可以将密文还原成正确的明文。可以说，加密技术是计算机通信网络安全最有效的技术之一。

加密的逆过程称为解密。解密就是从密文恢复为明文的过程。当然，这里所说的解密是一种经过授权的解密，这里的授权是指经过加密方的允许，不是私自进行解密，更不是窃取、截获密文后所进行的解密。要对一段加密的信息进行解密，需要具备两个条件：一个是需要知道解密规则或者解密算法，另一个是需要知道解密的密钥。

1.5.4 计算机病毒及其防治

1. 计算机病毒

根据《中华人民共和国计算机信息系统安全保护条例》，计算机病毒（computer virus），是指编制或者在计算机程序中插入的破坏计算机功能或者毁坏数据，影响计算机使用，并能自我复制的一组计算机指令或者程序代码。

2. 计算机病毒的特点

当前流行的计算机病毒主要由三个模块组成：即病毒安装模块（提供潜伏机制）、病毒传染模块（提供再生机制）和病毒激发模块（提供激发机制）。病毒程序的组成决定了病毒的特点。计算机病毒的特点主要有：

① 传染性。传染性是计算机病毒的重要特性。再生机制反映了病毒程序最本质的特征，计算机系统一旦接触到病毒就可能被传染。一台计算机的病毒可以在几个星期内扩散到数百台，乃至数千台计算机中，传播速度极快。在计算机网络中，用户带病毒操作时，病毒传播速度更快。

② 隐蔽性。病毒程序是人为特制的短小精悍的程序，因而不易被人察觉和发现，其破坏性活动使用户难以预料。计算机病毒在发作前，一般隐藏在内存（动态）或外存（静态）中，难以被发现，体现出隐蔽性较强的特性。

③ 潜伏性。病毒发作前，有一段潜伏期。一些编制巧妙的病毒程序，可以在合法文件或系统备份设备内潜伏几周或几个月而不被发现。在此期间，病毒实际上已经逐渐繁殖增生，并通过备份和副本传染到其他系统上。

④ 可激发性。在一定的条件下，通过外界刺激可使病毒程序激活。激发的本质是一种条件控制。根据病毒程序制作者的设定，某个时间或日期、特定的用户标识符的出现、特定文件的出现或使用、用户的安全保密等级或者一个文件使用的次数等，都可使病毒体激活并发起攻击。

⑤ 破坏性。计算机病毒的主要目的是破坏计算机系统，使系统资源受到损失、数据遭到破坏、计算机运行受到干扰，严重的甚至会使计算机系统瘫痪，遭到全面的摧毁，造成严重的破坏后果。

1.5.5 计算机病毒的分类

1. 按破坏性划分

良性病毒：此类病毒不直接破坏计算机的软硬件，对源程序不做修改，一般只是进入内存，侵占一部分内存空间。病毒除了传染时减少磁盘的可用空间和消耗 CPU 资源之外，对系统的危害较小。

恶性病毒：这类病毒可以封锁、干扰和中断输入输出，甚至中止计算机运行。这类病毒给计算机系统操作造成严重的错误。

极恶性病毒：可以造成系统死机、崩溃，可以删除普通程序或系统文件并破坏系统配置导致系统无法重启。这类病毒对系统造成的危害，并不是本身的算法中存在危险的调用，而是当它们传染时会引起无法预料的和灾难性的破坏。

灾难性病毒：这类病毒破坏分区表信息和主引导信息，删除数据文件，甚至破坏 CMOS、格式化硬盘等。

2. 按传染方式划分

引导型病毒：此类病毒的攻击目标首先是引导扇区，它将引导代码链接或隐藏在正常的代码中。每次启动时，病毒代码首先执行，获得系统的控制权。由于引导扇区的空间太小，病毒的其余部分常驻留在其他扇区，并将这些空间标识为坏扇区。待初始引导完成后，跳到另外的驻留区继续执行。

文件型病毒：此类病毒一般只传染磁盘上的可执行文件（.COM 和 .EXE）。在用户调用染毒的可执行文件时，病毒首先被运行，然后病毒体驻留内存并伺机传染其他文件或直接传染其他文件。其特点是附着于正常程序文件，成为程序文件的一个外壳或部件，这是较为常见的传染方式。例如，CIH 病毒就是一种文件型病毒，千面人病毒是一种高级的文件型病毒。

混合型病毒：这类病毒兼有以上两种病毒的特点，既感染引导区又感染文件。

1.5.6 计算机病毒的防治

1. 计算机病毒的传染渠道

计算机病毒的传染渠道主要有可移动磁盘（如光盘和 U 盘）、硬盘和网络。

2. 计算机病毒的症状

① 屏幕显示异常。

② 系统启动异常或者无法启动。

③ 机器运行速度明显减慢。

④ 频繁访问硬盘，其特征是主机上的硬盘指示灯快速闪烁；经常出现意外死机或重新启动现象。

⑤ 文件被意外删除或文件内容被篡改。

⑥ 发现不知来源的隐藏文件。

⑦ 计算机上的软件突然运行。

⑧ 文件的大小发生变化。

⑨ 光驱自行打开、关闭。

⑩ 磁盘的重要区域被破坏，如引导扇区、文件分配表等被破坏，导致系统不能使用或文件丢失；突然弹出不正常消息提示框或者图片。

⑪ 不时播放不正常的声音或者音乐。

⑫ 调入汉字驱动程序后不能打印汉字；邮箱里包含有许多或者没有主题的邮件。

⑬ 磁盘卷标被改写。

⑭ 汉字显示异常。

若出现以上现象，应意识到计算机可能被病毒感染，但也不能把一切异常现象或非期望的后果都归于计算机病毒，也可能有别的原因。例如，自己意识不到的错误操作，软硬件故障或编程时程序设计逻辑错误造成的异常结果等，对此应加以仔细识别和排除。

3. 防范计算机病毒的措施

① 严禁使用来历不明的程序。如邮件中的陌生附件、外挂程序等。外来程序若需装入本系统，必须经过严格的检测和测试。不要随便打开 QQ 等聊天工具上发来的链接信息。

② 避免将各种游戏软件装入计算机系统。游戏盘常常带有病毒，使用时要格外慎重。

③ 不能随意将本系统与外界系统接通，以免当其他系统的程序和数据在本系统使用时，计算机病毒乘虚而入。

④ 对于系统软件应加上写保护，并注意对可执行程序或重要数据文件给予写保护。

⑤ 对重要软件采用加密保护措施，文件运行时先解密。若感染上病毒，往往不能正常解密，从而起到预防作用。

⑥ 经常对系统中程序进行比较测试和检查，及时检测病毒是否侵入。

⑦ 对重要程序或数据经常做备份。特别是硬盘上的重要参数区域（如主引导记录、文件分配表、根目录区等）以及自己的工作文件和数据，要经常备份，以便系统遭到破坏时能及时恢复，把损失降低到最小限度。

⑧ 不做非法复制操作。最好不要在公共机房或网吧的计算机上复制文件。

⑨ 尽量做到专机专用、专盘专用。

⑩ 必要时在系统中装入防病毒卡和防病毒软件，经常更新杀毒软件（病毒库），可设置为每天定时自动更新。安装并使用网络防火墙软件。

⑪ 给系统安装补丁程序。通过 Windows Update 安装好系统补丁程序（关键更新、安全更新和 ServicePack），不要随意访问来源不明的网站。

⑫ 局域网的计算机用户尽量避免创建可写的共享目录，已经创建共享目录的应立即停止共享。

⑬ 关闭一些不需要的服务，如关闭自动播放功能。完全单机的用户也可直接关闭 Server 服务。

⑭ 不要使用弱密码。

⑮ 不要从不受信任的网站下载应用程序和 ActiveX 控件。

⑯ 不要从未经授权的可移动媒体运行应用程序。

1.5.7 计算机抗病毒技术

计算机抗病毒技术有两类，即抗病毒硬件技术和抗病毒软件技术。

1. 抗病毒硬件技术

防病毒卡将检测病毒的程序固化在硬卡中，主要用来检测和发现病毒，可以有效地防止病毒进入计算机系统。防病毒卡的主要优点在于其本身有防御病毒攻击及自我保护的能力；缺点在于其占用系统硬件资源，且升级困难。有的防病毒卡为了便于升级，引入了软件的辅助方法，从而增加了受病毒攻击的可能性和危险性。

2. 抗病毒软件技术

抗病毒软件相对防病毒卡而言，其优点主要在于升级方便且成本低廉，操作简单；缺点在于抗病毒软件本身易受病毒程序攻击，安全性和有效性受到限制。

习　题

一、选择题

1. 以下说法，不正确的是（　　）。

　A. 巨型机是指体积巨大、通用性好、价格昂贵的计算机

　B. 大型机是指具有较高运算速度、较大存储容量的计算机

C. 微型机是指以微处理器为核心，加上存储器、输入/输出接口和系统总线构成的计算机

D. 如果在一块芯片中包含了微处理器、存储器和接口等微型计算机最基本的配置，则这种芯片称为单片机

2. 对财务数据进行分类、统计、检索，此时计算机的用途表现为（　　）。

A. 科学计算　　B. 实时控制　　C. 计算机辅助设计　　D. 数据处理

3. CAI 的含义是（　　）。

A. 计算机辅助设计　　B. 计算机辅助教学

C. 计算机辅助制造　　D. 计算机辅助测试

4. 按电子计算机传统的分代方法，第一代至第四代计算机依次是（　　）。

A. 机械计算机，电子管计算机，晶体管计算机，集成电路计算机

B. 晶体管计算机，集成电路计算机，大规模集成电路计算机，光器件计算机

C. 电子管计算机，晶体管计算机，中小规模集成电路计算机，大规模和超大规模集成电路计算机

D. 手摇机械计算机，电动机械计算机，电子管计算机，晶体管计算机

5. 冯·诺依曼型体系结构的计算机硬件系统的五大部件是（　　）。

A. 输入设备、运算器、控制器、存储器、输出设备

B. 键盘和显示器、运算器、控制器、存储器和电源设备

C. 输入设备、中央处理器、硬盘、存储器和输出设备

D. 键盘、主机、显示器、硬盘和打印机

6. 当代微型机中所采用的电子元器件是（　　）。

A. 电子管　　B. 晶体管

C. 中小规模集成电器　　D. 大规模和超大规模集成电器

7. 中央处理器主要由（　　）组成。

A. 控制器和内存　　B. 运算器和控制器

C. 控制器和寄存器　　D. 运算器和内存

8. 个人计算机属于（　　）。

A. 小型计算机　　B. 巨型计算机　　C. 大型主机　　D. 微型计算机

9. 操作系统是计算机软件系统中（　　）。

A. 最常用的应用软件　　B. 最核心的系统软件

C. 最通用的专用软件　　D. 最流行的通用软件

10. 组成一个计算机系统的两大部分是（　　）。

A. 系统软件和应用软件　　B. 主机和外围设备

C. 硬件系统和软件系统　　D. 主机和输入/输出设备

二、填空题

1. 人工智能的英文缩写为____________。它是研究、开发用于模拟、延伸和扩展人的智能的理论、方法、技术及应用系统的一门技术科学。

2. ____________年，在美国汉诺斯镇达特茅斯学院的会议上，科学家们通过集中讨论，引出了人工智能这个概念，这一年又称为人工智能元年。

3. “物联网”的概念，即 internet of things，简称____________。

4. 物联网主要解决____________（things to things，T2T）、____________（human to things，

H2T）、____________（human to human，H2H）之间的互联。

5. 物联网的核心和基础仍然是____________。

6. 物联网具有____________、____________、____________三大特征。

三、简答题

1. 简述5G移动应用场景。
2. 简述移动通信发展的历程。

四、课后探索

搜集“生活中的物联网应用”文本、图片、视频等材料并进行加工整理，使用短视频制作工具，完成短视频的制作，具体要求如下：

1. 短视频时长为2～3分钟。
2. 可采用微电影、综合视频短片等形式，要求为MP4格式，分辨率为1 920像素×1 080像素。
3. 必须原创，图像清晰稳定、构图合理、声音清楚，视频片头应写上标题、作者和班级。

下篇　实践篇

本篇以实际工作中的任务案例为载体，采取“任务描述—任务分析—任务实现—相关知识—拓展训练”的结构组织教学内容，并将知识点融入其中，使学生可以边实践、边学习、边思考、边总结、边构建，增强处理同类问题的能力，每个模块都配有习题，以方便学生进一步学习和巩固所学知识。

主要内容包括：

模块 2：Windows 10 操作系统及应用

模块 3：Word 2016 文档处理

模块 4：Excel 2016 电子表格处理

模块 5：PowerPoint 2016 演示文稿制作

模块 6：计算机网络应用

模块 2　Windows 10 操作系统及应用

操作系统是计算机最基本的系统软件，是计算机正常使用的根本保证，不同的操作系统其对计算机的操作要求是不一样的，目前主流的操作系统是微软公司的 Windows 10。

本模块主要通过认识 Windows 10 操作系统、管理文件与文件夹两个任务，掌握 Windows 10 操作系统基本操作及其有关工具软件的使用。

任务 1　认识Windows 10操作系统

任务描述

Windows 10 系统启动后看到的屏幕称为“桌面”，桌面是 Windows 10 操作系统的主控窗口，如图 2-1 所示。桌面由桌面背景、桌面图标和任务栏组成。

图 2-1　Windows 10 的桌面

桌面背景是 Windows 10 的背景图片，用户可以根据个人喜好进行设置。桌面图标一般由文字和图片组成，代表某些应用程序或文件，新安装的系统只有一个“回收站”图标。任务栏是位于桌面最底部的长条区域，由“开始”菜单、搜索框、快速启动区、任务视图、语言栏、通知区和“显示桌面”按钮组成。

在 Windows 10 操作系统中，当运行应用程序或者打开文档时，在桌面上呈现出的矩形区域称为窗口，窗口中提供完成各种操作的命令或选项，选择相应的命令或选项并借助对话框即可完成相应的操作。所以窗口是 Windows 10 操作系统的基本操作。

任务分析

本任务要求对计算机进行个性化设置，达到美观实用的效果，掌握“开始”菜单和任务栏的设置方法，并认识和操作 Windows 10 窗口，具体进行如下操作：

- 设置个性化桌面背景。
- 添加桌面图标：“计算机”“控制面板”。
- 设置“开始”菜单。
- 设置任务栏。
- 了解窗口的组成。
- 打开窗口。
- 关闭窗口。
- 调整窗口大小。
- 移动窗口。

任务实现

1. 更换桌面背景

① 右击桌面空白处，在弹出的快捷菜单中选择“个性化”命令，如图 2-2 所示。

② 打开“设置”窗口，选择“背景”选项，在其右侧区域选择一张图片，即可更换桌面背景，如图 2-3 所示。

图 2-2 选择“个性化”命令

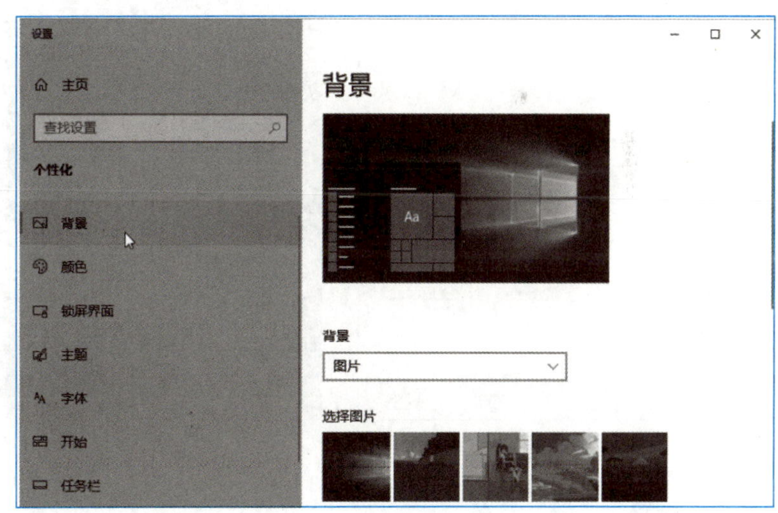

图 2-3 设置背景

2. 添加“计算机”和“控制面板”图标

① 右击桌面空白处，在弹出的快捷菜单中选择“个性化”命令，在“设置”窗口中选择“主题”选项，单击右侧的“桌面图标设置”链接，如图 2-4 所示。

② 然后在弹出的“桌面图标设置”对话框中勾选“计算机”和“控制面板”复选框，如图 2-5 所示，最后单击“确定”按钮。

视频

更换桌面背景
添加桌面图标

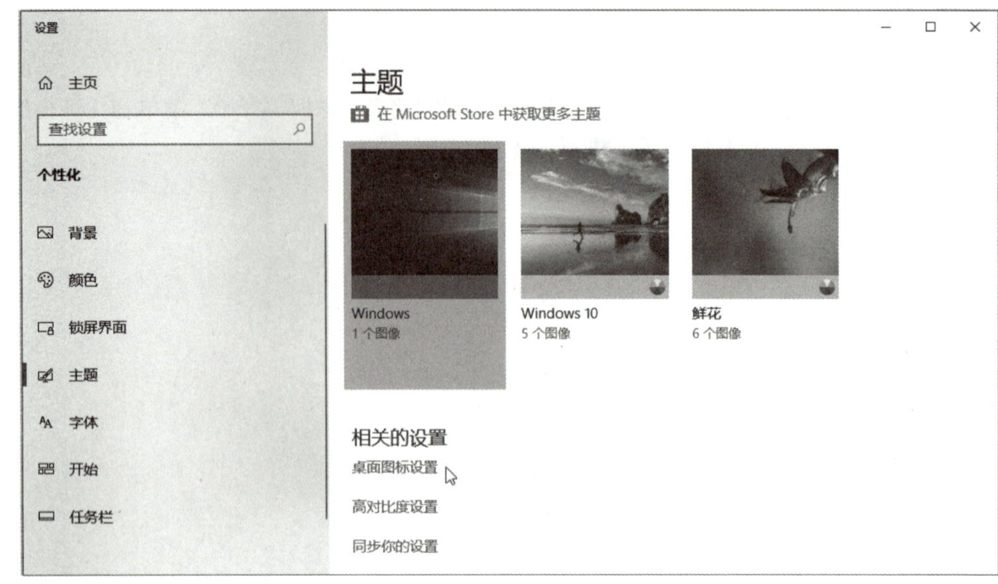

图 2-4　主题窗口

③ 在桌面上增加“计算机”和“控制面板”图标，如图 2-6 所示。

图 2-5　“桌面图标设置”对话框

图 2-6　“计算机”和“控制面板”图标

3. 设置“开始”菜单

单击屏幕左下角的“开始”按钮，或按 Windows 键，即可打开“开始”菜单，如图 2-7 所示。“开始”菜单中间为按照字母索引排序的应用程序列表，通过字母索引可以快速查找应用程序；左下角为用户账户头像、文件资源管理器、“设置”按钮和“电源”按钮；右侧则为“开始”屏幕，可将应用程序固定在其中，这些方块图形称为动态磁贴，其功能和快捷方式类似，但不仅限于打开应用程序。有些动态磁贴随时更新显示的信息，如日历应用，在动态磁贴中即时显示当前的日期信息，无须打开应用程序进行查看。因此，动态磁贴能非常方便地呈现用户所需要的信息。

图 2-7　Windows 10　“开始”菜单

在“开始”菜单中，应用程序以名称中的首字母或拼音升序排列，单击排列字母可显示排序索引，如图 2-8 所示，通过字母索引可以快速查找应用程序。

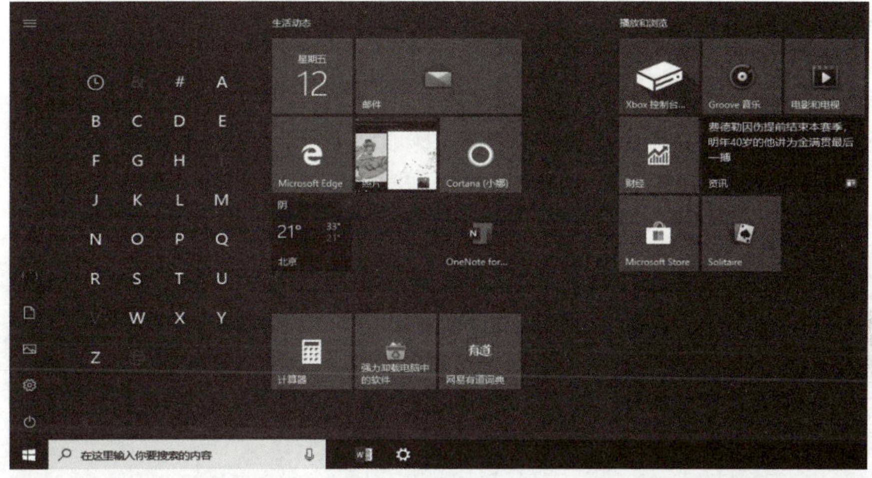

图 2-8　应用列表索引

“开始”菜单有两种显示方式，分别是默认的非全屏模式（桌面模式）和全屏模式（平板模式）。如果要全屏显示“开始”菜单，则可以单击“设置”按钮，在“设置”对话框“开始”选项卡中开启“使用全屏幕‘开始’屏幕”选项。或者单击任务栏右下角的“通知中心”，打开“操作中心”窗格，单击“平板模式”按钮，如图 2-9 所示，桌面模式即切换成平板模式，如图 2-10 所示，平板模式以全屏显示尺寸显示开始屏幕，在该模式下打开的程序窗口会最大化显示，同时会隐藏任务栏的大部分图标，只保留“开始”“搜索”“任务视图”和“上一步”。

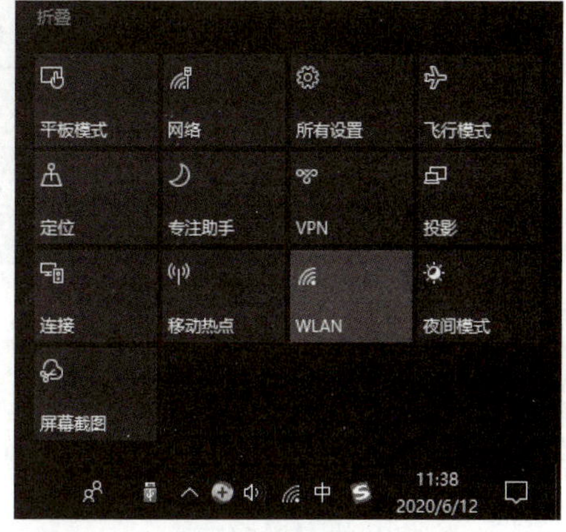

图 2-9　操作中心

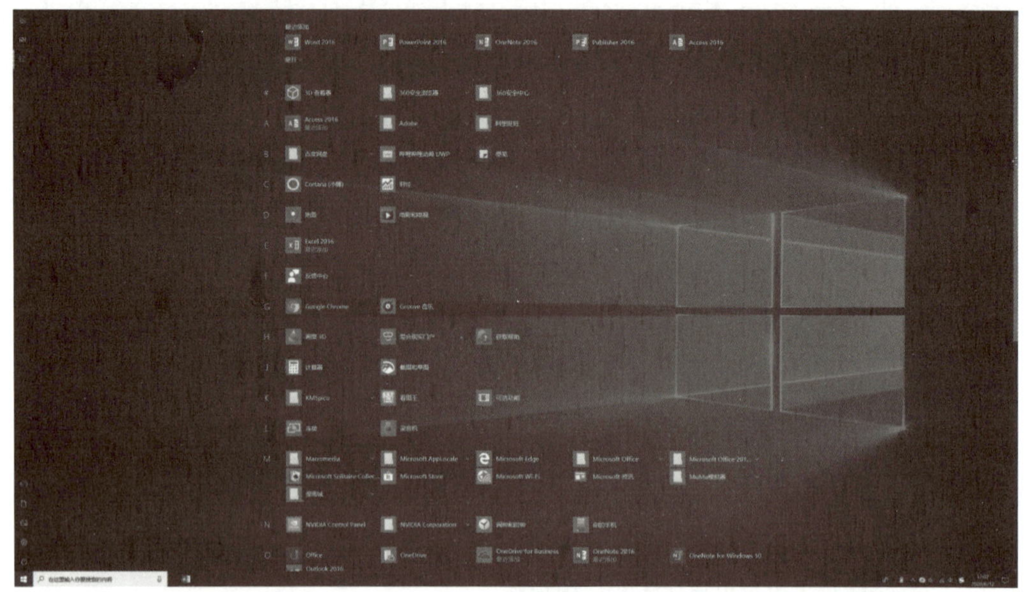

图 2-10　平板模式

4. 设置任务栏

视 频

设置任务栏

任务栏中固定了一些常用的应用程序图标，用户利用任务栏可以快速启动和切换应用程序。用户可以选择在任务栏上固定哪些图标，或者从任务栏中移除不常用的程序图标。

如将“计算器”程序固定于任务栏。单击“开始”菜单，右击“计算器”程序，在快捷菜单中选择“更多”→“固定到任务栏”命令，如图 2-11 所示。

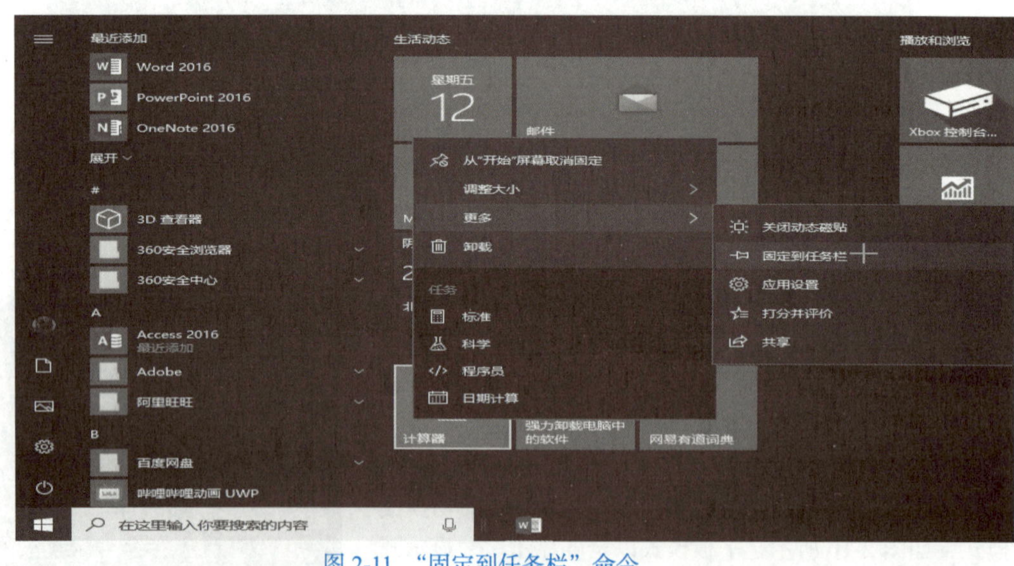

图 2-11　“固定到任务栏”命令

视 频

窗口的组成

5. 窗口的组成

图 2-12 是“此电脑”窗口，该窗口由标题栏、功能区、地址栏、搜索框、导航窗格、内容窗格和状态栏构成。

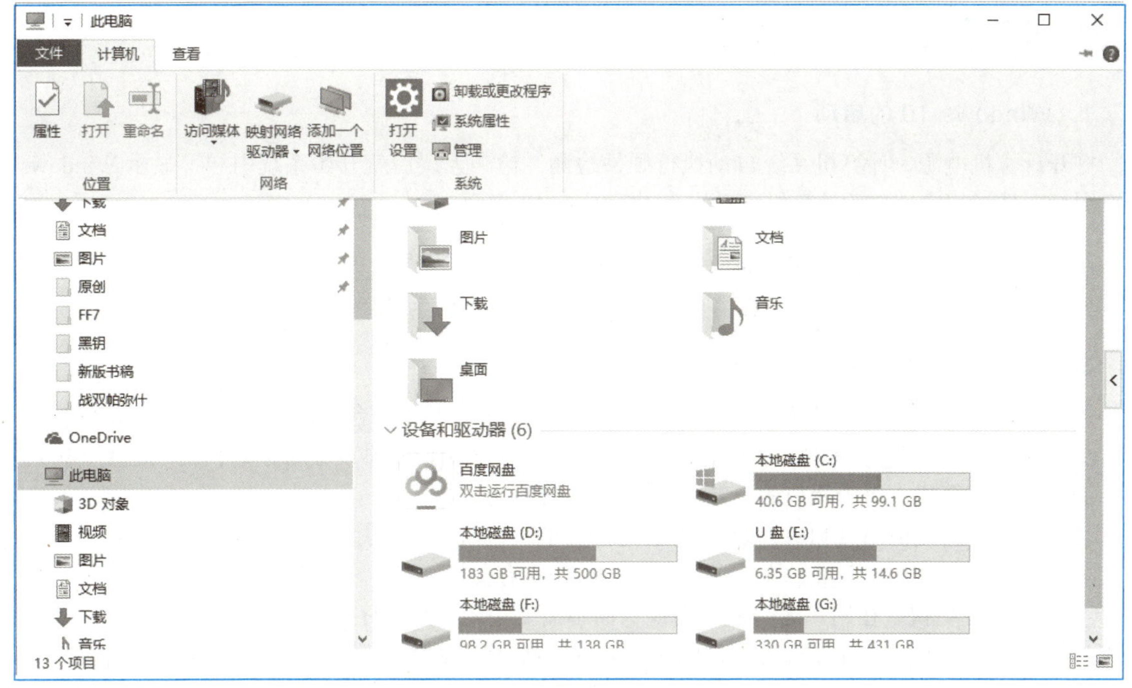

图 2-12 “此电脑”窗口

标题栏：位于窗口最上方，显示当前目录位置。最右侧分别为“最小化”“最大化/还原”“关闭”三个按钮。

功能区：包含当前窗口一些常用操作命令选项。

地址栏：反映了现在所在目录的路径。

搜索框：输入关键字，可以快速查找当前目录中的相关文件和文件夹。

导航窗格：显示本机中包含的具体位置，可以通过它快速访问相应目录。

内容窗口：显示当前目录的内容。

状态栏：显示当前目录中的项目数量，也会根据用户选择的内容显示信息。

6. 打开窗口

鼠标双击应用程序图标即可打开应用程序窗口。

7. 关闭窗口

通常可以通过单击窗口右上角的“关闭”按钮来关闭窗口。

8. 调整窗口大小

将鼠标指针依次移动到窗口的下边框、右边框或右下角，此时鼠标指针变成双箭头形状，按住鼠标左键不放，拖动窗口到合适的大小松开即可；另外，也可以利用窗口右上角的“最小化”或“最大化”按钮来调整窗口大小。

9. 移动窗口

将鼠标指针放在需要移动位置的窗口的标题栏上，按住鼠标左键不放，拖动到需要的位置，松开鼠标左键，即可完成窗口位置的移动。

相关知识

1. Windows 10 的启动

打开计算机电源，计算机系统自动执行硬件检测，检测无误后就开始系统引导，显示 Windows 10 用户图标。选择相应用户后计算机自动进入 Windows 10 桌面。

2. Windows 10 的退出步骤

先关闭所有的应用程序，然后单击“开始”按钮，选择“关机”选项即可。

3. 用户账户及用户类型

每一个使用 Windows 10 的用户都有一个用户账户。当多人共享一台计算机时，有时设置会被意外修改，使用用户账户可以防止其他人更改你的计算机设置。有了用户账户，可以为每个用户提供如下功能：

① 自定义计算机上每个用户的 Windows 和桌面的外观方式。

② 拥有自己喜爱的站点和最远访问过的站点的列表，保护重要的计算机设置。

③ 拥有自己的“用户”文件夹，并使用密码保护私有文件。

④ 登录速度更快，在用户之间快速切换，而不需要关闭用户程序。有两种用户账户类型：计算机管理员账户和标准账户。计算机管理员账户可对计算机所有设置进行更改；而标准账户只能对计算机某些设置进行更改。

4. Windows 10 桌面

在 Windows 10 系统中，用户打开的任何窗口（除程序、文件）界面均相似，如图 2-13 所示。

① 导航窗格。显示整个磁盘中的所有内容，包括库、文件夹、已保存的搜索等。使用“库”可以访问库中的内容，使用“收藏夹”可以打开常用的文件夹和搜索。使用“此电脑”文件夹可以浏览磁盘中的文件夹和子文件夹。

② “后退”和“前进”按钮。使用“后退”和“前进”按钮可以导航到已打开过的其他文件夹或库，而无须关闭当前窗口。这些按钮可与地址栏一起使用，如使用地址栏更改文件夹后，可以使用“后退”按钮返回上一次访问过的文件夹。

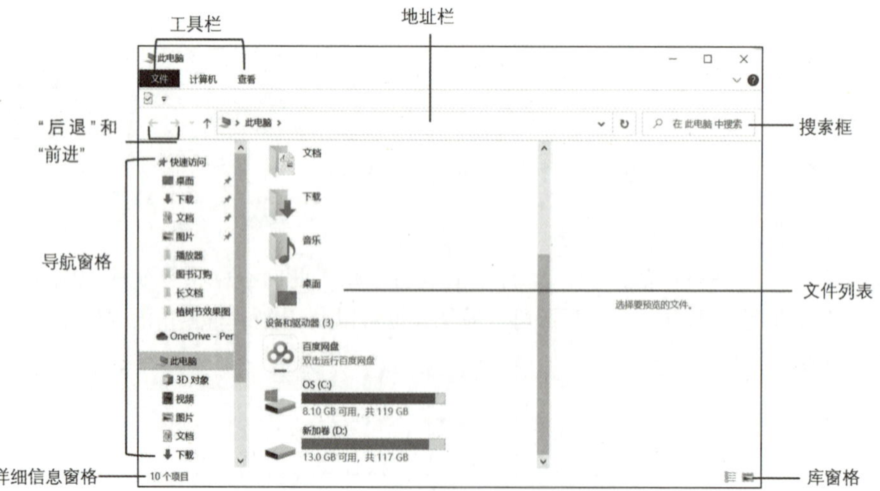

图 2-13　Windows 10 的窗口布局

③ 工具栏。工具栏中的命令按钮实际上是常用菜单命令的快捷按钮，用户可以直接单击相应的按钮执行一些常见任务，如在“查看”中更改文件和文件夹的外观、在“共享”中将文件刻录到 CD 或启动数字图片的幻灯片放映，工具栏上方的小箭头隐藏有自定义快速访问工具栏。如果按钮成灰色代表在当前状态下是不可使用的，工具栏中的按钮会根据不同的对象而实现相关的任务按钮，如单击图片文件时，则工具栏的按钮仅与图片文件有关，这与单击音乐文件时不同。

④ 地址栏。用于显示当前窗口的位置，用户可以直接在地址栏里输入路径用于导航到不同的文件或库，或返回上一文件夹或库。

⑤ 库窗格。库窗格的出现，仅当用户在某个库时才会出现。使用库窗格可按不同的属性排列文件。

⑥ 文件列表。用于显示当前文件夹或库中内容的位置。

⑦ 搜索框。在搜索框中输入需要查找的文件夹和库中的项，用于搜索其位置。

⑧ 详细信息窗格。用于显示当前文件夹或库中总的项目数。

5. “开始”菜单的使用

在 Windows 10 中，对于“开始”菜单上显示的程序和文件，用户具有更多控制能力。“开始”菜单在本质上是一个白板，可以进行组织和自定义以适应个人偏好。

操作计算机的一切都可以从“开始”菜单开始。单击“开始”按钮，可以弹出如图 2-14 所示的“开始”菜单。单击其中的某个选项即可启动相应的程序或打开相应的文件或文件夹。

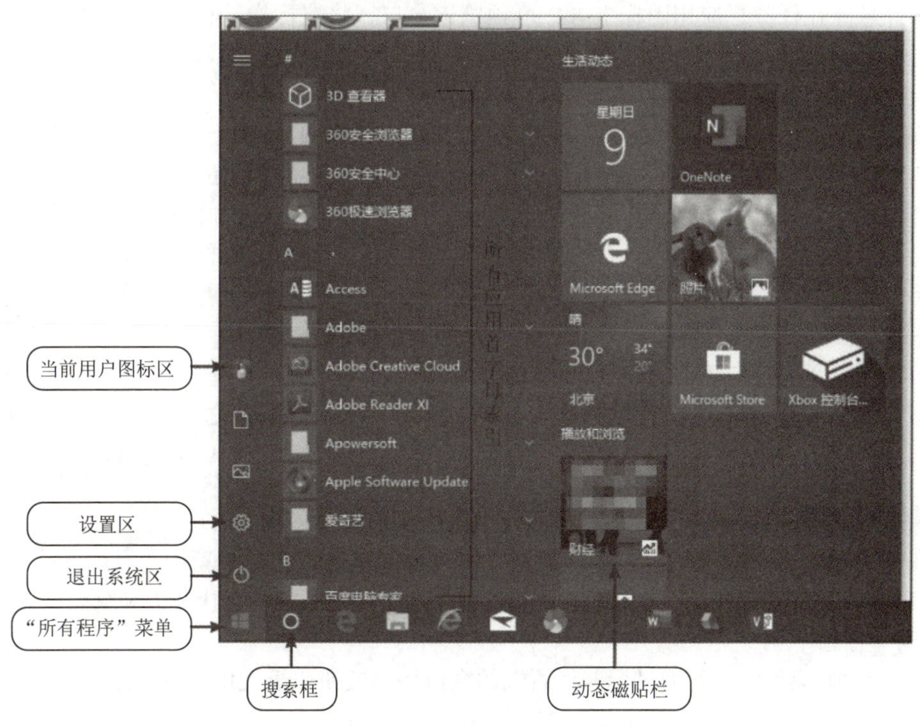

图 2-14　“开始”菜单

“开始”菜单分为六个组成部分，分别为当前用户图标区、设置区、动态磁贴栏、“所有程序”菜单、搜索框、退出系统区。就像全屏的 Windows 8，应用程序可以直接在 Windows 10 “开始”菜单上动态磁贴栏显示、预览信息图标，诸如天气、新闻和股票价格等实时性信息。不同用户的“开始”菜单与该图菜单形式不同，这是因为菜单会随着系统安装的应用程序以及用户的使用情况自动进行调整。

①当前用户图标区，显示当前用户图标，单击该图标将打开“用户账户”窗口，可在其中进行锁定、注销以及更改账户设置的操作。

② 设置区，Windows 10 在“开始”菜单按钮上添加“设置”选项，可以进行整个系统的设置，而不需要再通过控制面板开启，在操作上更加简单快捷。

③ “所有程序”菜单，用户安装的所有应用软件、系统软件、工具软件和系统自带的一些程序和工具都可从这里启动。将鼠标指针移动到绿色箭头上，就会出现菜单选项。

④ 动态磁贴栏，显示天气、日期、股票等实时信息，用户可以自定义动态磁贴中的实时贴片内容，并进行排版修改，在后文中将会详细讲解。

⑤ 搜索框，主要用于搜索计算机中的文件和文件夹。用户只需在标有“搜索程序和文件”的搜索框中输入需要查找的内容或对象，便能找到该内容或对象。

⑥ 退出系统区，位于系统控制区左下角的按钮可进行“关机”“切换用户”“注销”“锁定”和“重新启动”等操作。

6. 任务栏的操作

Windows 10 系统取消了 Aero 桌面透视，但是在任务栏的操作上不断改良，在体验感上丝毫不逊于 Windows 7。

（1）任务栏中窗口的跳转

鼠标指针悬停在任务栏应用图标上方，可预览该窗口，将鼠标指针移至该预览窗口，则可打开该窗口，方便在多个应用功能中跳转切换。移开鼠标指针，所有窗口恢复原状。

（2）分屏功能

Windows 7 加入了 AeroSnap，最大亮点是可以快速地将窗口以 1/2 比例“固定”到屏幕两侧。而 Windows 10 对这一功能进行了升级，新功能除了保持之前的 1/2 分屏外，还增加了左上、左下、右上、右下四个边角热区，以实现更为强大的 1/4 分屏。除此之外，Windows 10 还增加了另一项“分屏助手”功能，当一个窗口分屏完毕，系统会将剩余的未分屏窗口展示到空白区（缩略图），这时用户只要单击即可快速分好第二窗口。而且此时的边角热区也可生效，仍然可以用鼠标将其拖到四个边角来实现 1/4 分屏。

可使用以下快捷键实现分屏：

① Win +上 / 下：使应用窗口在最大化、正常状态以及最小化之间进行切换（非新增）。

② Win +左 / 右：使应用窗口在占据左 / 右半边屏幕以及正常状态之间进行切换（非新增）。

③ Win +左 / 右> Win +上 / 下：使应用窗口占据屏幕四个角落 1/4 的屏幕区域。

7. 窗口的操作

微软在 Windows 10 中移除了 Windows 8/8.1 中的 Charm 超级菜单，新增了全新的“开始”菜单、Cortana 语音助手、虚拟桌面以及操作中心，同时也增加了一些新的键盘快捷键和触摸操作手势。

（1）改变窗口大小

在 Windows 10 桌面上，可通过标题栏右端的窗口控制按钮（最大化和最小化）改变窗口的大小。为了方便用户设置窗口的大小，还可以通过特色鼠标拖动功能。

① 把两个窗口分别向左右拖动，然后它们就会自动在左右半屏显示。

② 将窗口往上拖动，窗口就会完成自动最大化显示。

（2）移动窗口

当窗口处于非最大化和非最小化时，将鼠标指针移动到窗口标题栏上，按住鼠标左键不放并移动到合适的位置松开鼠标左键，就可以将窗口移动到所需位置。

(3) 切换窗口

当在桌面上处理大量窗口时，用户可以通过任务栏缩略图预览来快速显示用户所需的程序窗口。该界面可以由快捷键【Ctrl+Alt+Tab】(滞留预览窗口)获得，效果如图 2-15 所示。

图 2-15　任务栏缩略图预览

鼠标指针指向任务栏缩略图预览可以帮助用户快速显示所需的文件的预览窗口。在打开的窗口间切换，出现任务栏缩略图后，按住【Alt】键不动，多次按【Tab】键，直到到达需要的窗口。

Windows 10 系统可以按照时间轴查看和切换工作窗口，此操作可以通过快捷键【Win+Tab】来实现，如图 2-16 所示。

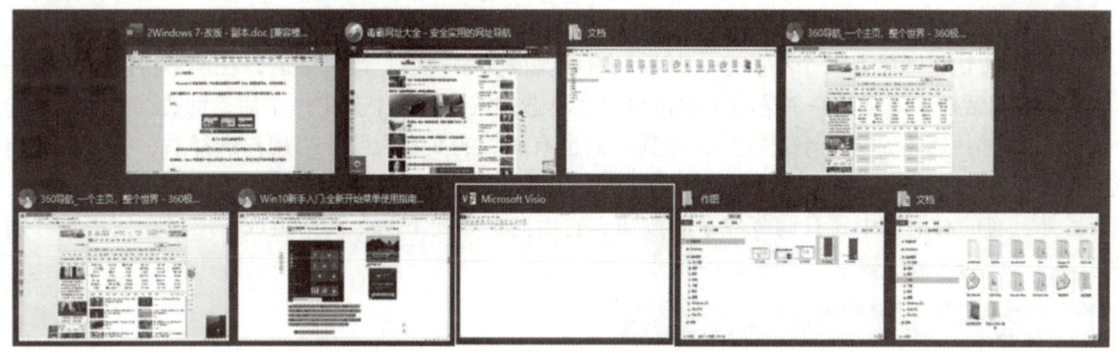

图 2-16　按快捷键【Alt+Tab】在打开的窗口间切换

8. 对话框的使用

对话框是用户与计算机系统之间进行信息交流的窗口，在对话框中用户通过对选项的选择，对系统进行对象属性的修改或者设置。对话框的组成和窗口有相似之处，如都有标题栏，但对话框要比窗口更简洁、更直观，更侧重于与用户进行交流。

(1) 对话框的组成

对话框一般包含有标题栏、选项卡、文本框、列表框、按钮、单选按钮和复选框等，如图 2-17 所示。

① 标题栏：位于对话框的最上方，上面左侧标明了该对话框的名称，右侧有“关闭”按钮。

② 选项卡：在系统中很多对话框都是由多个选项卡构成的，以便于进行区分。用户可以通过选项卡之间的切换来查看不同的内容，在选项卡中通常有不同的选项组。例如：在“文件夹选项”对话框中包含“常规”“查看”“搜索”三个选项卡，在“声音”对话框中包含“播放”“录制”“声音”“通信”四个选项卡。

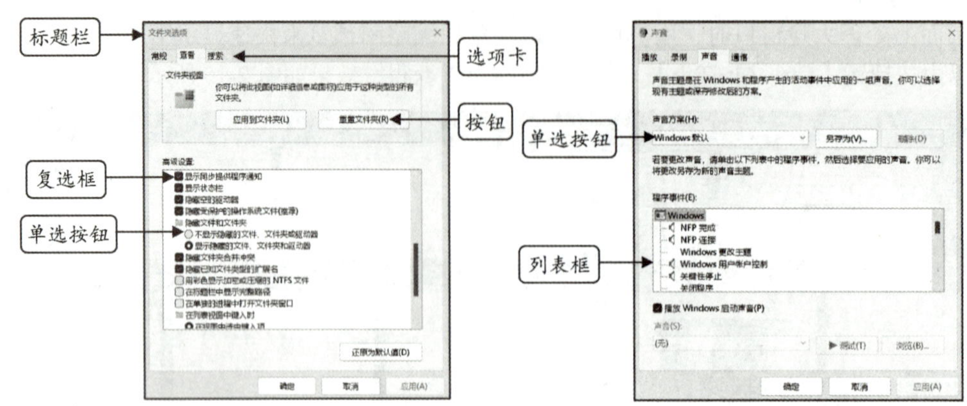

图 2-17　对话框

③ 文本框：在有的对话框中需要用户手动输入某项内容，还可以对各种输入内容进行修改和删除操作。一般在其右侧会带有向下的箭头，可以单击箭头在展开的下拉列表中查看最近曾经输入的内容。例如：右击“开始”按钮，选择“运行”命令，可以打开“运行”对话框，这时系统要求用户输入要运行的程序或者文件名称，如图 2-18 所示。

④ 列表框：有的对话框在选项组下已经列出众多选项，用户可以从中选取，但是通常不能更改。前面所说的“显示属性”对话框中的“桌面”选项卡，系统自带多张图片，用户是不可以进行修改的。

⑤ 按钮：指在对话框中圆角矩形并且带有文字的按钮，常用的有“确定”“应用”“取消”等。

⑥ 单选按钮：通常是一个小圆形，其后面有相关的文字说明，当选中后，在圆形中间会出现一个小圆点，在对话框中通常是一个选项组中包含多个单选按钮，当选中其中一个后，别的选项则不可选。

⑦ 复选框：通常是一个小正方形，在其后面也有相关的文字说明，当用户选择后，在正方形中间会出现“v”标志，它是可以任意选择的，如图 2-17 所示。

另外，有的对话框中还有调节数字的按钮，它由向上和向下两个箭头组成，用户在使用时分别单击箭头即可增加或减少数字，如图 2-19 所示。

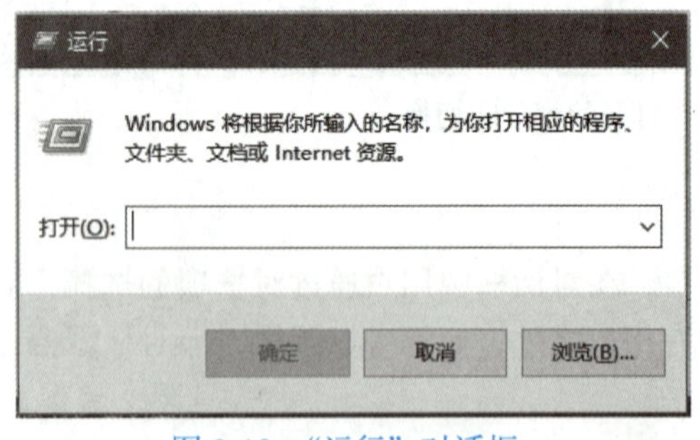

图 2-18　“运行”对话框

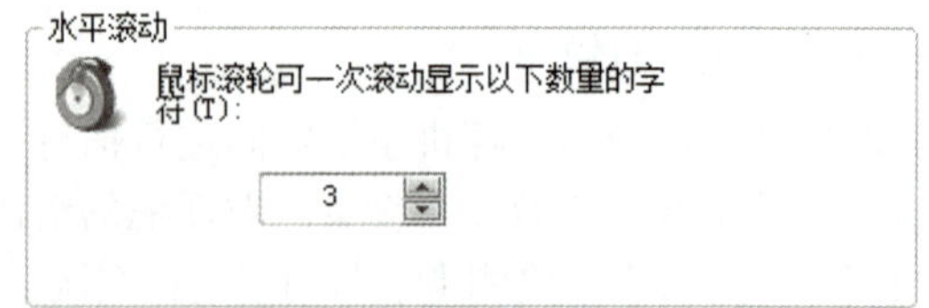

图 2-19　对话框设置

（2）对话框的操作

对话框的操作包括对话框的移动、关闭、对话框中的切换及使用对话框中的帮助信息等。有关操作如下：

① 对话框的移动和关闭：用户要移动对话框时，可以在对话框的标题上按下鼠标左键并拖动到目标位置再松开，也可以在标题栏上右击，选择“移动”命令，然后在键盘上按方向键改变对话框的位置，到目标位置时，单击或者按【Enter】键确认，即可完成移动操作。

② 关闭对话框的方法有如下几种：单击“确认”按钮或者“应用”按钮，可在关闭对话框的同时保存用户在对话框中所做的修改。如果用户要取消所做的改动，可以单击“取消”按钮，或者直接在标题栏上单击“关闭”按钮，也可以在键盘上按【Esc】键退出对话框。

③ 对话框中的切换：由于有的对话框中包含多个选项卡，在每个选项卡中又有不同的选项组，在操作对话框时，可以利用鼠标切换，也可以使用键盘来实现。在不同的选项卡之间切换方法如下：用户可以直接用鼠标进行切换，也可以先选择一个选项卡，即该选项卡出现一个虚线框时，然后按键盘上的方向键来移动虚线框，这样就能在各选项卡之间进行切换。用户还可以利用【Ctrl+Tab】组合键从左到右切换各个选项卡，【Ctrl+Tab+Shift】组合键为反向顺序切换。

④ 在相同的选项卡中的切换：在不同的选项组之间切换，可以按【Tab】键以从左到右或者从上到下的顺序进行切换，而【Shift+Tab】组合键则按相反的顺序切换。在相同的选项组之间切换，可以使用键盘上的方向键来完成。

⑤ 使用对话框中的帮助：对话框不能像窗口那样任意改变大小，在标题栏上也没有“最小化”、“最大化”按钮，取而代之的是“关闭”按钮。

拓展训练

Windows 10 功能界面和基本操作。正确开启和关闭 Windows 10 操作系统，并能使用鼠标和键盘进行基本操作。

具体要求：

- 使用键盘管理 Windows 10 桌面上打开的窗口。任务要求：使用快捷键清除所有内容并显示桌面。
- 使用【Win+D】组合键。任务要求：使用快捷键最小化窗口。
- 设置“开始”菜单与任务栏。任务要求：设置“开始”菜单存储并显示最近在“开始”菜单中打开的程序。
- 使用键盘操作打开 F 盘。
- 变更“用户的文件”文件夹的图标。

任务 2 管理文件与文件夹

任务描述

在计算机系统中，信息是以文件的形式来处理和管理的，所谓文件是指一组相关信息的集合，本任务基本要求就是掌握文件或文件夹的创建、选定、删除、打开、属性设置、重命名、移动、查找、压缩与解压缩等操作。

任务分析

- 启动 Windows 10 操作系统。
- 在 D 盘建立名为“学号姓名”的学生文件夹。
- 将 C 盘 Windows\zh-CN 文件夹中的所有文件复制到学生文件夹中。
- 在学生文件夹中新建一个名为 WIN1 的文件夹，将学生文件夹中所有文件（不包括文件夹）移动到 WIN1 文件夹中。

- 在 WIN1 文件夹中新建一个名为 XM.txt 的文本文档，内容为“学生姓名：王红”。
- 将 XM.txt 重命名为 XS.txt。
- 在学生文件夹中利用“画图”程序建立一个名为 TU1.png 的文件，内容为填充色为红色的椭圆，并将其压缩为 TU1.zip 文件。
- 将 TU1.zip 文件解压缩到 WIN1 文件夹中。
- 删除学生文件夹中的 TU1.png 文件，并将 TU1.zip 文件属性改为只读。

任务实现

1. 启动 Windows 10 操作系统

视频

管理文件与文件夹（1）

① 打开显示器电源开关。
② 打开主机电源开关。
③ 等待数秒后，屏幕出现 Windows 10 的桌面，表示启动成功。

2. 在 D 盘建立名为“学号姓名”的学生文件夹

打开“此电脑”窗口，选择 D 盘，在窗口的“主页”选项卡中单击工具栏上的“新建文件夹”按钮，输入新文件夹的名称“学号姓名”，然后按【Enter】键。

3. 将 C 盘 Windows\zh-CN 文件夹中的所有文件复制到学生文件夹中

① 打开 C:Windows\zh-CN 文件夹。
② 选择“主页”→“全部选择”命令，或按【Ctrl+A】组合键，选定所有文件，如图 2-20 所示。
③ 选择“主页”→“复制”命令（或右击选定的文件，在弹出的快捷菜单中选择“复制”命令）。
④ 双击打开学生文件夹。
⑤ 选择“主页”→“粘贴”命令（或在空白处右击，在弹出的快捷菜单中选择“粘贴”命令），把 zh-CN 文件夹内的所有文件复制到学生文件夹中。

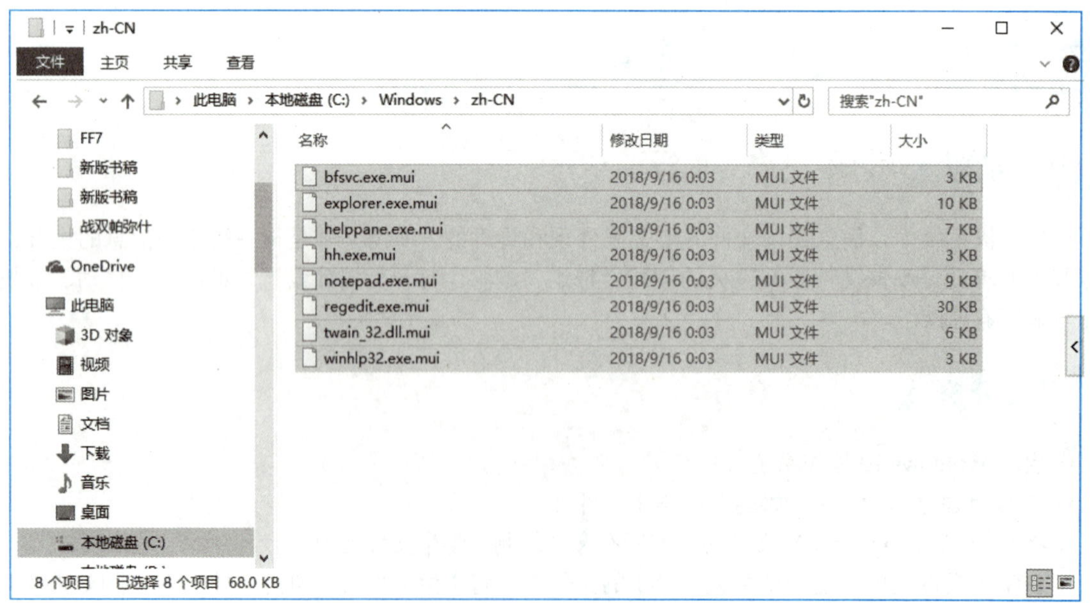

图 2-20 全选文件

4. 在学生文件夹中新建一个名为 WIN1 的文件夹，将学生文件夹中所有文件（不包括文件夹）移动到 WIN1 文件夹中

① 双击打开学生文件夹。

② 选择“主页”→“新建文件夹”命令，输入子文件夹名称 WIN1，按【Enter】键确定。

③ 按住【Shift】键，然后再单击第一个和最后一个文件。

④ 选择“主页”→“剪切”命令。

⑤ 双击打开 WIN1 文件夹，选择“主页”→“粘贴”命令。

5. 在 WIN1 文件夹中新建一个名为 XM.txt 的文本文档，内容为“学生姓名：王红”

① 双击打开 WIN1 文件夹。

② 在右窗格的空白处右击，弹出快捷菜单，选择“新建”→“文本文档”命令，如图 2-21 所示，出现一个临时名为“新建文本文档”的文件，并且该名字处于编辑状态，输入文件名称 XM.txt，单击窗口空白处或按【Enter】键确定。

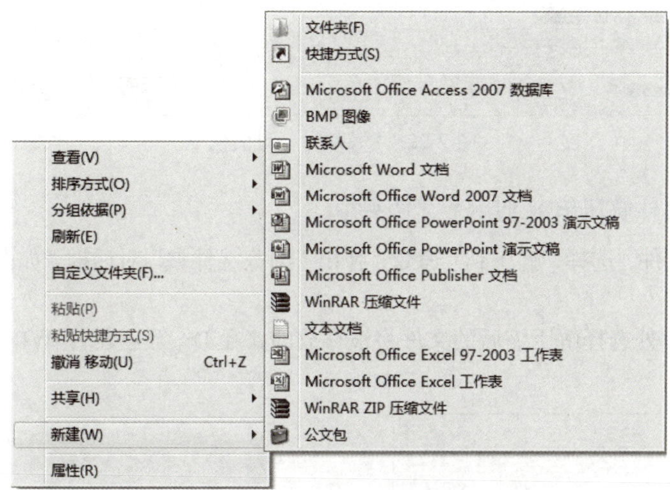

图 2-21　“文本文档”命令

③ 双击打开 XM.txt 文件，输入文件内容“学生姓名：王红”。

④ 内容输入完毕后，单击标题栏上的“关闭”按钮，保存退出。

6. 将 XM.txt 重命名为 XS.txt

① 右击 XM.txt，在弹出的快捷菜单中选择“重命名”命令。

② 此时 XM.txt 文件的名称为蓝色显示状态，并出现光标，输入新的名称 XS.txt。

③ 单击窗口空白处或按【Enter】键确定。

7. 在学生文件夹中利用“画图”程序建立一个名为 TU1.png 的文件，画一个填充色为红色的椭圆，边框为蓝色，并将其压缩为 TU1.zip 文件

视频

管理文件与文件夹（2）

① 选择“开始”→“画图 3D”命令，启动画图软件。

② 单击“2D 形状”里的“圆”工具，按住鼠标左键在画图区域内拖动，画出椭圆。

③ 单击“填充”→“红色”选项。

④ 单击“线型”→“蓝色”选项。

⑤ 单击“菜单”→“保存”命令。弹出“另存为”对话框（见图 2-22），选定存储位置为 D:\“学

号姓名”，文件名为 TU1.png，保存类型为“PNG(*.png)，然后单击“保存”按钮，退出画图软件。

⑥ 在学生文件夹内，右击 TU1.png 文件，弹出快捷菜单并选择“添加到‘TU1.zip’”命令，将 TU1.png 压缩为 TU1.zip 文件。

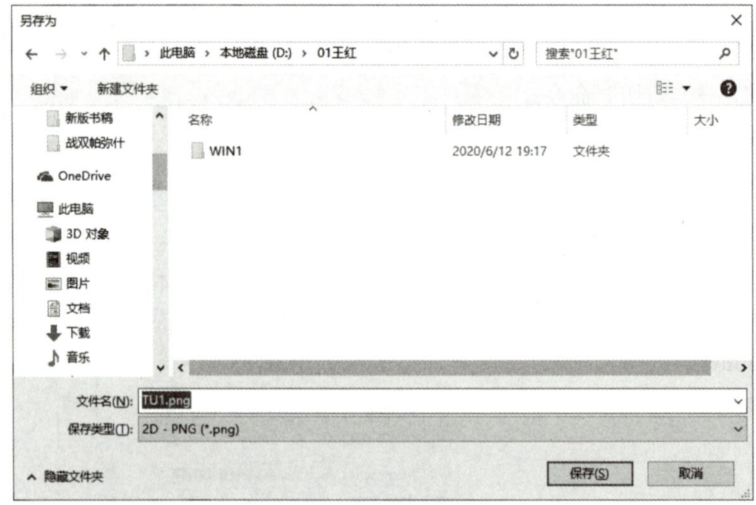

图 2-22 “另存为”对话框

8. 将 TU1.zip 文件解压缩到 WIN1 文件夹中

① 右击 TU1.zip 文件，选择“解压到”命令，弹出“浏览文件夹”对话框，如图 2-23 所示，单击“确定”按钮。

② 在“目标路径”处选择解压缩后的文件将被存放的路径 D:\ 学号姓名 \WIN1，单击“立即解压”按钮，如图 2-24 所示。

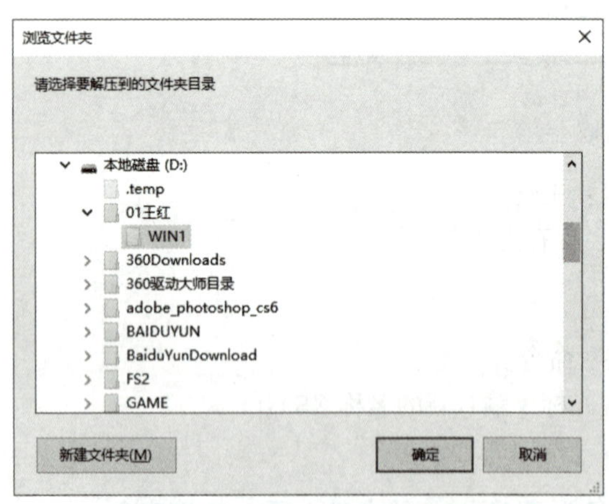

图 2-23 “浏览文件夹”对话框

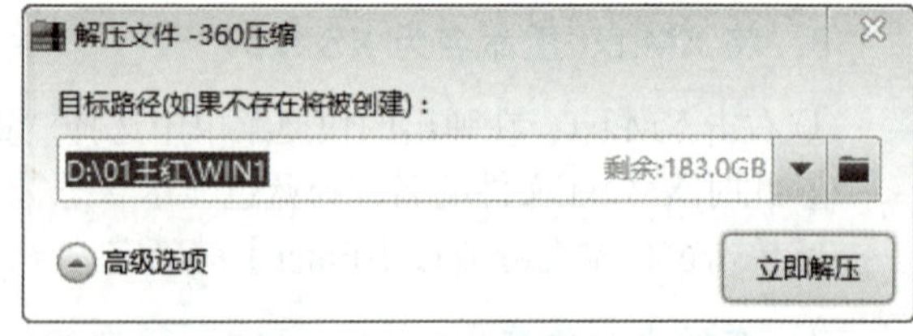

图 2-24 “解压文件 -360 压缩”对话框

9. 删除学生文件夹中的 TU1.png 文件，并将 TU1.zip 文件属性改为只读

① 选择学生文件夹中的 TU1.png 文件。

② 右击并从弹出的快捷菜单中选择“删除”命令。

③ 将鼠标指向 TU1.zip 文件，右击并弹出快捷菜单，选择“属性”命令，弹出“TU1.zip 属性”对话框。

④ 选择“常规”选项卡，勾选“只读”复选框，然后再单击“确定”按钮，如图 2-25 所示。

图 2-25　“TU1.zip 属性”对话框

相关知识

1. 文件扩展名的含义及显示

文件扩展名是文件名的重要组成部分，一般是由特定的字符组成，表示特定的含义，用户可以从扩展名直接区别文件的类型或格式，表 2-1 中列出了一些常用扩展名及文件类型。

表 2-1　常用扩展名及文件类型

扩展名	文件类型	扩展名	文件类型
.txt、.doc、.docx、.wps、.rtf	文本文件	.htm、.html	超文本文件
.wav、.mid、.mp3、.wma	音频文件	.xls、.xlsx	电子表格文件
.bmp、.gif、.jpeg、.png	图像文件	.obj	目标代码文件
.avi、.swf、.mp4、.mov、.wmv	视频文件	.drv	设备驱动程序文件
.rar、.zip、.jar	压缩文件	.exe、.com、.bat	可执行文件

在窗口的“查看”选项卡中勾选“文件扩展名”选项即可显示文件扩展名。

（1）改变文件和文件夹的显示方式

单击“查看”选项卡可以轮流切换图标的八种显示方式：超大图标、大图标、中图标、小图标、列表、详细信息、平铺和内容，如图 2-26 所示。一般用“详细信息”查看。

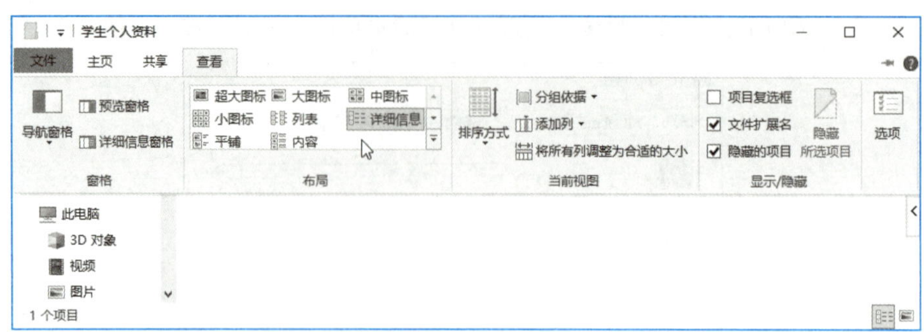

图 2-26　图标显示方式

（2）改变文件和文件夹的排序方式

单击“查看”选项卡的“排序方式”命令，可以选择按“名称”“修改日期”“类型”“大小”等排序方式，针对每种排序方式，还可以选择“递增”或“递减”规律，如图 2-27 所示。

2. 选定文件或文件夹

选定指定的文件或文件夹是对文件或文件夹进行操作的前提。选择单独的文件或文件夹的方法就是单击需要选择的文件或文件夹；选择多个连续文件，先单击第一项，按住【Shift】键的同时单击最后一项（也可以用鼠标拖动框选）；选择多个不连续文件，先单击第一项，按住【Ctrl】键的同时单击要选择的其他项；全部选定则使用组合键【Ctrl+A】。取消选择，在空白处单击即可。

例如，在 D 盘选定前三个文件（或文件夹），选定第一、第三个文件（或文件夹），选定全部文件或文件夹的操作如下：

① 选定前三个文件或文件夹：打开“此电脑”窗口，选择 D 盘，在右窗口中单击选择第一个文件（或文件夹），然后按住【Shift】键的同时单击选择第三个文件（或文件夹）。

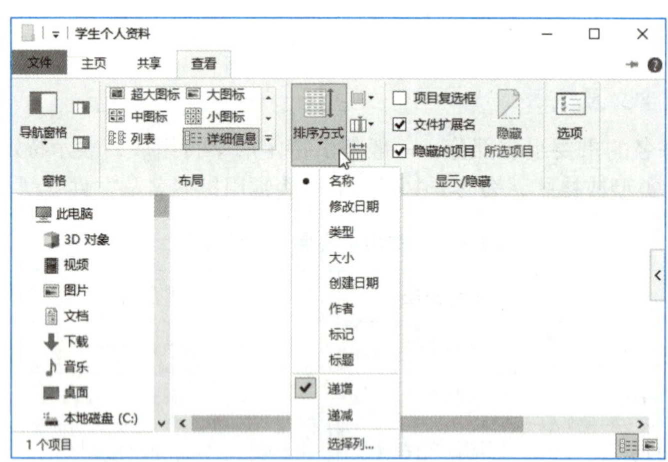

图 2-27　“排序方式”命令

② 选定第一、第三个文件或文件夹：在右窗口中单击选择第一个文件（或文件夹），然后按住【Ctrl】键的同时单击选择第三个文件（或文件夹）。

③ 全部选定：使用组合键【Ctrl+A】。

3. 复制（移动）文件或文件夹

复制（移动）是文件管理的常见操作。方法有三种：

① 选中要复制（移动）的文件或文件夹并右击，在弹出的快捷菜单中选择“复制”（“剪切”）命令，然后在目标文件夹中右击，在弹出的菜单中选择“粘贴”命令。

② 选中要复制（移动）的文件或文件夹，使用【Ctrl+C】或【Ctrl+X】组合键进行复制（剪切）操作，再用【Ctrl+V】组合键进行“粘贴”操作。

③ 选中要复制（移动）的文件或文件夹，单击“主页”选项卡中的“复制到”或“移动到”命令，选择要复制（移动）到的目标文件夹。

另外【PrintScreen】键可以将屏幕上的整个画面图像复制到剪贴板上，【Alt+PrintScreen】组合键可以把屏幕上当前窗口（或对话框）画面图像复制到剪贴板上。剪贴板是内存的一块区间。

例如，将 D 盘“学生个人资料”文件夹下名为“基本资料”文本文档先移动到 D 盘，然后再将之复制到“学生个人资料”文件夹中。操作如下：

① 移动“基本资料”文本文档到 D 盘：打开 D 盘“学生个人资料”文件夹，选定名为“基本资料”文本文档，选择“剪切”命令将信息送到剪贴板临时保存，回到 D 盘后选择“粘贴”命令到剪贴板读取。

② 复制“基本资料”文本文档到“学生个人资料”文件夹：在 D 盘选定名为“基本资料”文本文档，选择“复制”（或者按【Ctrl+C】组合键）命令将信息送到剪贴板临时保存，再打开“学生个人资料”文件夹，然后选择“粘贴”命令到剪贴板读取。

4. 删除、还原和重命名文件或文件夹

删除、还原和重命名也是文件管理常见操作，删除文件或文件夹有多种方法：可以右击文件或文件夹，在快捷菜单中选择“删除”命令，或者通过选择文件或文件夹并按【Delete】键的方式将其删除。从硬盘中删除文件或文件夹时，不会立即将其删除，而是将其放置在回收站中，直到在回收站中再次删除或清空回收站为止。

回收站中的文件或文件夹，如果需要还可以还原，恢复的方法是：打开“回收站”窗口，选择要还原的文件或文件夹，然后在“回收站工具”下单击“还原选定项目”按钮。若要还原回收站中所有文件和文件夹，则不需选定任何文件或文件夹，在工具栏上单击“还原所有项目”按钮，便可将其还原到它们在计算机上的原始位置。另外，删除文件时按【Shift+Delete】组合键不是先将其移至“回收站”，而是永久删除。在可移动磁盘中删除文件也不经“回收站”，而是永久删除。

文件或文件夹的重命名可以通过右击需要重命名的文件或文件夹，在弹出的快捷菜单中选择“重命名”命令，此时文件或文件夹图标上的名称框进入可编辑状态，输入新的名字后按【Enter】键即可。或者用鼠标连续单击文件或文件夹图标两次，此时其名称框会转为可编辑状态，也可以完成重命名操作。

例如，将 D 盘名为“基本资料”文本文档删除，然后再还原到 D 盘，然后将之重命名为“学生基本资料”。操作如下：

① 删除“基本资料”文本文档：打开 D 盘，右击“基本资料”文本文档，在快捷菜单中选择“删除”命令，弹出“删除文件”对话框，询问“确实要把此文件放入回收站吗？”，单击“是”按钮即可。

② 还原“基本资料”文本文档到 D 盘：打开“回收站”窗口，选择“基本资料”文本文档，然后在“回收站工具”下单击“还原选定项目”按钮。右击 D 盘中的“基本资料”文本文档，在快捷菜单中选择“重命名”命令，在名称框中输入新的文件名“学生基本资料”后按【Enter】键。

5. 查看和修改文件或文件夹的属性

文件或文件夹都有其自身的属性，右击文件或文件夹，在快捷菜单中选择“属性”命令，打开“属性”对话框，即可查看并设置文件的常规、安全、详细信息等方面的属性，如图 2-28 所示。其中，只读属

性表示文件只能读取不能写入，可以防止文件被修改；隐藏属性表示文件被隐藏起来，而不显示在桌面、文件夹或资源管理器中。文件夹的“属性”窗口与文件的“属性”窗口基本类似，如图 2-29 所示，通过“共享”选项卡可以设置文件夹的共享方式。

例如，将 D 盘中名为“学生基本资料”\“基本资料”文本文档的属性改为“只读”“隐藏”。操作如下：

打开 D 盘中名为“学生基本资料”文件夹，右击文件夹中的“基本资料”文本文档，在快捷菜单中选择“属性”命令，在“基本资料 .txt 属性”对话框的“常规”选项卡中，选择“只读”和“隐藏”复选框，单击“确定”按钮。

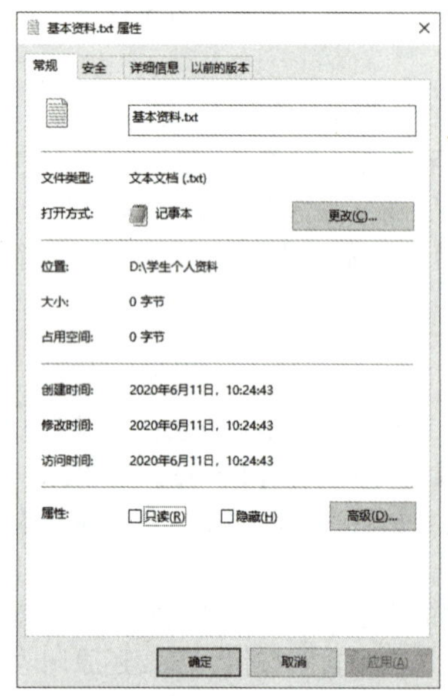

图 2-28　文件的“属性”窗口

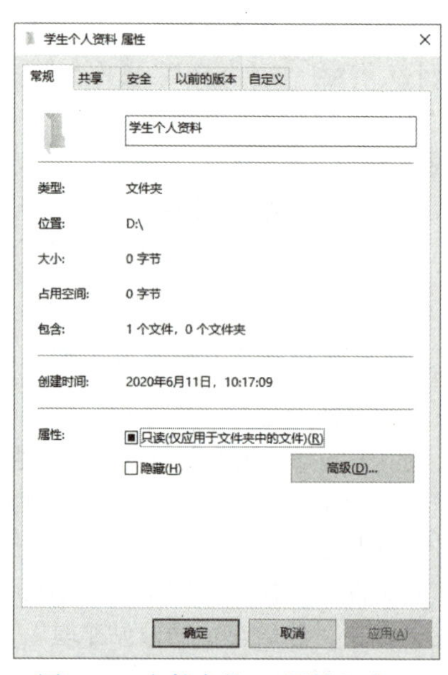

图 2-29　文件夹的“属性”窗口

6. 隐藏与显示文件或文件夹

隐藏文件或文件夹的方法：右击需要隐藏的文件或文件夹，在弹出菜单中选择“属性”命令，勾选“隐藏”复选框，单击“确定”按钮，弹出“确认属性更改”对话框，一般选择默认选项，单击“确定”按钮，如图 2-30 所示。

取消隐藏文件或文件夹的方法：在“查看”选项卡勾选“隐藏的项目”复选框，即可显示或隐藏文件，如图 2-31 所示；也可以右击隐藏文件，在弹出菜单中选择“属性”命令，在弹出的“属性”对话框中取消勾选“隐藏”复选框，单击“确定”按钮。

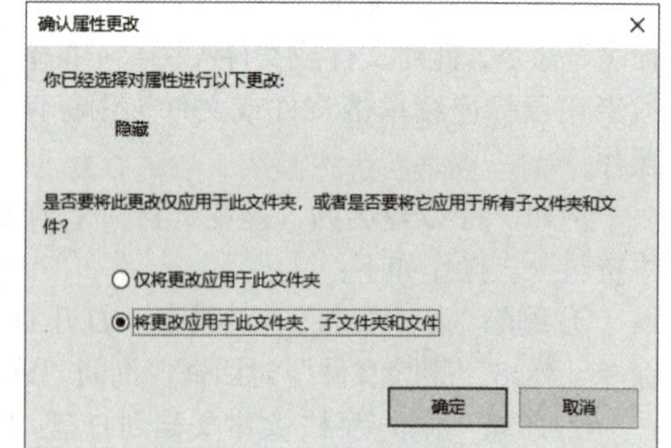

图 2-30　“确认属性更改”对话框

例如，隐藏和显示 D 盘中的“学生个人资料”文件夹。操作如下：

打开 D 盘，选择名为“学生个人资料”文件夹，右击并选择“属性”命令，勾选“隐藏”复选框，单击“确定”按钮，确定“确认属性更改”对话框，此时文件夹图标颜色变淡，再取消勾选“查看”选项卡“隐藏的项目”复选框，此时文件夹图标不见了。

在“查看”选项卡勾选“隐藏的项目”复选框，又可显示出被隐藏的“学生个人资料”文件夹。

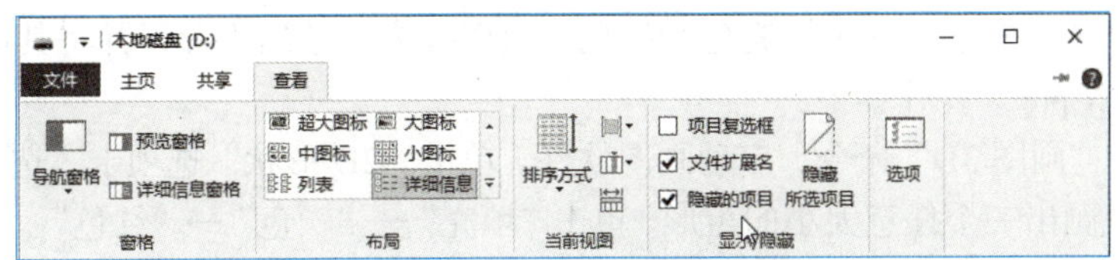

图 2-31 “查看”选项卡

7. 搜索文件或文件夹

系统提供文件或文件夹的搜索功能。搜索时，可以使用通配符，通配符“*”表示任意字符串，通配符“？”表示任意一个字符。

例如，搜索 D 盘中的“学生个人资料”\“基本资料”文本文档。操作如下：

打开“此电脑”，选择 D 盘，在搜索框内输入“基本资料”，搜索到的文件会以黄色高亮显示，如图 2-32 所示。

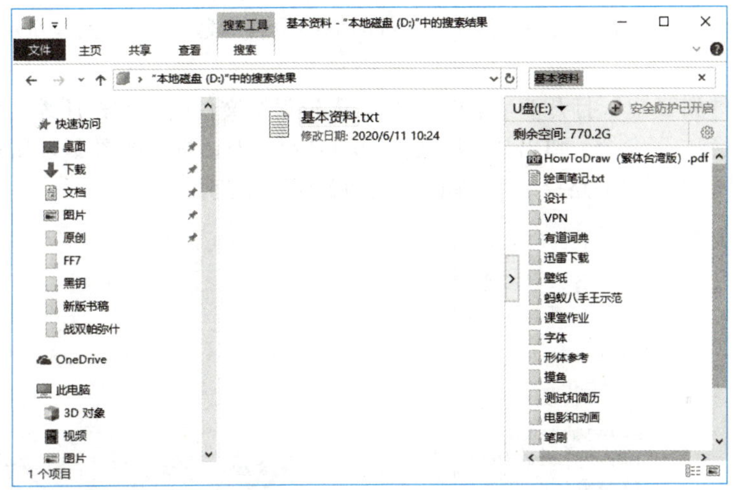

图 2-32 文件搜索窗口

8. “画图”软件的使用

“画图”是系统内置的可用于绘制 2D、3D 形状的软件，启动后可选择“画笔” “2D 形状” “3D 形状”或“贴纸”进行画图，如图 2-33 所示。

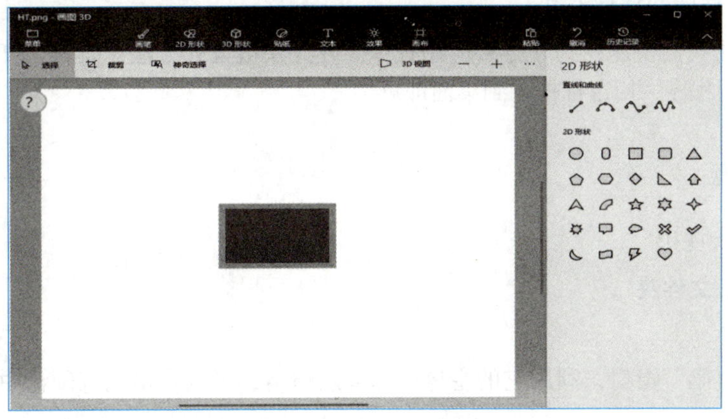

图 2-33 “画图”窗口

例如，利用“画图”软件画一个填充色为红色、边框线为绿色的矩形，并将其保存到 D:\“学生个人资料”，取名为 HT.png。操作如下：

选择“开始”→“画图 3D”命令，启动画图软件。单击“2D 形状”选项卡，选择“正方形”工具，拖动鼠标在绘图区域画出一个任意大小的矩形。单击“填充”→“颜色”→“红色”，单击“线型”→“颜色”→“绿色”。单击“菜单”→“保存”命令。弹出“另存为”对话框，选定存储位置为 D:\“学生个人资料”，文件名为 HT.png，保存类型为“PNG(*.PNG)”，然后单击“保存”按钮。

9. 压缩文件

系统内置有压缩软件，可以选择“速度最快”“体积最小”和“自定义”进行压缩。右击文件并在快捷菜单中选择“添加到压缩文件…”命令可以压缩文件，在压缩文件上右击，并选择“解压到…”可以解压文件。

例如，利用压缩软件压缩 D 盘下“学生个人资料”的 HT.png 文件，然后解压到 D 盘。操作如下：

压缩 HT.png 文件：打开 D 盘的“学生个人资料”文件夹，右击选定 HT.png 文件，并在快捷菜单中选择“添加到压缩文件…”命令，在压缩文件对话框中设置参数，如图 2-34 所示，然后单击“立即压缩”按钮。

解压 HT.png 文件到 D 盘：打开 D 盘的“学生个人资料”文件夹，右击压缩文件 HT.png，并在快捷菜单中选择“解压到…”命令，弹出“解压文件 -360 压缩”对话框，如图 2-35 所示，在“目标路径”处选择解压缩后文件将被存放的路径 D:\，单击“立即解压”按钮。

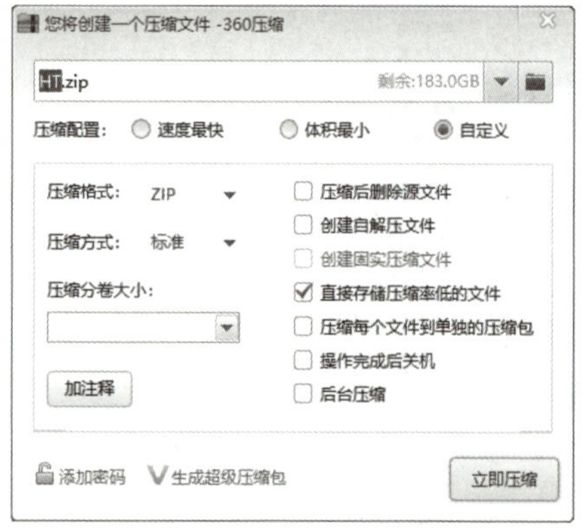

图 2-34 压缩文件

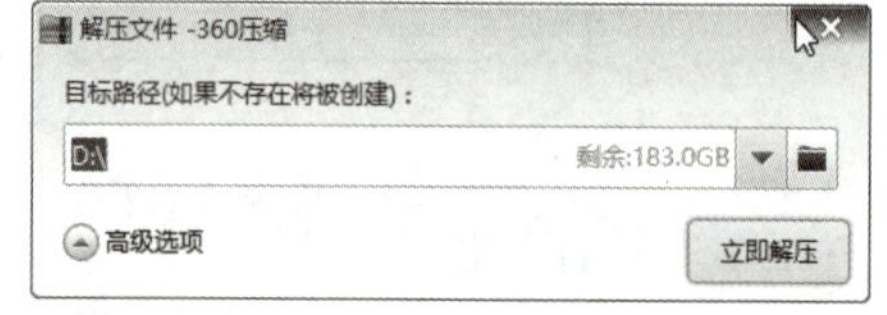

图 2-35 “解压文件 -360 压缩”对话框

10. 建立应用程序的快捷方式

快捷方式可以让我们快速找到和打开应用程序。建立快捷方式方法：打开“开始”菜单，找到要建立快捷方式的应用程序，用鼠标拖动到桌面即可。

拓展训练

Windows 10 基本操作：

1. 浏览文件及文件夹

浏览方法有两种：

双击打开“此电脑”窗口，利用它的主界面和导航窗格，可以直接浏览硬盘中的文件及文件夹，如图 2-36 所示。

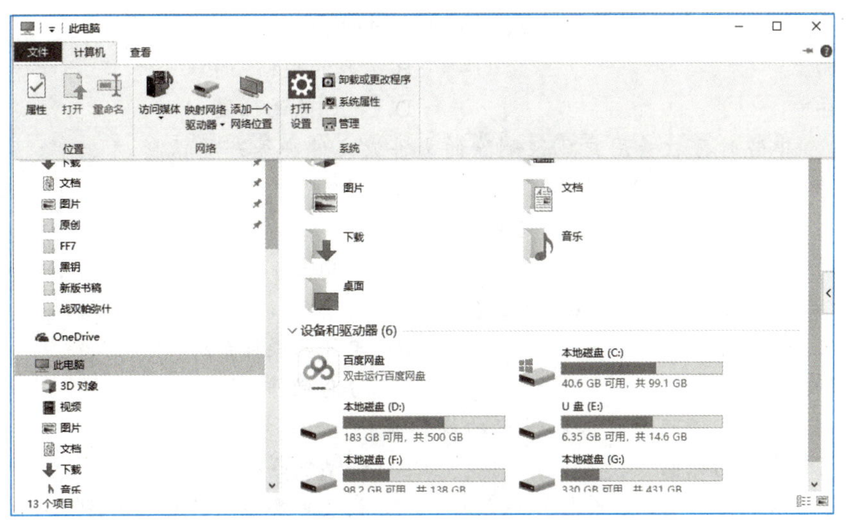

图 2-36　“此电脑”窗口

通过文件资源管理器查看计算机中的文件及文件夹。右击“开始”按钮，在“开始”菜单中选择“文件资源管理器”，打开“文件资源管理器”窗口，也可以浏览计算机中的文件及文件夹。

2. 创建文件及文件夹

在计算机系统中，信息的处理和管理都是以文件形式进行的，因此，在处理和管理信息时需要先建立文件，文件建立时必须有文件名，文件名是由文件主名和扩展名构成的，中间用“.”来分隔。除了 <>/\|:“*?不能用作为文件的命名字符外，其他字符都可以。

例如，在 D 盘下新建一个名为“学生个人资料”的文件夹，并在“学生个人资料”文件夹下新建一个名为“基本资料”文本文档。操作如下：

打开“此电脑”窗口，选择 D 盘，在窗口的“主页”选项卡中单击工具栏上的“新建文件夹”按钮，输入新文件夹的名称“学生个人资料”，然后按【Enter】键，如图 2-37 所示。打开“学生个人资料”文件夹，右击空白区域，在快捷菜单中选择“新建”→“文本文档”命令，如图 2-38 所示，输入新文件的名称“基本资料”，然后按【Enter】键。

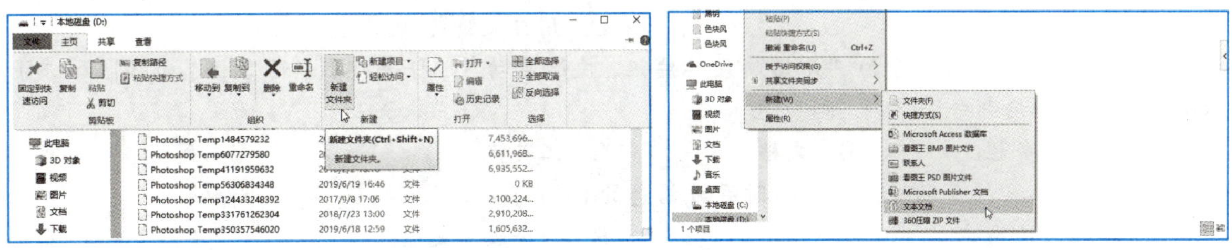

图 2-37　新建文件夹窗口　　　　图 2-38　快捷菜单

习　　题

一、选择题

1. 在 Windows 安装后，(　　) 可启动桌面上的应用程序。

   A. 双击图标　　B. 单击图标　　C. 移动鼠标　　D. 指向图标

2. 将回收站中的文件还原时，被还原的文件将回到（　　）。

A. 桌面上　　B. “我的文档”中

C. 内存中　　D. 被删除的位置

3. 在（　　）中暂时存放着用户已经删除的文件或文件夹等一些信息。

A. 文档　　B. 计算机　　C. 网络　　D. 回收站

4. “回收站”是（　　）文件存放的容器。

A. 活动　　B. 打开　　C. 已删除　　D. 关闭

5. 当前计算机上运行的 Windows 属于（　　）。

A. 批处理操作系统　　B. 单任务操作系统

C. 多任务操作系统　　D. 分时操作系统

6. 在 Windows 中，不可对任务栏进行的操作是（　　）。

A. 设置任务栏的颜色　　B. 移动任务栏的位置

C. 设置任务栏为“总在最前”　　D. 设置任务栏为“自动隐藏”

7. 在“任务栏”中的任何一个按钮都代表着（　　）。

A. 一个可执行程序　　B. 一个正在执行的程序

C. 一个缩小的程序窗口　　D. 一个不工作的程序窗口

8. 在 Windows 中，桌面上当窗口未最大化时，可以用鼠标移动窗口的位置，但鼠标必须位于（　　）。

A. 窗口的标题栏中　　B. 窗口的菜单栏中

C. 窗口的边框上　　D. 窗口中任意位置

9. 在 Windows 中，关于“开始”菜单的叙述不正确的是（　　）。

A. 单击“开始”按钮可以启动“开始”菜单

B. “开始”菜单包括关闭系统、帮助、程序、设置等菜单项

C. 可在“开始”菜单增加菜单项，但不能删除菜单项

D. 用户想在计算机上做的事情都可以从“开始”菜单开始

10. Windows 的桌面是一个（　　）。

A. 系统文件夹　　B. 用户文件

C. 系统文件　　D. 用户文件夹

11. 桌面上（　　）可分为“开始”菜单按钮、快速启动区、任务视图、语言栏、通知区和“显示桌面”按钮等几部分。

A. 任务栏　　B. 文档　　C. 工具栏　　D. 网络

12. Windows 的剪贴板是用于临时存放信息的（　　）。

A. 一个窗口　　B. 一个文件夹

C. 一块内存区间　　D. 一块磁盘区间

13. Windows 环境中，每个窗口上面有一个“标题栏”，把鼠标光标指向该处，然后拖放，则可以（　　）。

A. 变动窗口上边缘，从而改变窗口的大小

B. 移动该窗口

C. 放大该窗口

D. 放小该窗口

14. 桌面上的“此电脑”图标是(　　)。
A. 用来暂存用户删除的文件、文件夹等内容的
B. 用来管理计算机资源的
C. 用来管理网络资源的
D. 用来保持网络中的便携机和办公室中的文件同步的

15. 要使桌面已打开的窗口不出现在屏幕上而只在任务栏中显现一个图标，可将窗口(　　)。
A. 最小化　　B. 关闭　　C. 还原　　D. 最大化

16. 在 Windows 操作中，若鼠标指针变成了“I”形状，则表示(　　)。
A. 当前系统正在访问磁盘　　B. 可以改变窗口大小
C. 可以改变窗口位置　　D. 鼠标光标所在位置可以从键盘输入文本

17. 窗口的移动可通过鼠标选取(　　)后按住左键不放，至任意处放开来实现。
A. 标题栏　　B. 工具栏　　C. 状态栏　　D. 菜单栏

18. 在 Windows 的文件夹结构是一种(　　)。
A. 关系结构　　B. 网状结构　　C. 对象结构　　D. 树状结构

19. 下面关于中文 Windows 文件名的叙述中，错误的是(　　)。
A. 文件名允许使用汉字　　B. 文件名允许使用多个圆点分隔符
C. 文件名允许使用空格　　D. 文件名允许使用竖线“|”

20. 在 Windows 安装后，可以通过(　　)来查看计算机中的文件、文件夹和设备。
A. 回收站　　B. 此电脑　　C. 网络　　D. 文档

21. Windows 中“记事本”程序默认的文件类型是(　　)。
A. txt　　B. doc　　C. htm　　D. xml

22. 欲将文件移动到别处，首先要进行的操作是(　　)。
A. 粘贴　　B. 复制　　C. 删除　　D. 剪切

23. 在 Windows 的“此电脑”中，选择(　　)查看方式可以显示文件的“大小”与“修改时间”。
A. 大图标　　B. 小图标　　C. 列表　　D. 详细信息

24. 一个应用程序窗口被最小化后，该应用程序窗口的状态是(　　)。
A. 继续在前台运行　　B. 被终止运行　　C. 被转入后台运行　　D. 保持不变

25. 非法的 Windows 文件夹名称是(　　)。
A. x+y　　B. x*y　　C. x&y　　D. x-y

26. Windows 系统中，U 盘上被删除的文件(　　)。
A. 是否能还原要看运气　　B. 一定能用“回收站”还原
C. 无法还原　　D. 可以用“回收站”还原

27. Windows 中，复制文件的组合键是(　　)。
A. 【Ctrl+A】　　B. 【Ctrl+C】　　C. 【Ctrl+V】　　D. 【Ctrl+S】

28. Windows 10 中，右击桌面后，在弹出快捷菜单中选择(　　)命令，可以设置桌面背景。
A. 显示设置　　B. 个性化　　C. 查看　　D. 排列方式

29. Windows 中，选定多个不连续文件时，先按住(　　)键再选定文件。
A. 【Shift】　　B. 【Ctrl】　　C. 【Alt】　　D. 【Tab】

30. Windows 10 中，按(　　)键可以删除文件或文件夹。
A. 【Shift】　　B. 【Ctrl】　　C. 【Delete】　　D. 【Tab】

二、判断题

1. Windows 桌面的任务栏中的图标不可移除。(　　)

A. 正确　　B. 错误

2. 只能使用“画图”工具创建修改简单图画。(　　)

A. 正确　　B. 错误

3. 在 Windows 桌面上右击图标，在快捷菜单中单击“删除”命令即可删除图标。(　　)

A. 正确　　B. 错误

4. 当某菜单命令后有“…”时，表示执行该命令会出现一个下级菜单。(　　)

A. 正确　　B. 错误

5. 单击文件，在弹出的快捷菜单中单击“创建快捷方式”命令，可以为所选文件创建快捷方式。(　　)

A. 正确　　B. 错误

6. 进入 Windows 后，可以通过鼠标移动文件或文件夹。(　　)

A. 正确　　B. 错误

7. Windows“开始”菜单不能以全屏模式显示。(　　)

A. 正确　　B. 错误

8. Windows 操作系统安装完成后，桌面默认只显示“回收站”图标，没有“此电脑”等图标。(　　)

A. 正确　　B. 错误

9. Windows“开始”菜单中右侧的动态磁贴，仅能查看程序动态信息，不能启动应用程序。(　　)

A. 正确　　B. 错误

10. Windows 中，按【Ctrl+X】组合键可以剪切文件或文件夹。(　　)

A. 正确　　B. 错误

模块 3 Word 2016 文档处理

Microsoft Word 2016 是微软公司推出的一款功能强大的办公软件之一，是 Office 2016 的一个重要组成部分，主要用来进行文本的输入、编辑、排版、打印等工作，提供了许多易于使用的文档创建工具，适用于不同类型的文字处理，如备忘录、商业信函、论文、书籍排版、报告等，该软件简单易学，广泛应用于各个领域。

本模块主要使用 Word 2016 设计四个任务，分别通过制作双选会通知、制作图书订购单、制作植树节手抄报和编辑与排版毕业论文，详细讲解 Word 文档的基本制作方法与操作使用技巧。

任务 1 制作双选会通知

任务描述

一年一度的春招双选会就要来了，学院就业协会的同学们接到了一系列的准备任务，首先要帮助老师发布一则春招双选会的通知。接到任务的同学决定使用 Word 2016 文档进行编辑，并按格式制作要求完成，最终效果如图 3-1 所示。

关于应届毕业生春招双选会的通知

尊敬的用人单位：

感谢您多年来对我院毕业生就业工作的支持！

为进一步加强与贵单位的交流合作，更好地推动学院的就业工作，促进毕业生积极就业，实现毕业生与用人单位双向选择、互利共赢的目的，学院将于 3 月举办应届毕业生校园双选会，现进行用人单位报名筹备工作，诚挚邀请您参加。

我院共有应毕业生 2000 余人，包含法律、管理、艺术设计、建筑、城市轨道、数控、机电一体化、英语、广播电视编导等 12 个专科专业，毕业生情况详情见附件：《应届毕业生情况一览表》。

一、 招聘会时间、地点

1. 时间：2023 年 3 月 24 日（星期五）8:30-16:30。
2. 地点：学院就业服务中心北门至餐厅主干道两侧。

二、 用人单位参会流程

本次双选会采用网上报名方式，招聘单位请登录学院官网“工作啦”就业网，具体流程如下：

1. 点击“用人单位”注册，按要求逐项填写信息完成注册，等待我院进行资质审核，通过资质审核的企业按原路径登录企业后台。
2. 在“校园招聘-双选会”页面进行报名，点击“我的双选会”查看审核结果。

★ 注册时需提供以下相关电子材料：

三证合一社会统一信用代码、营业执照加盖公章照片、招聘人手持身份证照片、单位招聘信息（包括单位简介、需求专业、人数、岗位设置、薪金待遇以及具体联系方式等内容）。

3. 报名成功后，我们将在 2 个工作日内进行审核，请及时查看审核结果。
4. 为了方便沟通，审核后我们将与用人单位联系，组建双选会筹备微信工作群，方便沟通，参会路线等具体工作将会在微信群通知。

三、 学院提供的服务

1. 展位一个（帐篷一个，桌子 2 张，椅子 2 把，手写白板 1 个）。
2. 免费提供饮用水、午餐。
3. 向用人单位发放学院宣传纪念品。

四、 用人单位需自行准备的资料

1. 用人单位的招聘展架或海报。
2. 用人单位的情况简介、用人政策及需求信息等宣传资料。

五、 会务联系

→地址：学院就业服务中心

☎联系电话：招生就业办 0311——xxxxxxxx

☺联系人：杨老师 xxxxxxxxxxx（微信同号）

图 3-1 最终效果图

任务分析

该任务需要制作一份春招双选会的通知，主要制作工具为 Word 2016，涉及的主要操作为 Word 2016 的新建、启动、页面设置、输入文字、段落格式、编号、底纹等操作。具体制作方案如下：

- 本次任务命名为：春招双选会通知。
- 页面设置，纸张方向：纵向，A4 大小；页边距：上下 2 厘米，左右 2.2 厘米。
- 标题文字设置为黑体，三号，加粗，水平居中对齐，段前段后间距为 0.5 行。
- 正文文字设置为宋体，小四号；各段落

设置首行缩进 2 字符，行距 1.25 倍。

- 为“注册时需提供以下相关电子材料：”设置加粗，并添加 ★ 的项目符号（Wingdings 字体中）并设置深红色。
- 为各段子标题“招聘会时间、地点”“用人单位参会流程”“学院提供的服务”“用人单位需自行准备的资料”“会务联系”添加一、二、三……类型的编号，加粗。
- 为子标题下内容设置编号 1.2.3……，并设置项目符号列表缩进为 1 厘米。
- 为“地址”添加 ✈ 符号，颜色为“橙色，个性色 2，深色 25%”，并为文字添加“橙色，个性色 2，淡色 80%”的底纹。
- 为“联系电话”添加 ☎ 符号，颜色为“蓝色，个性色 1”，并为文字添加“蓝色，个性色 1，淡色 80%”的底纹。
- 为“联系人”添加 ☺ 符号，颜色为“绿色，个性色 6”，并为文字添加“绿色，个性色 6，淡色 80%”的底纹。

任务实现

1. 新建 Word 文档，编辑文字内容

在桌面右击，在弹出的快捷菜单中单击“新建”→“Microsoft Word 文档”命令，并重命名为“春招双选会通知”，双击打开并输入通知内容，如图 3-2 所示。

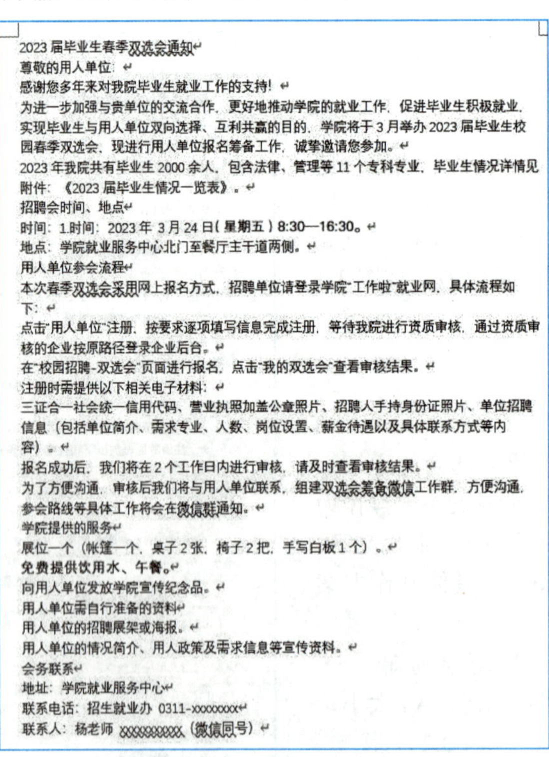

2023 届毕业生春季双选会通知

尊敬的用人单位：

感谢您多年来对我院毕业生就业工作的支持！

为进一步加强与贵单位的交流合作，更好地推动学院的就业工作，促进毕业生积极就业，实现毕业生与用人单位双向选择、互利共赢的目的，学院将于 3 月举办 2023 届毕业生校园春季双选会，现进行用人单位报名筹备工作，诚挚邀请您参加。

2023 年我院共有毕业生 2000 余人，包含法律、管理等 11 个专科专业，毕业生情况详情见附件：《2023 届毕业生情况一览表》。

招聘会时间、地点

时间：1.时间：2023 年 3 月 24 日（星期五）8:30—16:30。

地点：学院就业服务中心北门至餐厅主干道两侧。

用人单位参会流程

本次春季双选会采用网上报名方式，招聘单位请登录学院"工作啦"就业网，具体流程如下：

点击"用人单位"注册，按要求逐项填写信息完成注册，等待我院进行资质审核，通过资质审核的企业按原路径登录企业后台。

在"校园招聘-双选会"页面进行报名，点击"我的双选会"查看审核结果。

注册时需提供以下相关电子材料：

三证合一社会统一信用代码、营业执照加盖公章照片、招聘人手持身份证照片、单位招聘信息（包括单位简介、需求专业、人数、岗位设置、薪金待遇以及具体联系方式等内容）。

报名成功后，我们将在 2 个工作日内进行审核，请及时查看审核结果。

为了方便沟通，审核后我们将与用人单位联系，组建双选会筹备微信工作群，方便沟通，参会路线等具体工作将会在微信群通知。

学院提供的服务

展位一个（帐篷一个，桌子 2 张，椅子 2 把，手写白板 1 个）。

免费提供饮用水、午餐。

向用人单位发放学院宣传纪念品。

用人单位需自行准备的资料

用人单位的招聘展架或海报。

用人单位的情况简介、用人政策及需求信息等宣传资料。

会务联系

地址：学院就业服务中心

联系电话：招生就业办 0311-xxxxxxxx

联系人：杨老师 xxxxxxxxxxx（微信同号）

图 3-2　通知的文字内容

2. 页面设置

纸张方向：纵向，A4 大小；页边距：上下 2 厘米，左右 2.2 厘米，如图 3-3 所示。

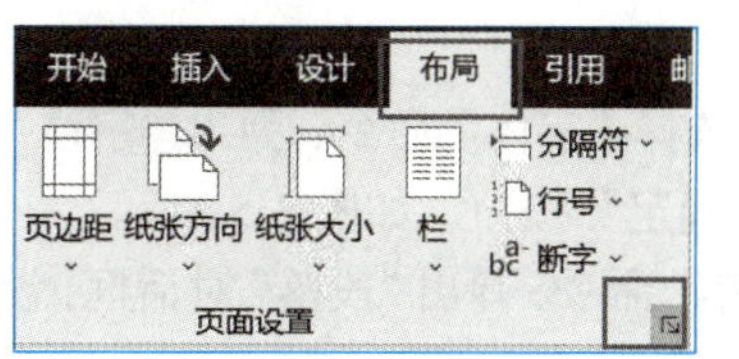

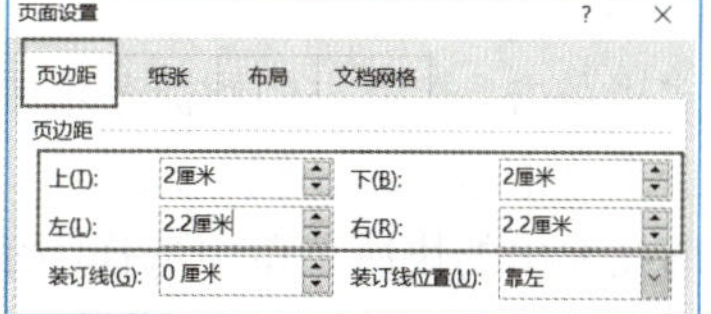

图 3-3　页面设置

3. 文本、段落格式设置

（1）标题文字设置

选择标题文字，右击选择“字体”，在“字体”对话框中选择“黑体”“三号”“加粗”并单击“确定”按钮，单击“段落”选项卡中的“水平居中对齐”按钮，设置段前段后间距为 0.5 行，如图 3-4 所示。

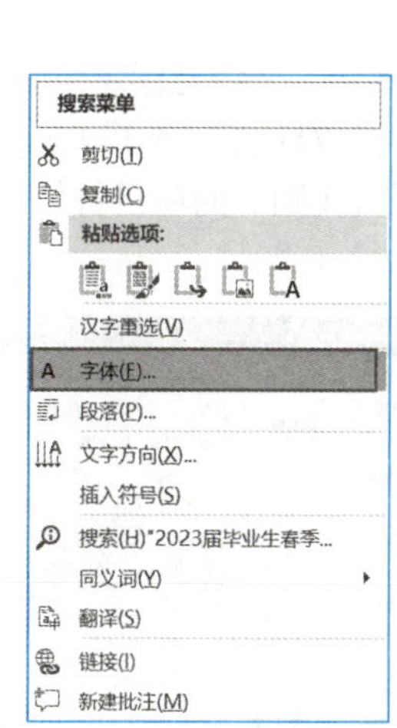

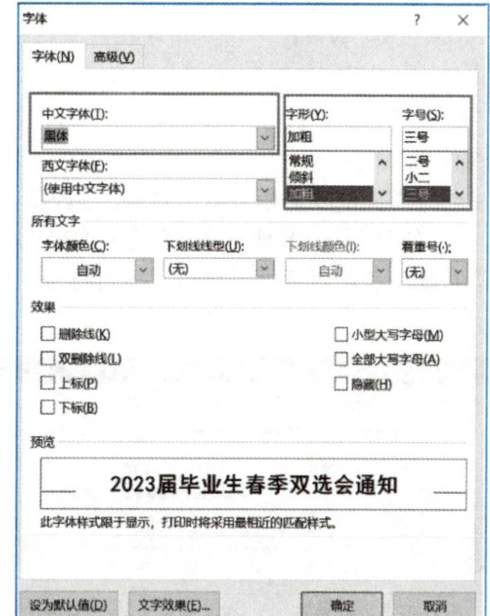

（a）字体设置

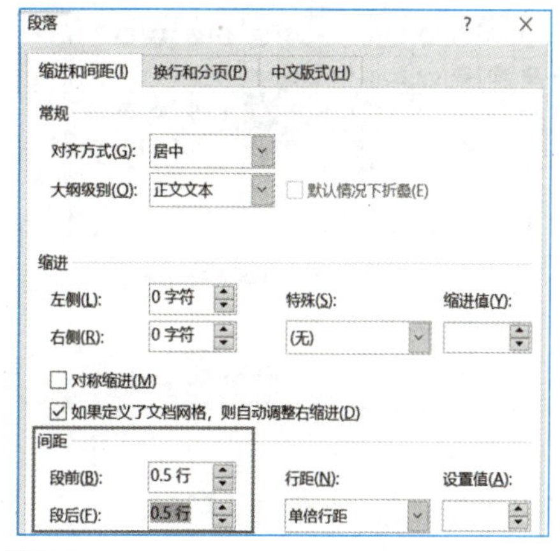

（b）段落设置

图 3-4　标题文字设置

视 频

正文文本设置

（2）正文文本设置

选择正文并右击，在弹出的快捷菜单中选择“字体”命令，弹出“字体”对话框，在“字体”对话框中设置为“宋体” “小四”，单击“确定”按钮，如图 3-5 所示。

右击段落在弹出的快捷菜单中选择“段落”命令，弹出“段落”对话框，设置首行缩进 2 字符，行距 1.25 倍，单击“确定”按钮如图 3-6 所示。

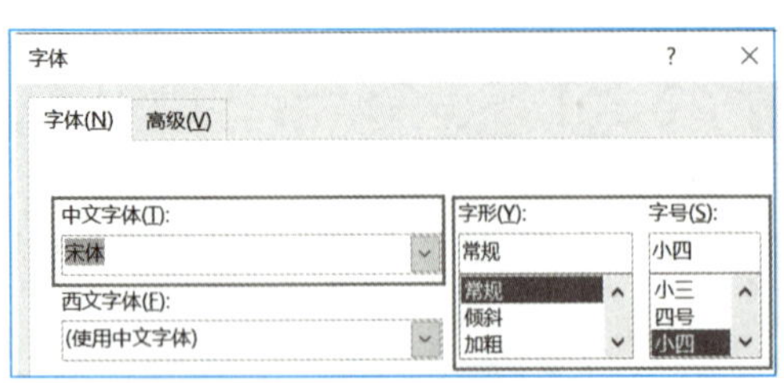

图 3-5　正文字体设置

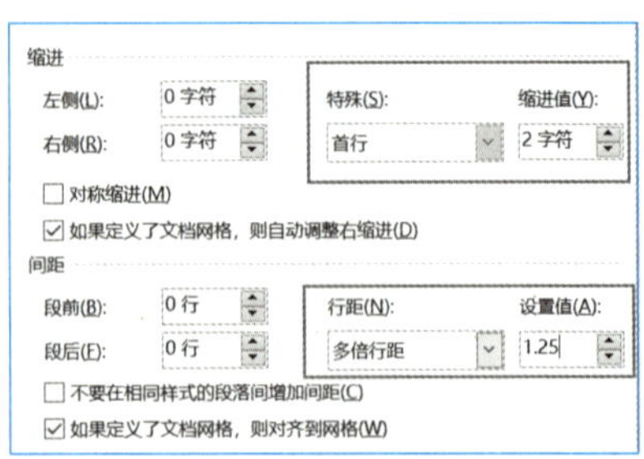

图 3-6　正文段落设置

视 频

插入符号

4. 编号符号设置

（1）添加特殊符号

选择“注册时需提供以下相关电子材料：”段落，加粗，并将光标定位在添加符号的位置，单击“插入”→“符号”→“其他符号”命令，弹出“符号”对话框，选择 Wingdings 字体中的★，单击“插入”按钮，关闭对话框，单击“项目符号”按钮找到★的项目符号单击插入，如图 3-7 所示。

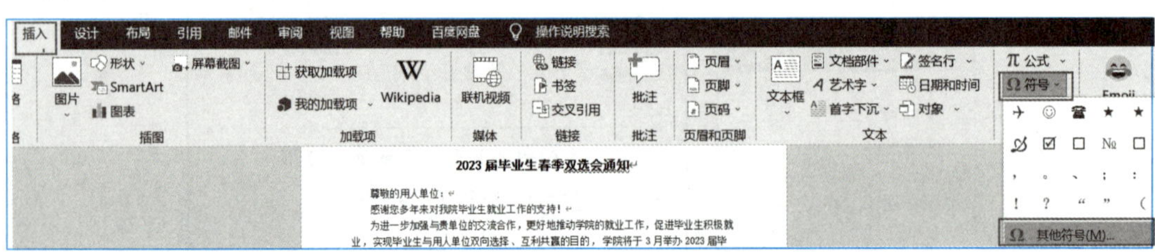

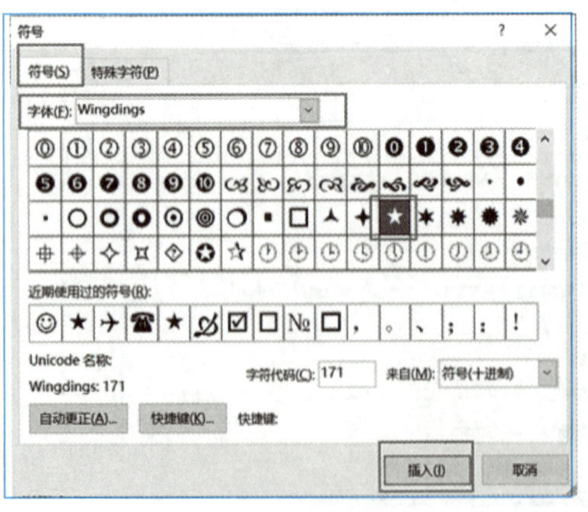

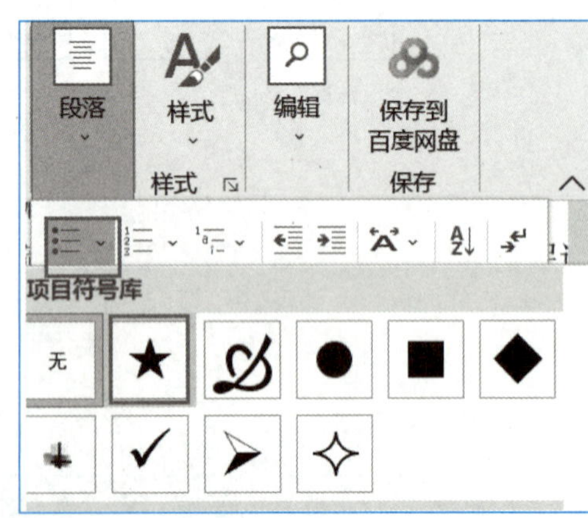

图 3-7　插入符号

双击★并设置深红色，如图 3-8 所示。

（2）各段子标题设置

配合【Ctrl】键分别选择“招聘会时间、地点” “用人单位参会流程” “学院提供的服务” “用人单位需自行准备的资料”“会务联系”，添加一、二、三……类型的编号，并设置加粗，如图 3-9 所示。

视 频　编号设置

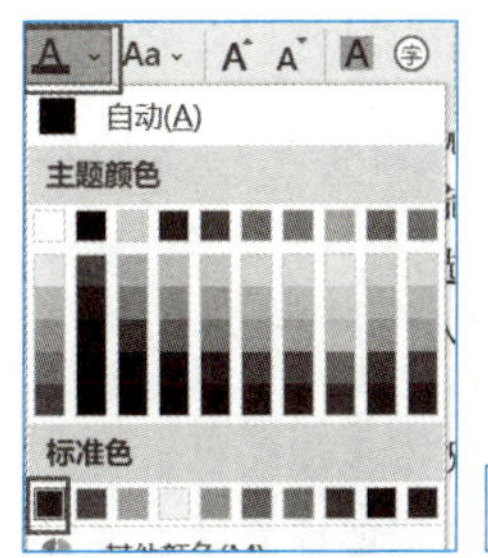

★ 注册时需提供以下相关电子材料：

图 3-8　设置字体颜色

图 3-9　添加编号

（3）编号、项目符号设置

视 频　子标题下编号设置

选择子标题下面的内容，按相同方法设置编号 1.2.3……。单击设置好的编号 1.2.3……并右击选择“调整列表缩进”命令设置项目符号列表缩进量，文本缩进为 1 厘米，单击“确定”按钮关闭对话框，如图 3-10 所示。

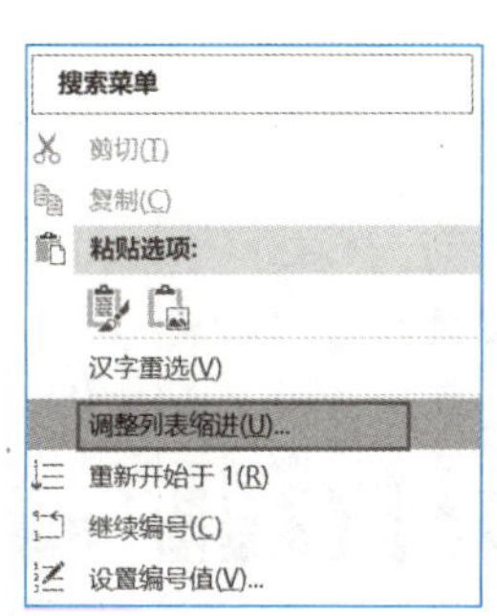

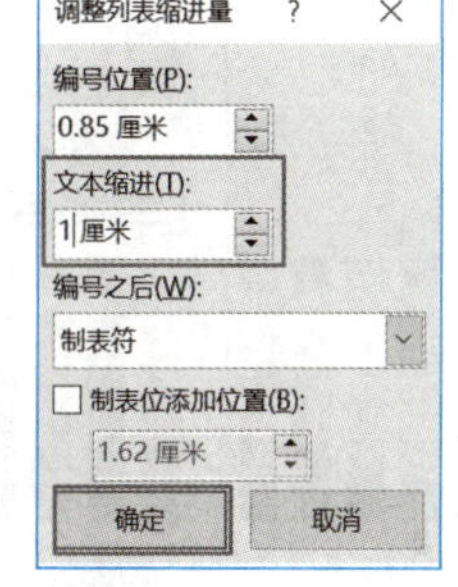

图 3-10　设置编号

5. 美化装饰设置

光标定位在“地址”前，单击“插入”→“符号”→“其他符号”命令，弹出“符号”对话框，选择 Wingdings 字体中 ✈ 符号，单击“插入”按钮。将光标定位在“联系电话”前，添加 ☎ 符号，将光标定位在“联系人”前添加 ☺ 符号，如图 3-11 所示。

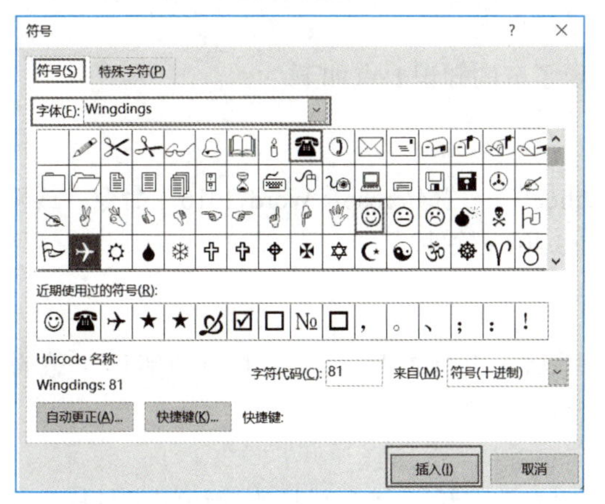

✈地址：学院就业服务中心
☎联系电话：招生就业办 0311-xxxxxxxx
☺联系人：杨老师 xxxxxxxxxxx（微信同号）

图 3-11　插入符号

视 频　美化装饰设置

选择✈符号，颜色选择“橙色，个性色 2，深色 25%”，并选择“地址”内容文字，添加“橙色，个性色 2，淡色 80%”的底纹，如图 3-12 所示。

选择☎符号，颜色选择“蓝色，个性色 1”，并为文字添加“蓝色，个性色 1，淡色 80%”的底纹，如图 3-13 所示。

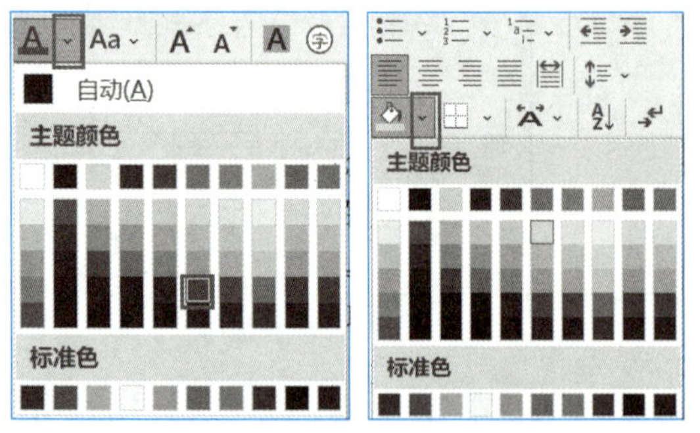

图 3-12　设置符号颜色

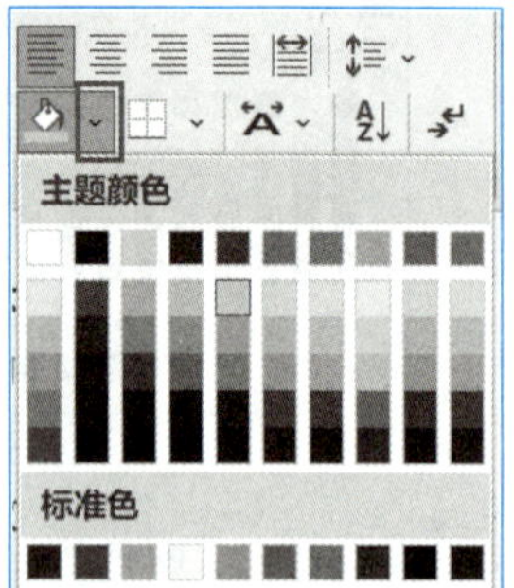

图 3-13　设置符号颜色

选择☺符号，设置颜色为“绿色，个性色 6”，并为文字添加“绿色，个性色 6，淡色 80%”的底纹，如图 3-14 所示。

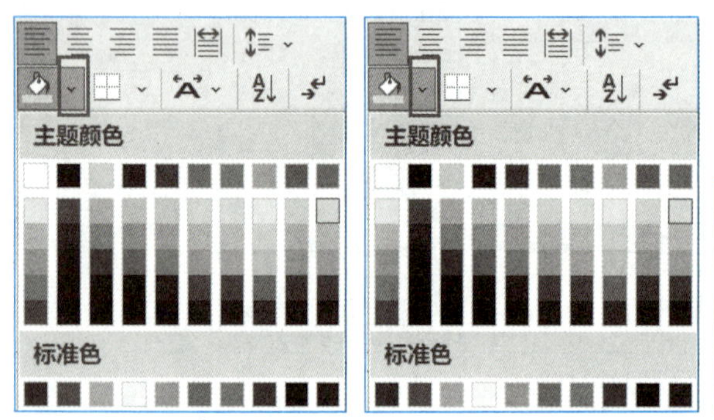

五、　会务联系

✈地址：学院就业服务中心

☎联系电话：招生就业办 0311-xxxxxxxx

☺联系人：杨老师 xxxxxxxxxxx（微信同号）

图 3-14　设置符号颜色

相关知识

Word 2016 的工作界面与 Excel 2016、Powerpoint 2016 相比，有很多功能上的重合，下面对其软件特点进行介绍。

使用 Word 2016 文字处理软件处理文本型文档要了解的知识要点如下：

1. 了解 Word 2016 软件的启动

选择“开始”→“所有程序”→“Microsoft Office”→“Microsoft Word 2016”命令，或双击桌面 Word 2016 快捷图标和 Word 2016 文档即可启动 Word 2016 软件。

2. 了解 Word 2016 软件的工作界面

启动后的 Word 2016 工作界面，如图 3-15 所示，由标题栏、选项卡与功能区、编辑区、状态栏等组成。

（1）标题栏

位于 Word 界面顶端，用于显示当前正在打开的文档名称，其左端是快速访问工具栏，初始由保存、撤销和恢复三个快捷按钮组成，用户可以添加快速访问工具或改变快速访问工具栏的位置。右端是窗口控制按钮，包含“最小化”“最大化”“关闭”“功能区最小化”四个按钮。“最小化”按钮使 Word 最小化到 Windows 任务栏中，“最大化”按钮可以让 Word 界面布满 Windows 系统任务栏以外的区域，“关闭”按钮表示退出 Word 软件。如果用户不习惯这样大的操作界面，想要把功能区隐藏起来，当需要使用时才显示，可以单击“功能区最小化”按钮进行切换，也可以在功能区右击，选择快捷菜单中的“功能区最小化”选项即可实现。

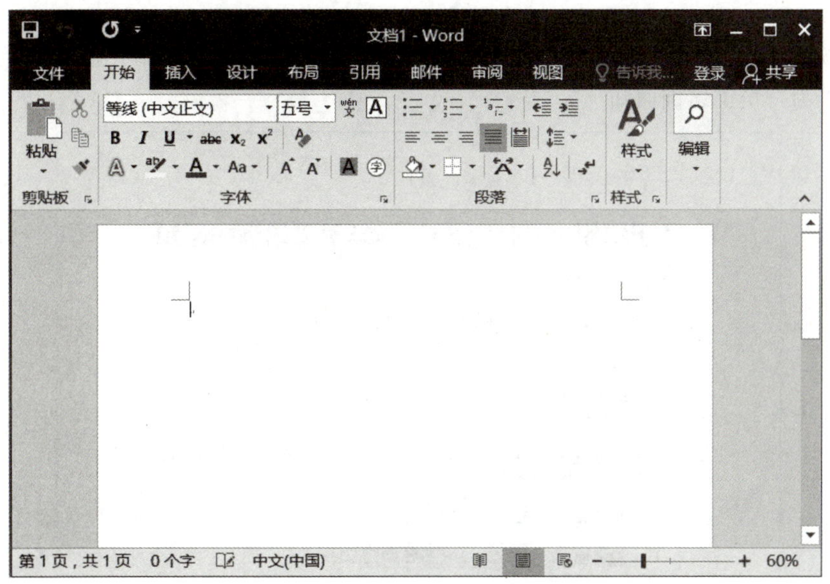

图 3-15　Word 2016 工作界面

（2）选项卡与功能区

选项卡位于标题栏的下方，共有“开始”“插入”“设计”“布局”“引用”“邮件”“审阅”“视图”8 个选项卡，每个选项卡包含若干个功能区，每个功能区包含若干个选项组，每个选项组包含若干个功能选项。部分功能区的右下角处还有一个对话框启动器，用于打开存放更多功能的对话框。

（3）编辑区

在此区域进行文字的输入、编辑、格式化和排版等操作。

（4）状态栏

包含页码、字数统计和语言等信息，以及视图显示方式、显示比例和缩放滑块等控制按钮。Word 2016 提供了页面视图、阅读视图、Web 版式视图、大纲视图和草稿等多种视图，其中“页面视图”是 Word 默认的视图模式，在“页面视图”下，可以进行 Word 的一切操作，不同的视图可利用窗口右下角自定义状态栏上的视图切换按钮选择，也可以打开“视图”选项卡，在“视图”选项卡中的“文档视图”区域中单击想要使用的视图模式即可。

拓展训练

员工培训通知，效果图如图 3-16 所示。

- 页面设置：新建页边距为常规，纸张方向纵向，纸张大小为 A4。
- 文本录入。

- 设置标题文本格式：字体为黑体，字号为小二号，字形为加粗，颜色为红色，段前段后各为 12 磅，对齐方式为居中对齐。
- 设置正文格式：字体为宋体，字号为四号；段落行距为固定值 19 磅，首行缩进 2 字符，最后一行的“联系电话”设置为首行缩进 4 字符。
- 设置称谓格式：字形为加粗，段后为 12 磅，无首行缩进。
- 设置各段子标题格式：字形为加粗，下划线为双线，段后为 12 磅。
- 插入符号：在 “联系人”后插入笑脸符号，在“联系电话”后插入电话符号。
- 设置落款格式：对齐方式为右对齐。
- 保存文档为“员工培训通知”。

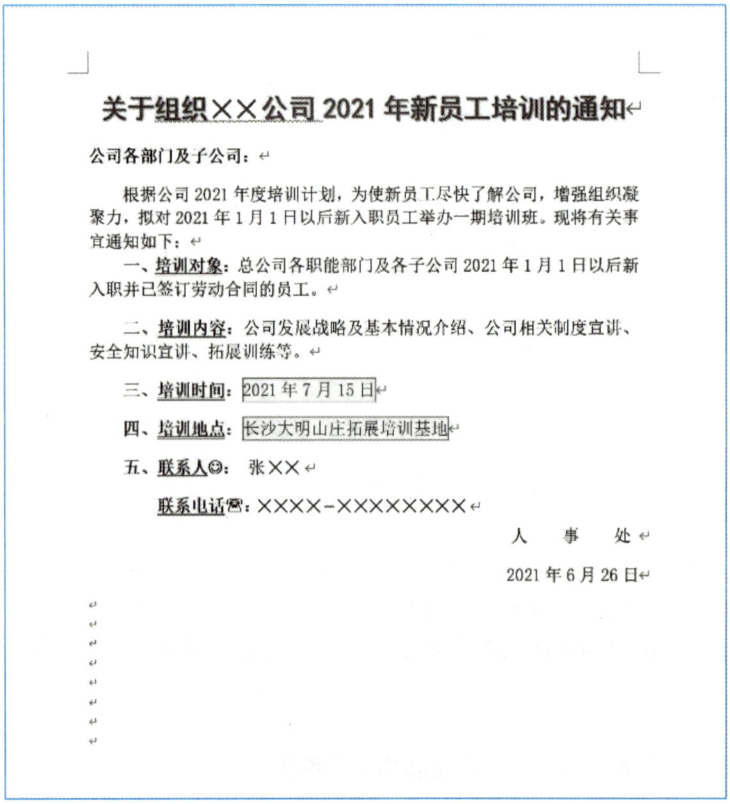

关于组织××公司 2021 年新员工培训的通知

公司各部门及子公司：

根据公司 2021 年度培训计划，为使新员工尽快了解公司，增强组织凝聚力，拟对 2021 年 1 月 1 日以后新入职员工举办一期培训班。现将有关事宜通知如下：

一、**培训对象**：总公司各职能部门及各子公司 2021 年 1 月 1 日以后新入职并已签订劳动合同的员工。

二、**培训内容**：公司发展战略及基本情况介绍、公司相关制度宣讲、安全知识宣讲、拓展训练等。

三、**培训时间**：2021 年 7 月 15 日

四、**培训地点**：长沙大明山庄拓展培训基地

五、**联系人**☺： 张××

联系电话☎：××××-××××××××

人　事　处

2021 年 6 月 26 日

图 3-16　员工培训通知最终效果图

任务 2　制作植树节手抄报

任务描述

植树节是宣传森林效益，动员群众参加义务造林为活动内容的节日。通过植树活动，达到激发人们爱林、造林的感情，提高人们对森林的认识，促进国土绿化，达到爱林护林和扩大森林资源、改善生态环境的目的。2023 年是我国开展全民义务植树运动 42 周年，3 月 12 日是第 45 个植树节。学院发起了“履行植树义务，守护绿水青山”的植树节活动。为此，学院环保协会决定使用文档设计制作一个植树节宣传手抄报，效果如图 3-17 所示。

图 3-17　最终效果展示

任务分析

该任务主要制作工具为 Word 2016，涉及的主要操作为 Word 2016 文档的页面设置、段落格式、页眉页脚的使用、图片设置、水印等操作。

具体制作方案如下：

- 打开素材文档，并为本次任务命名为植树节。
- 纸张方向：横向，A4 大小。页边距：上下 2.54 厘米，左右 1.91 厘米。
- 插入页眉页脚：根据提供的素材，仿照样图效果插入图片素材，将图片进行适当裁剪，环绕方式设置为浮于文字上方。调整好大小后复制另外一边，并水平翻转。（根据所选素材，酌情将底色设置为透明）
- 标题文字设置为黑体，小二号，加粗，水平居中对齐，段前段后间距为 0.5 行。
- 正文文字设置为华文新魏，小四号；第一段无首行缩进，其余各段落设置首行缩进 2 字符，行距为 18 磅。第一段首字下沉 2 行，字体为华文新魏。
- 第二段部分，按照样图分为等宽的两栏，并添加分隔线。
- 在标题左右两侧添加虚线：绿色，1.5 磅，短划线。
- 在年份 2018 ～ 2010 区域前，添加绿色叶子的项目符号（Wingdings 字体中）。
- 各段子标题字体为黑体，四号，加粗，绿色，段前段后 0.5 行。
- 在相应位置插入植树节徽标，调整大小并设置文字环绕方式为四周型，若底图有颜色需去掉白色底纹颜色进行装饰。
- 自由设计时，可以根据自己的设计利用素材添加图片水印、页面边框等效果。

任务实施

视频 页面设置

1．打开植树节文档

打开素材文档并重命名为“植树节”。

2．页面设置

在菜单栏单击“布局”→“页面设置”工作区设置纸张方向为横向，页边距为上下 2.54 厘米，左右 1.91 厘米；纸张大小设置为 A4，如图 3-18 所示。

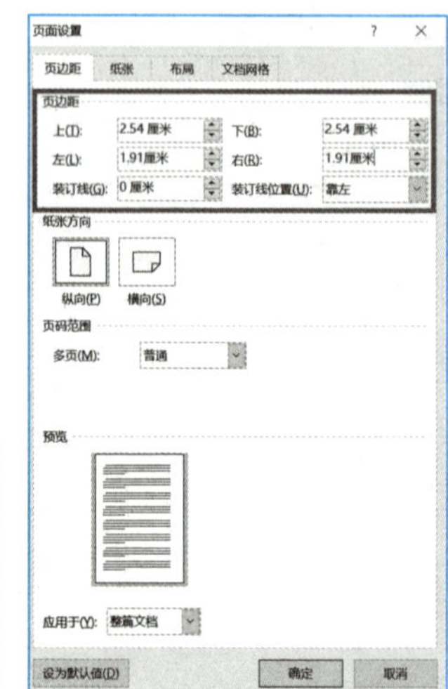

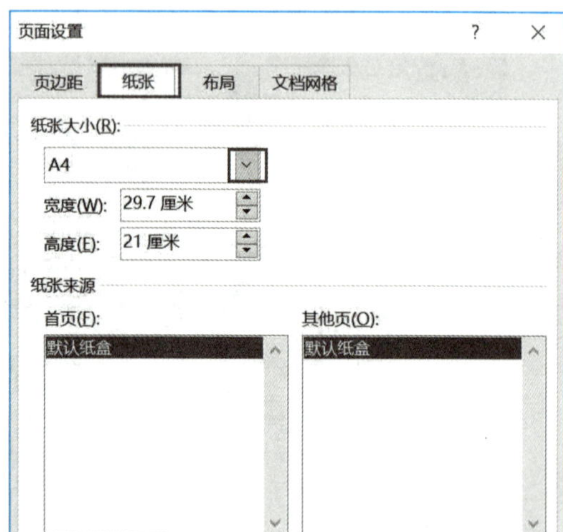

图 3-18　页面设置步骤图

3．设置页眉页脚

（1）插入页眉

在菜单栏单击“插入”→“页眉”→“空白页眉”命令，如图 3-19 所示。

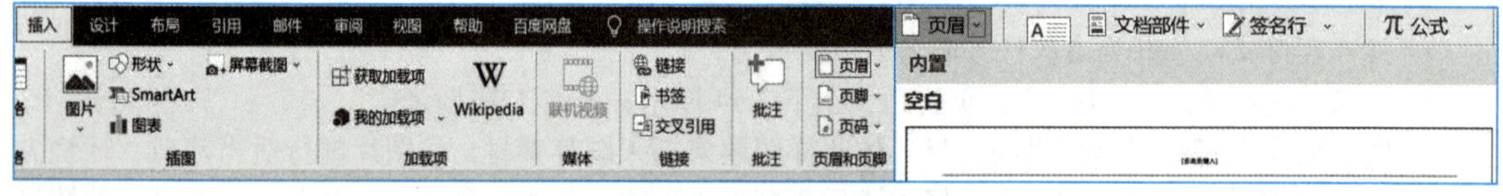

图 3-19　插入页眉

视频 页眉设置

（2）设置页眉、页脚图片

从素材库内，选择素材图片并拖入已开启的页眉内，单击图片，选择“图片工具－图片格式”选项卡，单击“裁剪”按钮，如图 3-20（a）所示。

鼠标拖动图片中黑色的裁剪边界，保留图片显示的部分，再单击“裁剪”按钮确定，效果如图 3-20（b）所示。

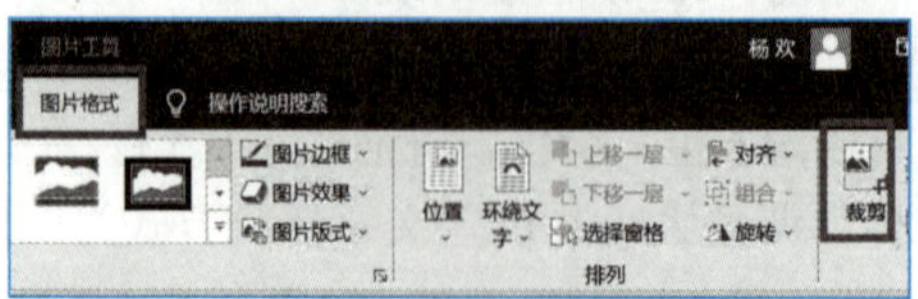

（a）页眉图片裁剪

图 3-20　页眉图片

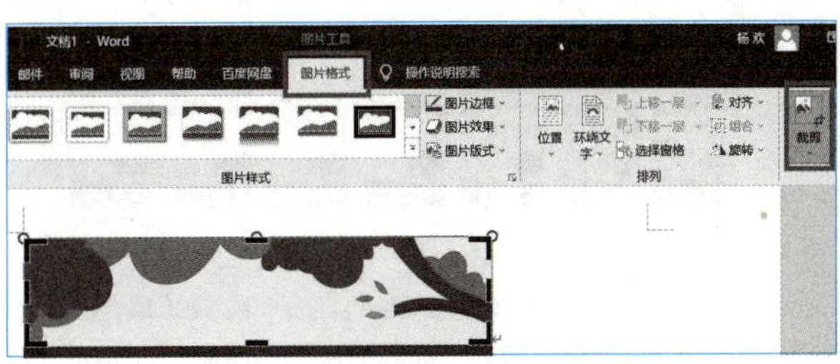

（b）页眉图片裁剪效果

图 3-20　页眉图片（续）

（3）美化页眉

视 频

页眉页脚美化设置

单击图片并在图片右上角单击“布局选项”，对其设置“文字环绕”方式为“浮于文字上方”，如图 3-21 所示。

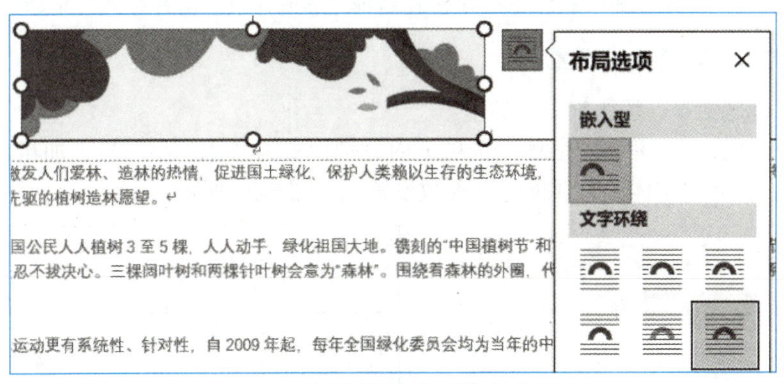

图 3-21　页眉文字环绕方式

移动图片到文档边缘，不留白边，并用鼠标拖动四个对角调节点调整大小，调好后，按【Ctrl+Shift】键复制另外一边，并在“排列”工作区内单击“旋转”→“水平翻转”命令，页脚的制作和页眉使用的方法步骤一样，如图 3-22、图 3-23 所示。

根据所选素材，酌情将底色设置为透明，单击图片，选择“图片工具 - 图片格式”→“颜色”→“设置透明色”命令，并将鼠标移至页眉淡黄色底纹处，单击去掉底纹，如图 3-24 所示。

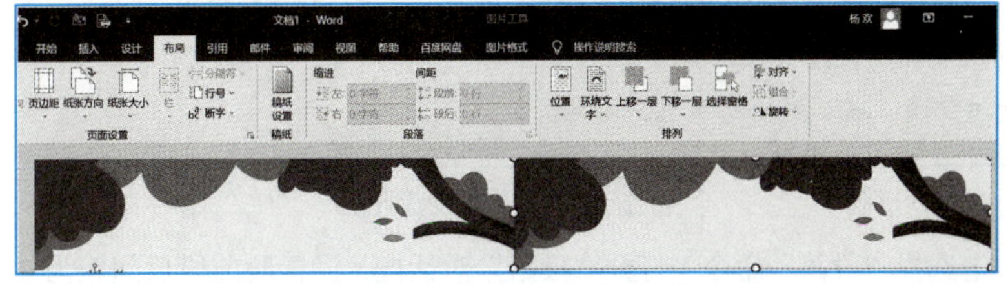

图 3-22　复制页眉图片素材

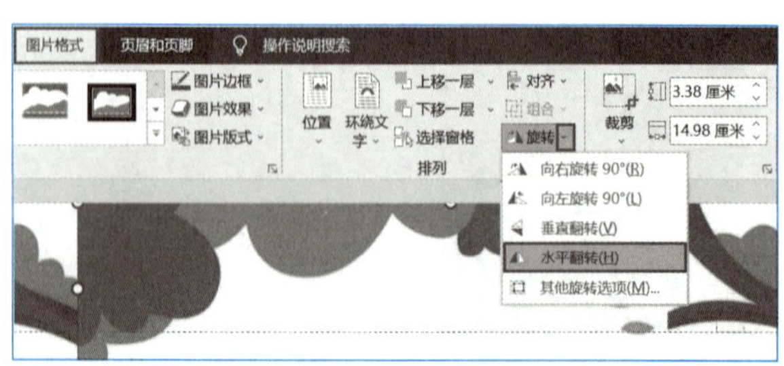

图 3-23　页眉水平旋转

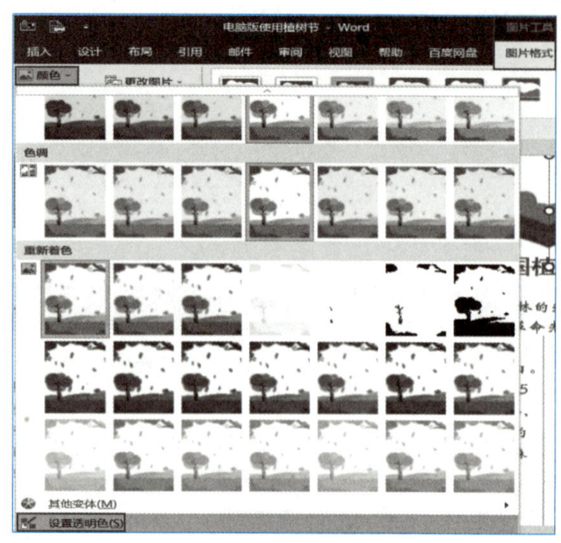

图 3-24　设置透明色

注　意：

“颜色”功能更适合去掉图片中背景色为纯色的底色，将其变为透明色。

对于渐变或者背景复杂的图片素材去掉背景可选择“图片工具-图片格式”中的“删除背景”工具。

视 频

段落基本设置

4. 文本、段落格式设置

（1）标题文本、段落格式设置

选择标题文字，并在“字体”选项卡内分别设置为黑体，小二号，加粗，也可直接选择文本后右击，打开“字体”对话框进行参数设置，如图 3-25 所示。

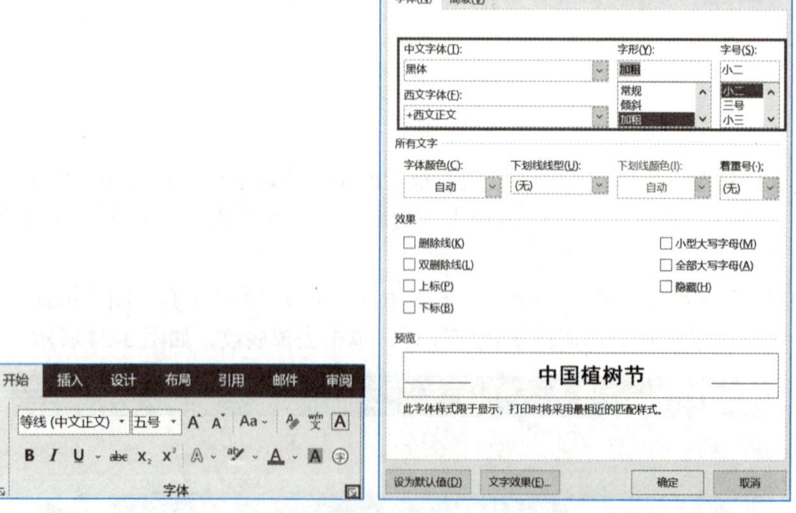

图 3-25　字体设置方法

选中标题，右击选择“段落”命令，打开“段落”对话框，设置段前段后间距为 0.5 行，并选择“开始”→“段落”→“水平居中对齐”按钮，如图 3-26 所示。

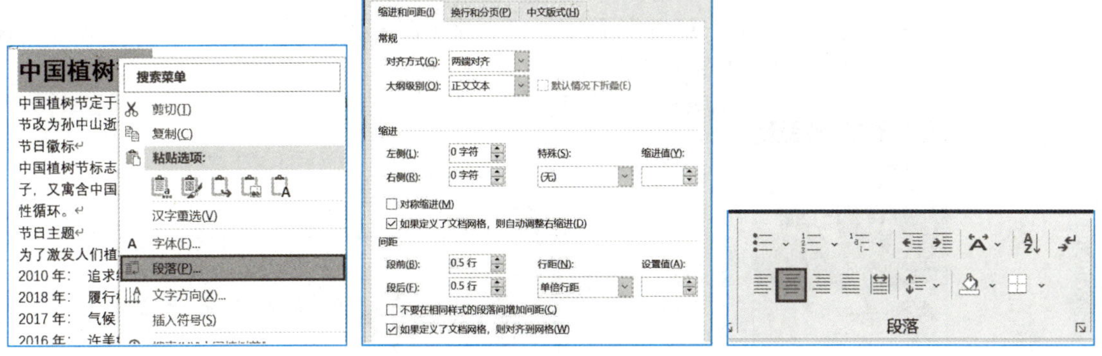

图 3-26　段落设置

（2）正文文本、段落格式设置

选中正文文字，右击字体，在“字体”对话框中设置参数为华文新魏，小四号，如图 3-27 所示。

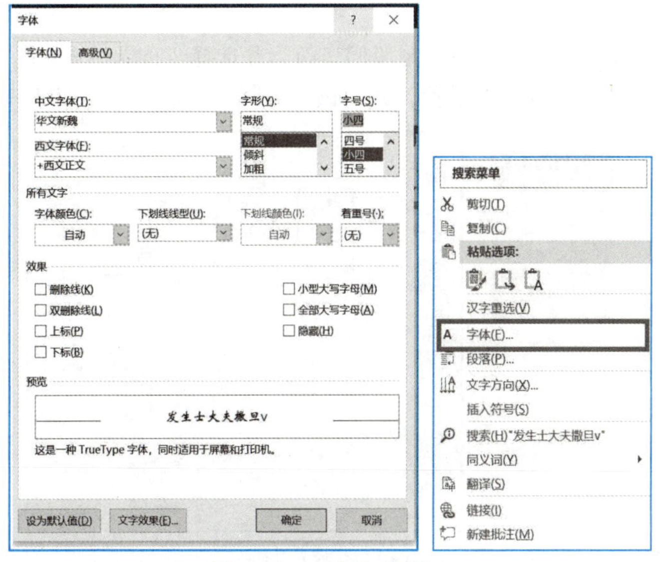

图 3-27　正文文字设置

第一段无缩进第二段及以后设置为首行缩进 2 字符，行距设置为固定值 18 磅，如图 3-28 所示。

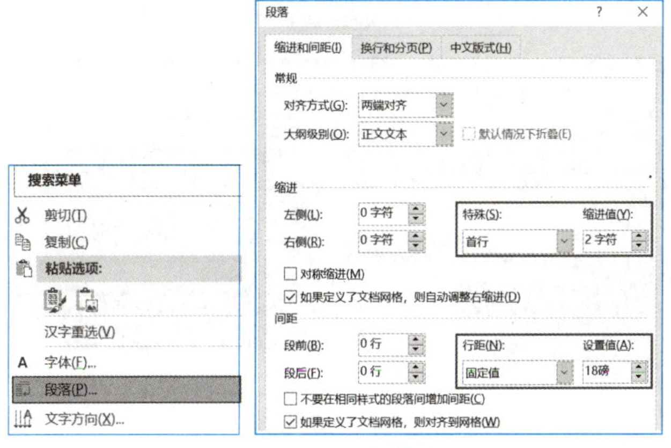

图 3-28　正文段落设置

（3）首字下沉设置

鼠标定位在第一段，单击“插入”→“首字下沉”→“首字下沉选项”命令，打开“首字下沉”对话框，设置下沉 2 行，字体为华文新魏，如图 3-29 所示。

视 频

首字下沉设置

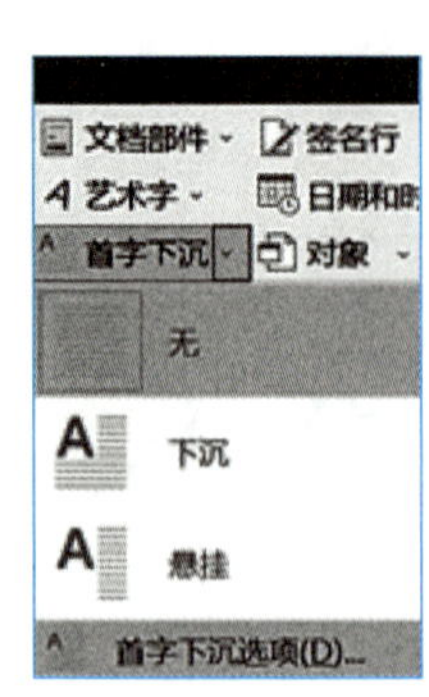

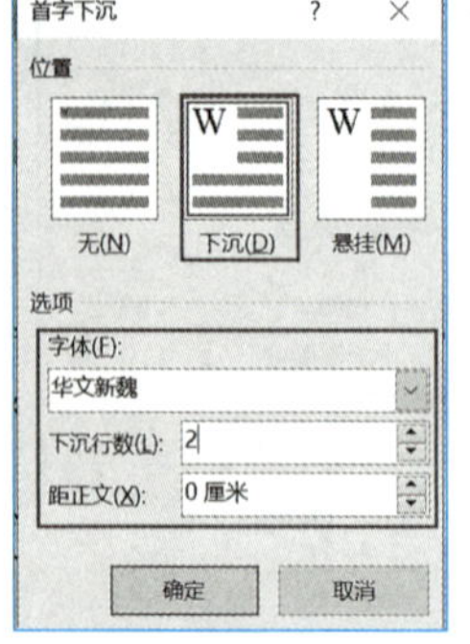

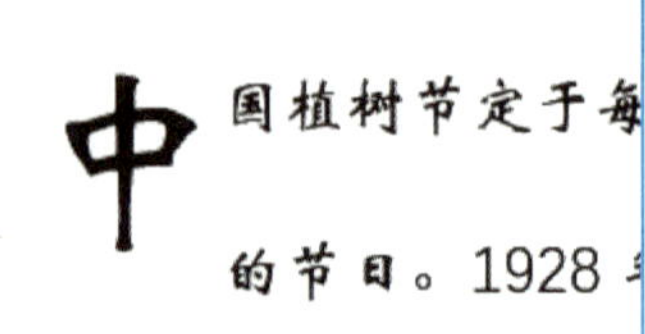

图 3-29　首字下沉设置

（4）分栏设置

选择第二段至结尾文本部分，不选择末尾段回车符，并选择“布局”→“栏”→“更多分栏”命令，打开“栏”对话框，进行等宽的两栏的设置，并勾选“分隔线”复选框，如图 3-30 所示。

视 频

分栏设置

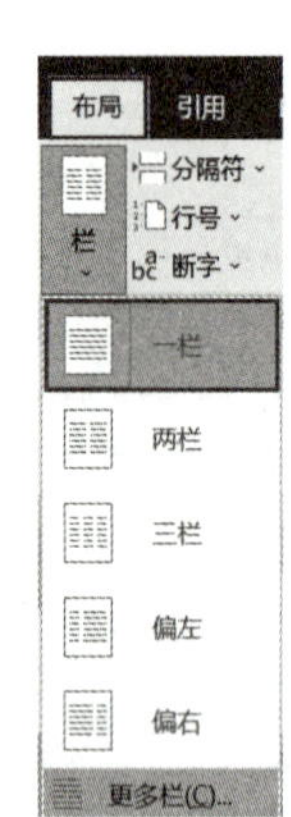

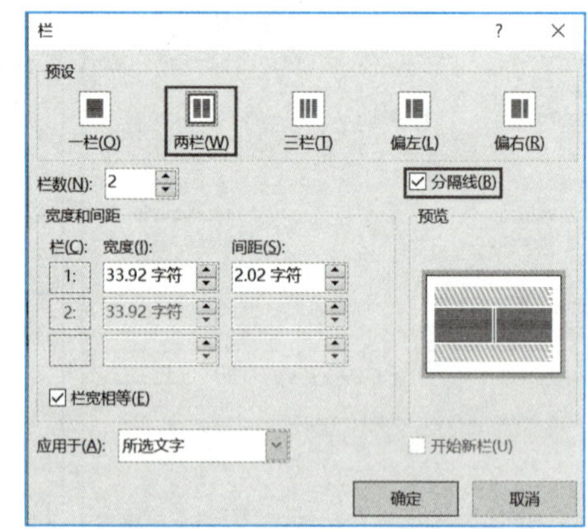

（a）分栏设置过程

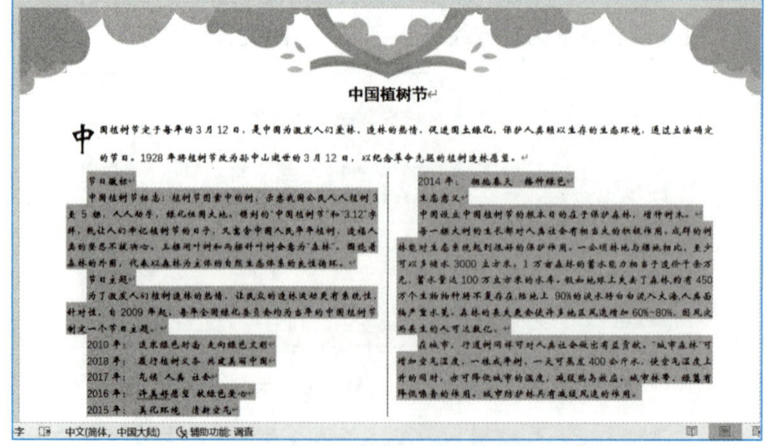

（b）分栏设置效果图

图 3-30　分栏设置

5. 美化装饰设置

（1）线条装饰设置

在标题左侧，单击“插入”→“形状”→“直线”工具，并长按【Shift】键，拖动鼠标绘制一条直线，如图 3-31 所示。

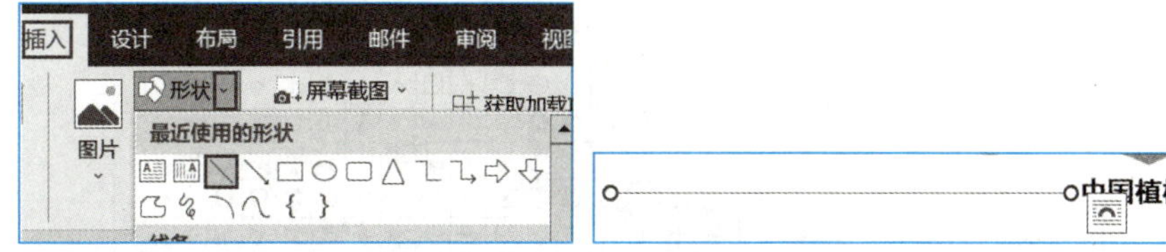

图 3-31　直线工具

然后单击“绘图工具 - 形状格式”→“形状轮廓”按钮，选择标准色绿色；再单击“形状轮廓”→“粗细”→“1.5 磅”的线，如图 3-32 所示。

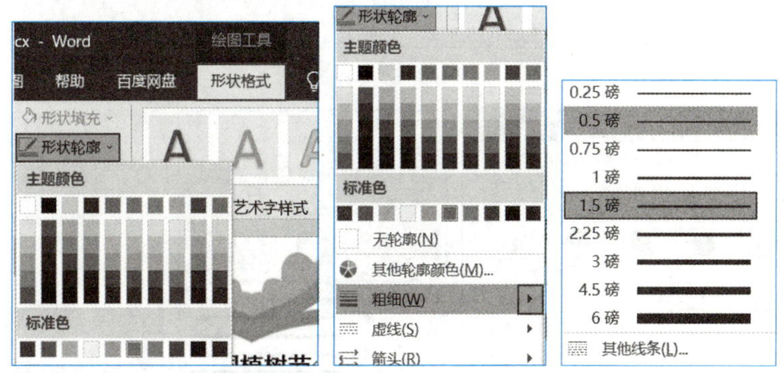

图 3-32　设置线的粗细

再单击“形状轮廓”→“虚线”→“短划线”命令，并长按【Shift+Ctrl】组合键，拖动鼠标复制另一边，如图 3-33 所示。

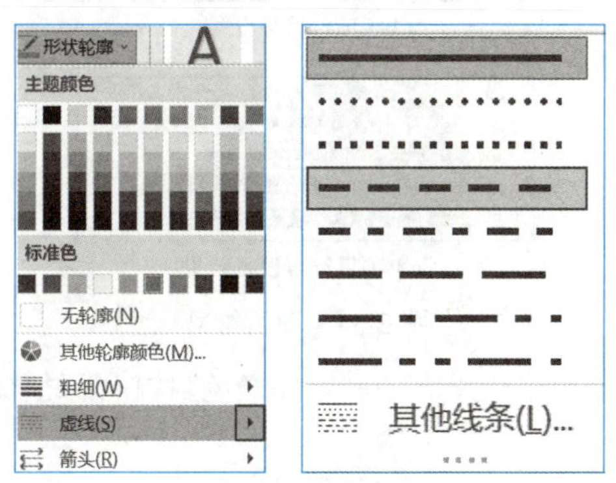

（a）线型

（b）线型最终效果

图 3-33　设置线型

视 频

项目符号设置

（2）项目符号设置

选择文本内容，单击“开始”→“项目符号”→“定义新项目符号”命令，在打开的“定义新项目符号”对话框中单击“符号”按钮，打开“符号”对话框，选择 Windings 字体，找到符号并单击“确定”按钮，如图 3-34 所示。

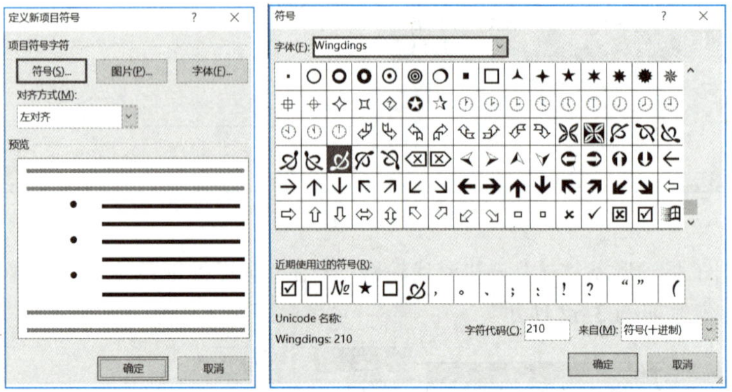

（a）项目符号设置

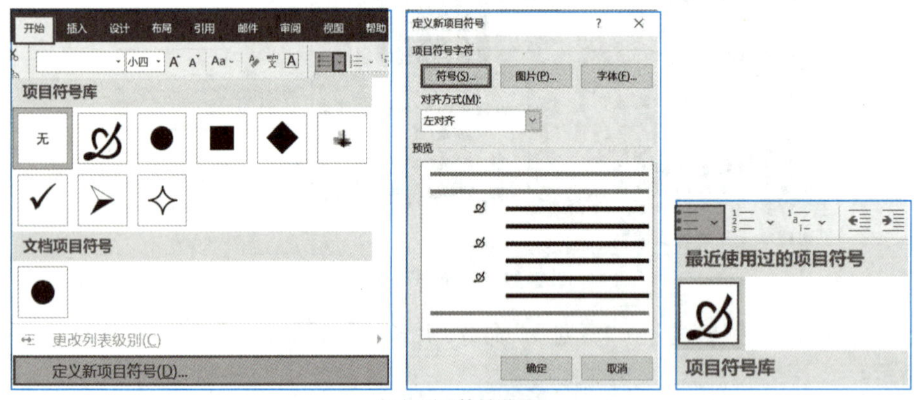

（b）项目符号设置

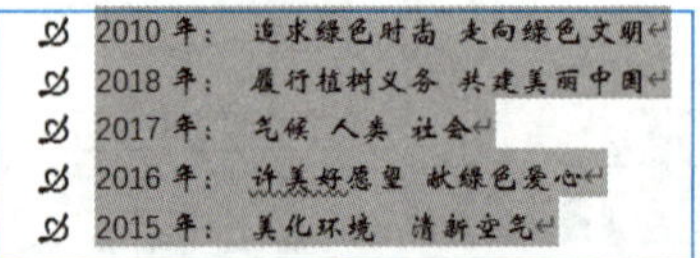

（c）项目符号设置效果

图 3-34　项目符号

然后双击添加好的项目符号，单击“开始”→“字体颜色”按钮，添加绿色叶子的项目符号（Wingdings 字体中），如图 3-35 所示。

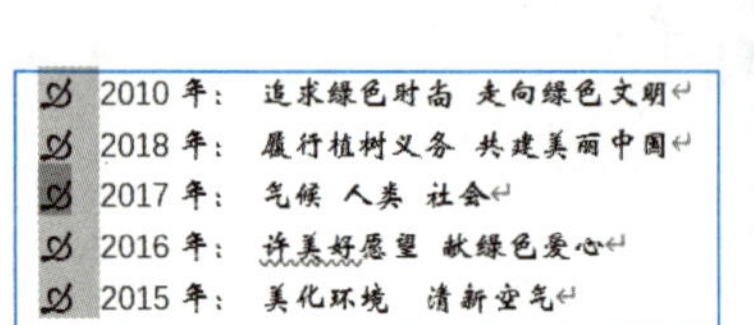

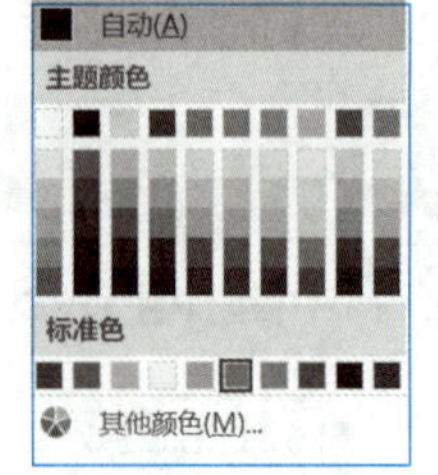

2010 年：追求绿色时尚 走向绿色文明
2018 年：履行植树义务 共建美丽中国
2017 年：气候 人类 社会
2016 年：许美好愿望 献绿色爱心
2015 年：美化环境 清新空气

图 3-35　设置项目符号颜色

（3）各段落子标题颜色设置

视频 各段落子标题设置

配合【Ctrl】键并选择各段的子标题，右击字体设置为：黑体，四号，加粗，绿色；右击段落设置段前间距 0.5 行，段后间距 0.5 行，如图 3-36 所示。

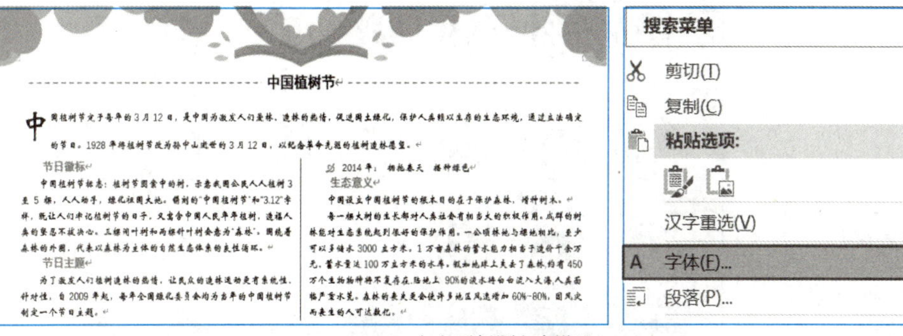

（a）子标题文本设置

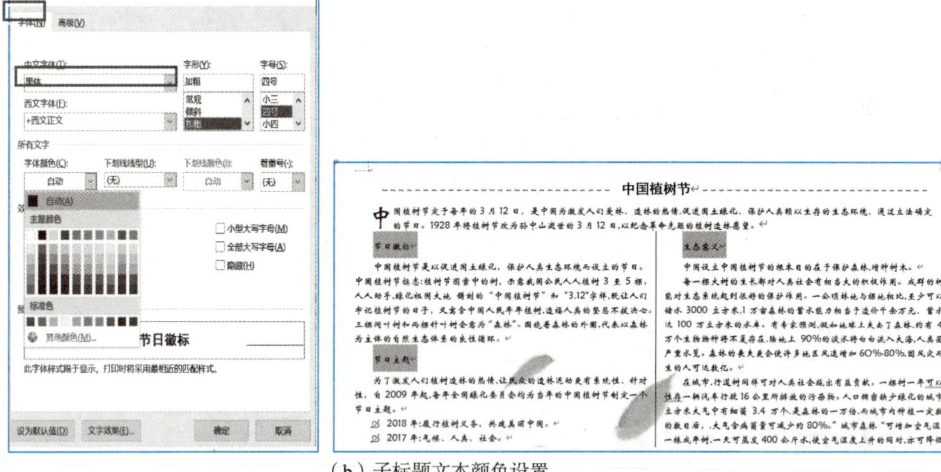

（b）子标题文本颜色设置

图 3-36　子标题设置

（4）植树节logo设置

单击“插入”→“图片”→“此设备”命令，打开“插入图片”对话框，找到素材库所在的路径位置，单击“插入”按钮，设置植树节 logo 的文字环绕方式为四周型，并按照样图调整相应位置和大小，若底图图片水印有颜色可考虑去掉白色底纹颜色，如图 3-37 所示。

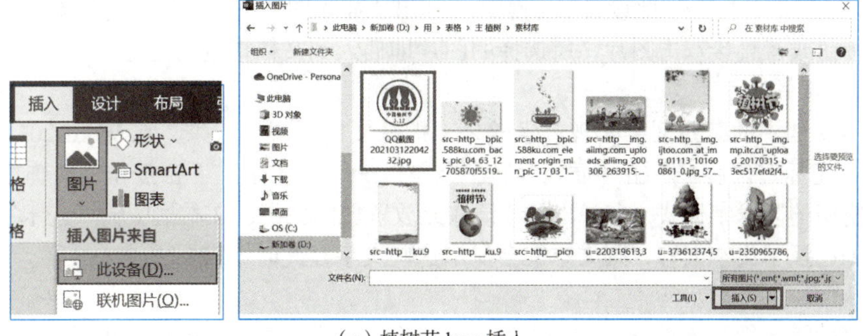

（a）植树节 logo 插入

图 3-37　植树节 logo

视 频

插入图标素材

视 频

调整

视 频

添加图片水印

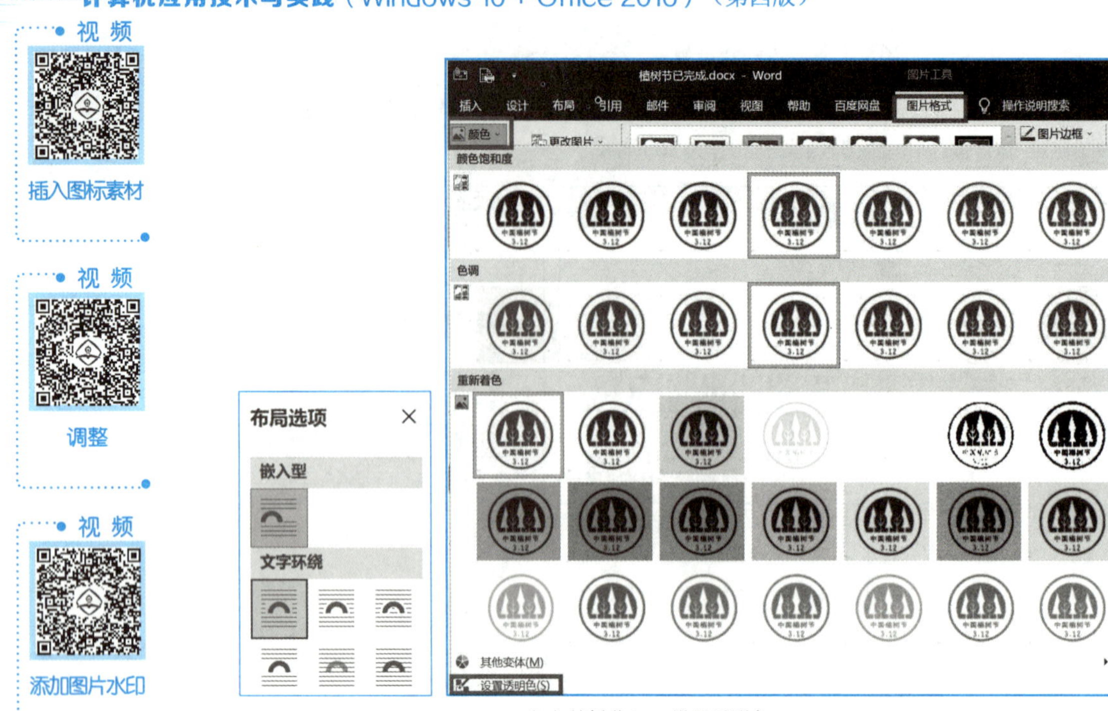

（b）植树节 logo 设置透明色

图 3-37 植树节 logo（续）

提 示：

结合素材进行自由设计时，可根据自己的设计利用素材添加图片水印、页面边框等效果。添加页面图片底纹进行装饰。

相关知识

Word 不仅用于处理文本型文档，还常用于处理图文型文档，在文档中适当地插入一些图片和艺术字，可以使文档具有更好的可读性，并增强文档的表达效果。

1. 插入图片、艺术字和形状

（1）插入来自文件的图片

把计算机中存储的某个图片文件插入到文档中，可以按下面的方法进行操作：光标定位后，单击“插入”→“插图”→“图片”→“此设备”命令，在弹出“插入图片”对话框中选择要插入的图片文件，单击“插入”按钮或者直接双击图片，所选择的图片即插入到文档指定的位置。

（2）插入艺术字

艺术字是使文档中的某些文字实现艺术效果，提高文档的观赏效果。在 Word 2016 文档中插入艺术字的方法是：光标定位后，单击“插入”→“文本”→“艺术字”下拉按钮，从弹出的下拉列表框中选择一种要使用的艺术字样式，在弹出的“请在此放置您的文字”文本框中输入艺术字的内容即可，如果用户已事先选择了文本内容，则文本框会显示这些文字，此时不需要再输入文字。

（3）插入形状

除了在文档中插入图片文件外，Word 2016 还为用户提供了手动绘制图形的功能。在 Word 中，可以插入线条、基本形状、流程图、星与旗帜、标注等自选图形对象，并可通过调整大小、旋转、设置颜色和组合各种图形来创建复杂的图形。画圆和正方形时要按住【Shift】键。也可以在画布中绘制图形，在画布中画的多个图形是一个整体，画布到哪里，这些图形就一起到哪里。方法是：光标定位后，单击“插入”→“插图”→“形状”下拉按钮，在弹出的下拉列表框中选择工具，这时鼠标指针变为“+”形状，按住鼠标左键拖动即可绘制图形。

2. 设置图片和艺术字格式

（1）调整图片和艺术字大小

在文档中插入图片和艺术字后，通常由于图片大小、色彩等问题的影响，初始显示效果不是很好。为了满足文档的编辑要求，通常要调整图片的大小以适应要求。方法：选中图片和艺术字，移动鼠标指针到图片的边缘，当鼠标指针变为双向箭头时，单击并拖动鼠标快速更改图片的大小。要精确调整图片尺寸时，单击“格式”→“大小”对话框启动器按钮，弹出“布局”对话框，在“大小”选项卡中，可设置图片高度和宽度的精确尺寸，如果选择了“锁定纵横比”复选框，可以只输入高度和宽度中的任一项数值。

（2）设置图片和艺术字环绕方式

图片和艺术字环绕方式是指文档中图片和艺术字与文字组合的方式，Word 提供了嵌入型、四周型环绕、紧密型环绕、穿越型环绕、上下型环绕、衬于文字下方、浮于文字上方七种环绕方式供用户选择，默认为“嵌入型”。设置环绕方式的方法是选中图片或艺术字，单击“格式”→“排列”→“环绕文字”按钮，在下拉列表框中即可设置图片环绕方式。也可在下拉列表框中单击“其他布局选项”按钮，则弹出“布局”对话框，在“文字环绕”选项框中即可设置图片、艺术字环绕方式。

（3）调整图片和艺术字与文字距离

如果设置图片和艺术字环绕方式后还不满意，用户可以设置图片与文字的距离。方法是：单击要设置环绕方式的图片，单击“格式”→“排列”→“环绕文字”下拉按钮，在下拉列表框中单击“其他布局选项”按钮，弹出“布局”对话框，在“文字环绕”选项卡中可设置图片和艺术字与文字的上、下、左、右距离。

拓展训练

制作入职培训海报，效果图如图 3-38 所示。

- 设置页面大小为 20*29.7，方向纵向。
- 将页面颜色设置为青色。
- 绘制白色圆角矩形，并复制两个，其中一个圆角矩形设置为浅灰色，并置于下一层并调整位置和大小，另一个圆角矩形填充颜色，并作为阴影置与底层，调整为“蓝色，个性色 1，深色 25%”并调整位置大小，将三个形状进行组合。
- 插入艺术字，并设置第二行右数第二个效果，微软雅黑，倾斜，并复制设置艺术字，选择艺术字样式的第一行左数第二个效果，将其错位放置于第一个艺术字之上，文字颜色设置为“蓝色，个性 1”，调整位置，组合。
- 利用形状工具绘制小圆，颜色为比页面颜色重的青色，并垂直复制一个将其组合，再复制三个，并将所有圆全部组合。
- 插入横排文本框，文本框大小为 4.8*11.47 厘米，输入样图文本内容“DEAR ALL 为了让新人更好了解公司文化，更快融入公司，更快追赶小伙伴们的进度，我们特地安排了职业素养培训课。”，颜色设置为“蓝色，个性色 1”，大小为 13 磅，字体为微软雅黑，加粗，段落间距为固定值 20 磅，文本框设置为无边框无填充。

- 插入横排文本框，输入“详情看下方～有疑问可以找 HRBP 杨小欢”，文本框中文字居中，调整文本框大小为 1.03*10.34 厘米，字体大小为 13 磅，字体为微软雅黑，加粗，颜色设置为“蓝色，个性 1”，文本框颜色为“蓝色，个性色 1”，粗细默认。
- 使用形状绘制圆角矩形，调整圆角，大小设置为 0.73*1.97 厘米，垂直复制五个，其中三个间距相等，将前三个间距相等的组合，设置为无轮廓，颜色设置深红色，调整自定义下拉选项，选择低明度红色，确定后再使用自定义颜色调亮，即可得到一个纯度低明度高的红色。
- 插入文本框并输入“时间”“地点”“主持人”，字体微软雅黑，颜色白色，大小 12 磅，组合，文本框无轮廓无颜色。
- 调整另外两个圆角矩形的长度为 0.73*2.76 厘米，调整位置，插入文本框并输入“流程安全”“注意事项”，字体微软雅黑，颜色白色，大小 12 磅，组合，文本框无轮廓无颜色。
- 在“主持人”和“流程安全”中间绘制一条直线，颜色比页面颜色重的青色，水平复制一个。
- 插入文本框将其余各部分的文字内容都输入进去，颜色、大小、字体统一，并调整位置，段落行距为 27 磅。“流程安全”下方文字内容段落行距 18 磅，并绘制直线，粗细为 1.5 磅，颜色“蓝色，个性色 1，虚线。“注意事项”下方文字内容段落行距 20 磅。
- 绘制一个直角三角形，并向左旋转 90°，颜色先自定义暗一点的粉红，再把自定义的颜色调亮。轮廓线为无轮廓，调整大小置于底层，并复制两个，一个缩小放置于右上方，另一个将其移动到左上角旋转，颜色为金色，置于底层。绘制以同色矩形倾斜，与金色三角隔开一定距离并旋转至水平，置于底层并组合。

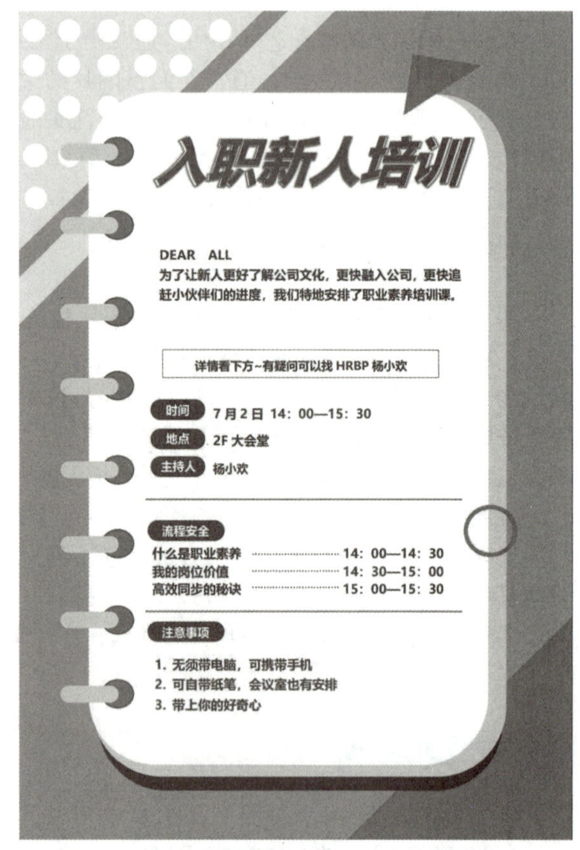

图 3-38　课后拓展最终效果图

- 形状工具绘制一个圆环，按样图调整大小、颜色、位置，无轮廓，进行点缀。
- 绘制活页圈，灰色圆角矩形，无轮廓，调整大小，垂直复制并组合。
- 最后用白色小圆点，复制装饰左上角三角区域。

任务 3　制作图书订购单

任务描述

4 月 23 日是“世界读书日”，为此学院提前面向全院师生开展了“你最喜欢的一本工具书”主题征集活动，准备从征集目录中选出一些好书订购，在世界读书日前让广大师生能看到自己喜欢的好书新书。此次汇总任务，就交由学院读书交流会的同学们完成任务，他们决定使用 Word 2016 设计制作一个图书订购单，效果如图 3-39 所示。

图书订购单					
订购日期：______年___月__日　　　№：					
订购人资料	□会员 □首次	会员编号	姓名	联系电话	
	姓名		电子邮箱		
	联系电话		QQ 号码		
	家庭住址	省　　市　　县/区		邮政编码□□□□□□	
收货人资料	★指定其他送货地址或收货人时填写				
	姓名		联系电话		
	送货地址	省　　市　　县/区（□家庭□　单位）			
	备注	有特殊送货要求时请说明			
订单商品资料	书号	商品名称	单价（元）	数量	金额（元）
	W001	《Office 2016 实例教程》	32	40	¥1,280.00
	E132	《Excel 2016》实例教程	35	28	¥ 980.00
	P203	《PowerPoint 2016 实例教程》	30	33	¥ 990.00
	A468	《Access 2016 实例教程》	26	18	¥ 468.00
	合计总金额：叁仟柒佰壹拾捌元整（¥3,718.00）				
付款方式		□邮政汇款 □银行汇款 □货到付款（只限北京地区）			
配送方式		□普通包裹　　□送货上门（只限北京地区）			
注意事项	● 请务必详细填写，以便我们尽快为您服务。 ● 在收到您的订单后，我们的客户服务人员 将会与您联系确认。				

图 3-39　图书订单最终效果图

任务分析

介绍此次活动的主要制作软件为 Word 2016，涉及的主要操作工具有：Word 2016 文档的页面设置、表格、表格边框与底纹、颜色填充、项目符号、文字方向、表格函数计算、符号、文字对齐方式等操作。具体制作方案如下：

- 本次任务命名为：图书订购单。
- 纸张方向：纵向，A4 大小。页边距：上下 2.54 厘米，左右 1.91 厘米。
- 插入表格：根据提供的样图效果，插入 6 列 20 行的表格。表格居中，按样图效果图合并单元格，并输入相应的信息。表格标题输入“图书订购单”，设置垂直居中、水平居中；在表格第一列相应位置输入“订购人资料”“收货人资料”“订购商品资料”；为表格第八行输入“指定其他送货地址或收货人时填写”；最后一行输入“请务必详细填写”，“在收到您的订单后将与您联系。

- 将表格标题“图书订购单”设置为：黑体，二号，加粗，居中。表格正文内字体为黑体，大小为小四。
- 在第二行插入“№”符号，并在年月日间加下划线，中部左对齐。
- 为表格第八行“指定其他送货地址或收货人时填写”前插入★符号，为最后一行“请务必详细填写”，“在收到您的订单后将与您联系”中部左对齐，并添 • 项目符号，中部左对齐。
- 结合样图，批量设置调整表格的行高，使其行高均匀，并在一页内显示。
- 表格第一列“订购人资料”“收货人资料”“订购商品资料”，文字方向设置为纵向，居中方式为水平垂直居中。
- 在“邮政汇款”“银行汇款”“货到付款”“会员首次”“普通包裹”“送货上门”前插入符号 □。
- 设置表格底纹。按样图，分别为表格第 1 列、第 2 列、第 3 行、第 8 行、第 9 行、第 20 行，分别添加底纹，颜色自选同色系的两个深浅层次的颜色进行装饰美化。
- 设置表格边框。按样图，分别为表格第 1 行、第 2 行、第 3 ～ 7 行、第 8 ～ 11 行、第 12 ～ 17 行、第 18 行、第 19 行、第 20 行添加双细线（双窄线）外轮廓边框线，线型为直线，粗细为 0.5 磅。
- 为第 20 行添加底纹图案为 5% 进行装饰。
- 分别在订购商品资料区的最后一列的金额数据以及合计总金额的相应位置，利用函数计算。
- 表格中文字对齐方式根据表格内容以及效果图进行相应设置与调整。

视 频

图书订购单页面设置

任务实施

1. 页面设置

新建一个 Word 文档并命名为图书订购单。双击打开 Word 2016 文档，在菜单栏单击“布局”→“页面设置”选项卡→“纸张方向”→“纵向”命令，单击“页面设置”对话框启动器按钮，打开“页面设置”对话框，在“纸张”选项卡中设置纸张大小为 A4，在“页边距”选项卡中设置上下为 2.54 厘米，左右为 1.91 厘米，如图 3-40 所示。

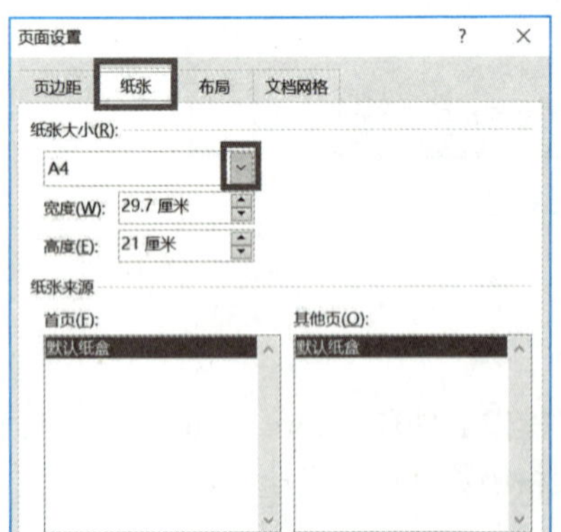

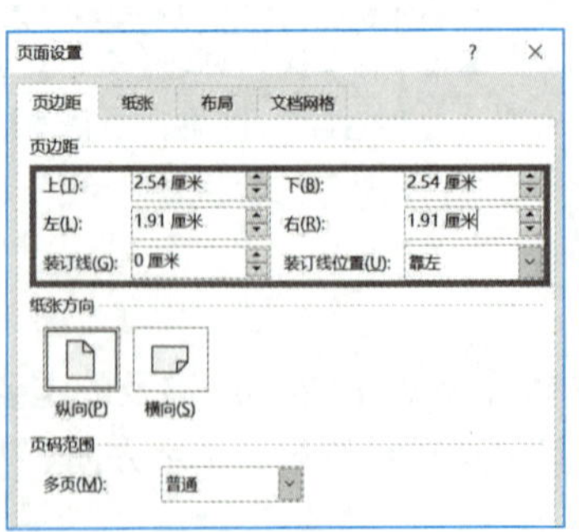

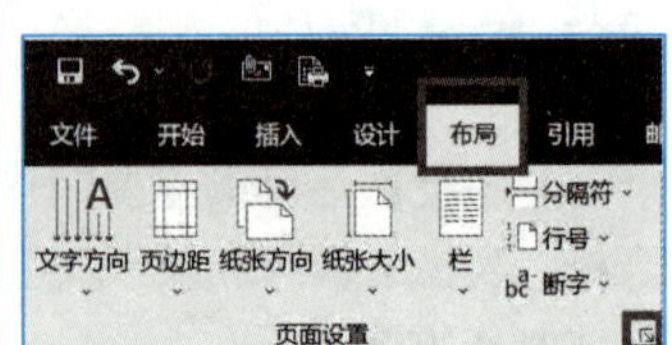

图 3-40 页面设置

视 频

订单表格——基本内容输入

2. 创建表格

单击“插入”→“表格”→“插入表格”命令，弹出“插入表格”对话框，设置列数为 6，行数为 20，单击“确定”按钮，如图 3-41 所示。

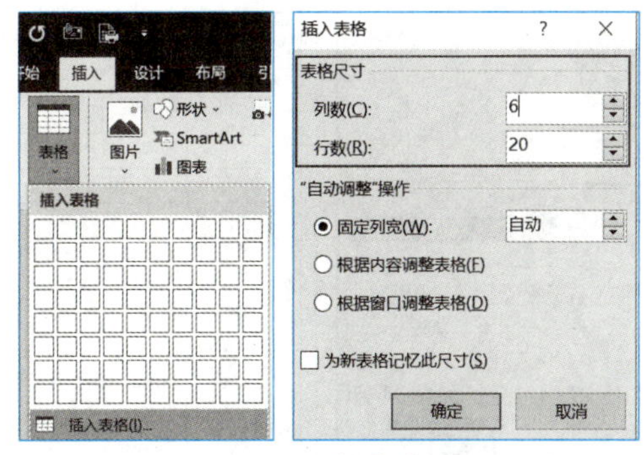

图 3-41　创建表格

3. 编辑表格

（1）表格内容输入

单击表格左上角图标全选整个表格，单击“段落”选项组中“水平居中”按钮，按样图，选择要合并的单元格右击，在快捷菜单中选择“合并单元格”命令；并在相应单元格内，输入相应的信息。

在表格第 1 行输入标题 “图书订购单”；在表格第一列输入“订购人资料” “收货人资料” “订购商品资料”；为表格第 8 行输入 “指定其他送货地址或收货人时填写”；最后一行输入相关信息，如图 3-42 所示。

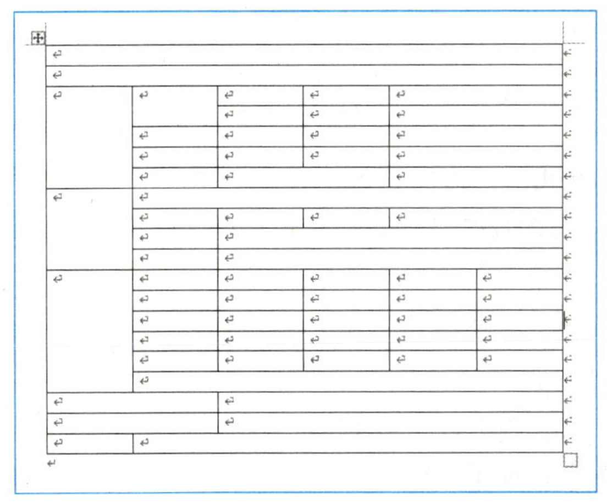

图书订购单					
订购日期：年月日					
订购人资料		会员编号	姓名	联系电话	
	姓名		电子邮箱		
	联系电话		QQ 号码		
	家庭住址	省　市　县/区		邮政编码	
收货人资料	★指定其他送货地址或收货人时填写				
	姓名		联系电话		
	送货地址	省　市　县/区（家庭单位）			
	备注	有特殊送货要求时请说明			
订单商品资料	书号	商品名称	单价（元）	数量	金额（元）
	W001	《Office 2016 实例教程》	32	40	
	E132	《Excel 2016》实例教程	35	28	
	P203	《PowerPoint 2016 实例教程》	30	33	
	A468	《Access 2016 实例教程》	26	18	
	合计总金额：元整（）				
付款方式	邮政汇款银行汇款货到付款（只限北京地区）				
配送方式	普通包裹送货上门（只限北京地区）				
注意事项	请务必详细填写，以便我们尽快为您服务。 在收到您的订单后，我们的客户服务人员 将会与您联系确认。				

图 3-42　编辑表格

（2）表格字体设置

表格标题设置：选择 “图书订购单”右击，在快捷菜单中选择“字体”命令，弹出 “字体”对话框，在 “字体”选项卡中设置字体为黑体、二号、加粗，单击 “确定” 按钮，设置段落水平居中，将表格正文内字体设为黑体、小四，单击“确定”按钮，关闭对话框，如图 3-43 所示。

（3）文字方向设置

选中表格第 1 列 “订购人资料” “收货人资料” “订购商品资料”，单击 “布局” → “对齐方式” → “文字方向” → “纵向” 命令，中部居中，如图 3-44 所示。

选中最后一行单击 “布局” → “对齐方式” → “中部左对齐” 按钮，如图 3-45 所示。

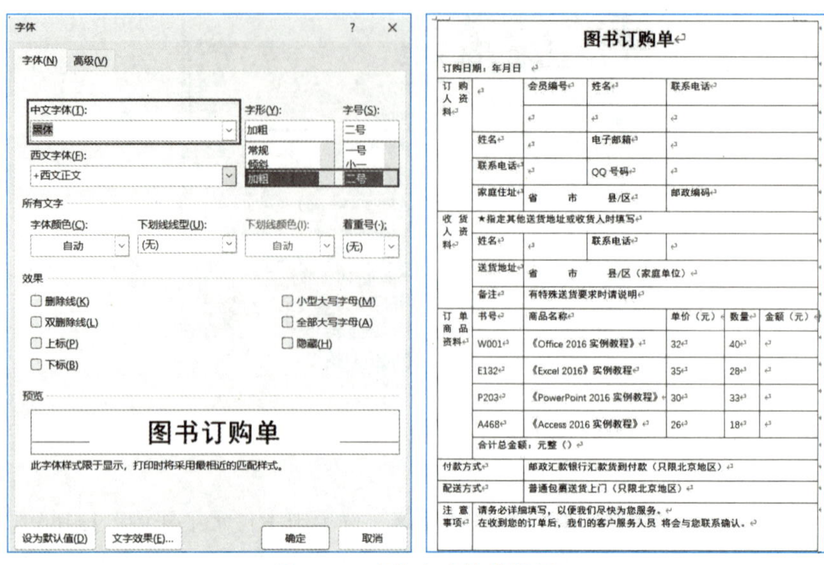

图 3-43　表格文本格式设置

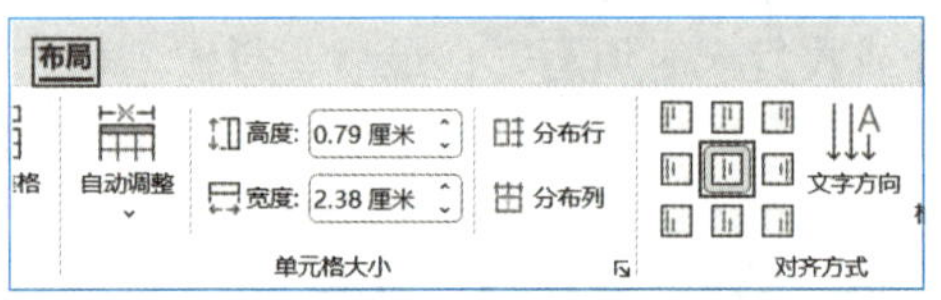

图 3-44　文字方向设置

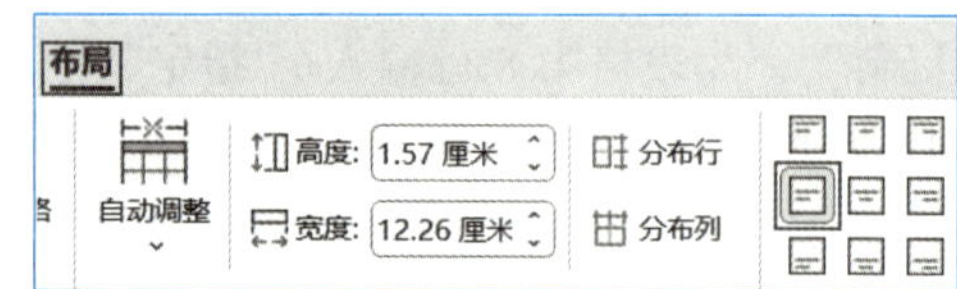

图 3-45　中部左对齐

（4）下划线设置

视 频

表格设置

鼠标分别定位在为年、月、日前，单击“开始”→“字体”→“下划线”按钮(默认线型)，结合填写内容添加下划线，如图 3-46 所示。

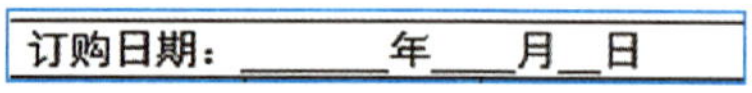

订购日期：_______年___月__日

图 3-46　下划线设置效果

3. 符号设置

（1）插入“№”符号

光标定位在第 2 行年、月、日后，单击“插入”→“符号”→“其他符号”命令，弹出“符号”对话框，在子集中选择“类似字母的符号”，选择“№”符号单击“插入”按钮，关闭对话框，即插入№符号，输入冒号，如图 3-47 所示。

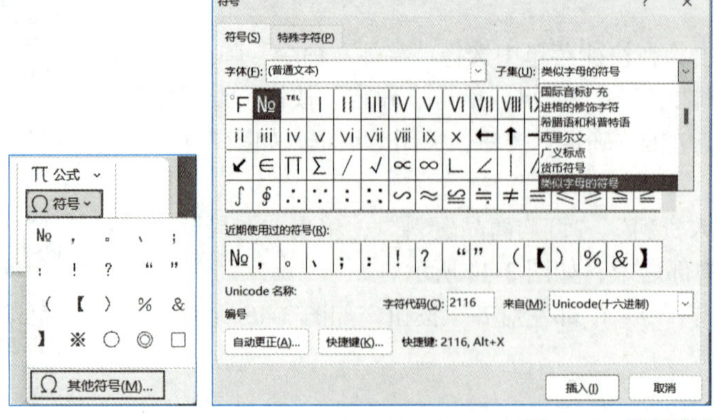

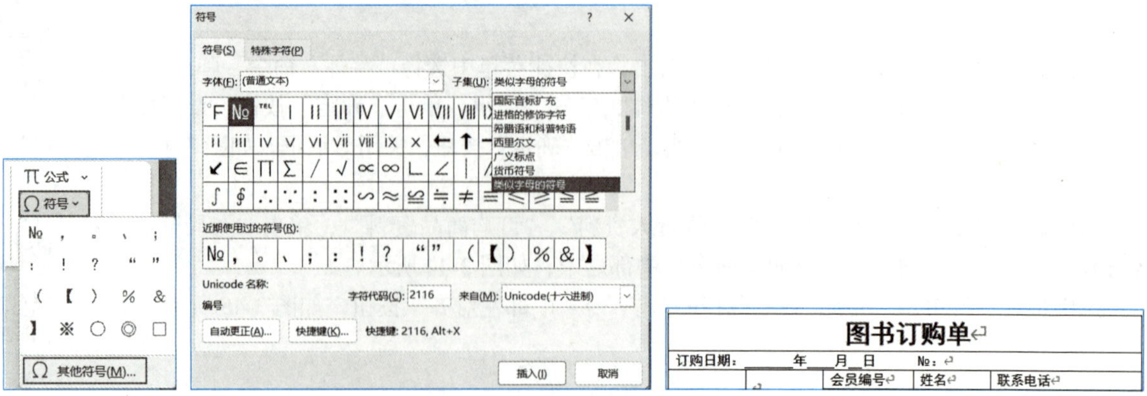

图书订购单

订购日期：　　年　月　日　№：

会员编号　姓名　联系电话

图 3-47　设置效果

（2）插入符号

光标定位在表格第8行最左侧，“指定其他送货地址或收货人时填写”前，打开“符号”对话框，字体选择 Wingdings，选择黑色五角星 ★，单击“插入”按钮，如图 3-48 所示。

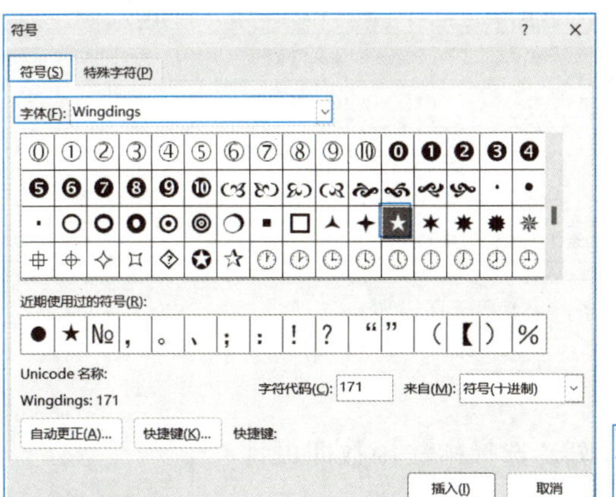

图 3-48　插入符号

光标分别定位在第 7、18、19 行的“邮政编码”“邮政汇款”“银行汇款”“货到付款”“普通包裹”“送货上门”前，在字体 Wingdings 中找到“□”，单击“插入”按钮，如图 3-49 所示。

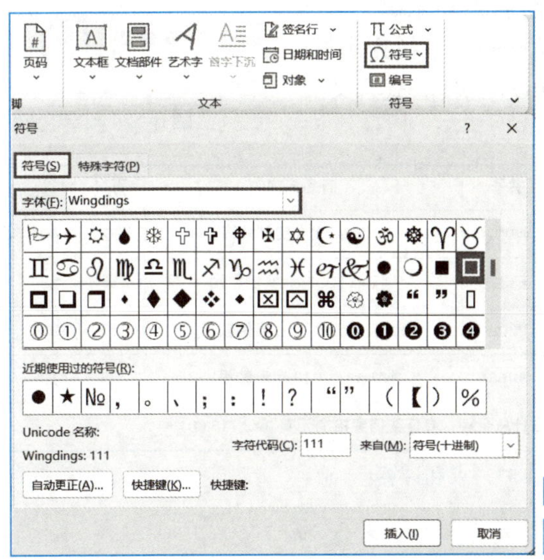

图 3-49　特殊的“□”符号

4. 项目符号设置

选择最后一行“请务必详细填写……”，“在收到您的订单后将与您联系……”，单击“开始”→“添加项目符号”→● 项目符号，如图 3-50 所示。

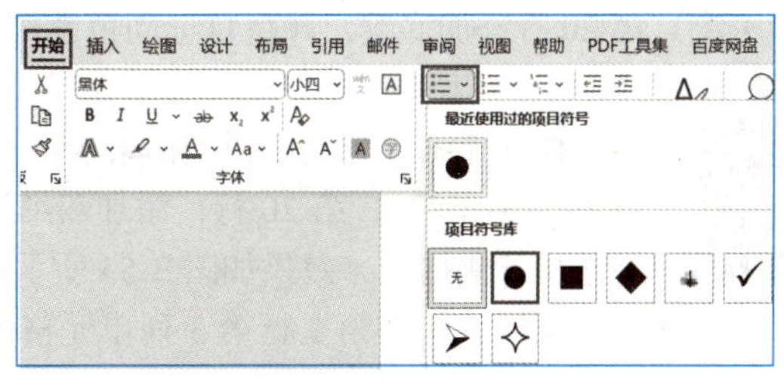

图 3-50　项目符号设置

5. 设置行高

根据表格内容，拖动鼠标调整列宽。选择要设置行高的部分（除了第一行和最后一行不选择），单击“布局”→“单元格大小”→“高度”微调框中调整表格高度为 0.9 厘米，标题行行高为 1.48 厘米，最后一行为 2 厘米，如图 3-51 所示。

视 频

表格行高设置

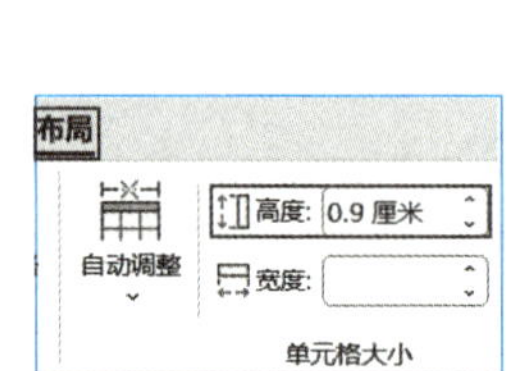

订单商品资料	书号	商品名称	单价（元）	数量	金额（元）
	W001	《Office 2016 实例教程》	32	40	
	E132	《Excel 2016》实例教程	35	28	
	P203	《PowerPoint 2016 实例教程》	30	33	
	A468	《Access 2016 实例教程》	26	18	
	合计总金额：元整（）				

图 3-51　行高设置

视 频

公式乘法

视 频

公式求和

视 频

底纹

视 频

表格边框

视 频

表格底纹

6. 函数计算

使用“单价 * 数量”的简单计算，选择乘法函数即可计算出订购商品资料区的最后金额。

将光标定位在要计算的金额单元格内，单击“布局”→“公式”按钮，弹出“公式”对话框，在“粘贴函数”下拉列表中选择 PRODOUCT 函数，编号格式选择表示人民币符号的格式，单击“确定”按钮，关闭对话框，如图 3-52 所示。

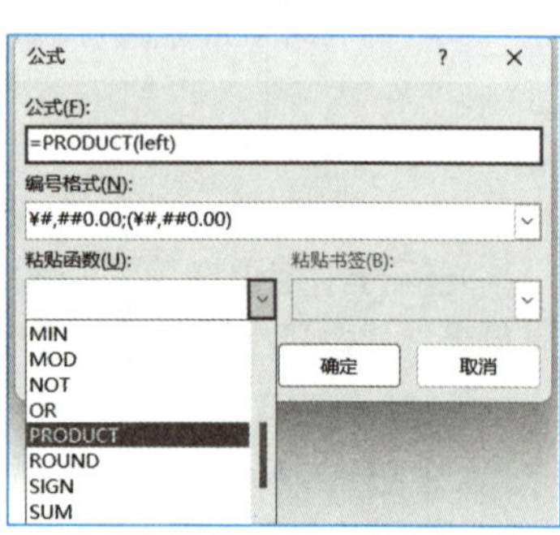

图 3-52　公式设置

合计总金额的计算方法一样，“粘贴函数”下拉列表框中选择 SUM 函数，公式更改为 =SUM（ABOVE）（公式含义：默认向上求和计算），如图 3-53 所示。

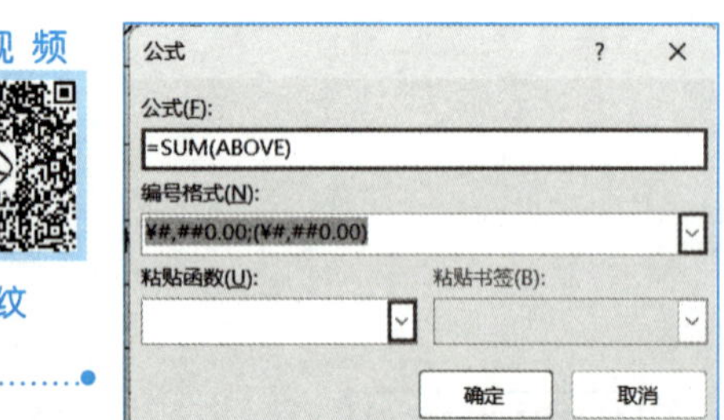

订单商品资料	书号	商品名称	单价（元）	数量	金额（元）
	W001	《Office 2016 实例教程》	32	40	¥1,280.00
	E132	《Excel 2016》实例教程	35	28	¥ 980.00
	P203	《PowerPoint 2016 实例教程》	30	33	¥ 990.00
	A468	《Access 2016 实例教程》	26	18	¥ 468.00
	合计总金额：叁仟柒佰壹拾捌元整（¥3,718.00）				

图 3-53　求和计算

7. 美化表格

（1）底纹

根据样图，分别为表格第 1 列、第 2 列、第 3 行、第 5 行、第 6 行、第 8 行、第 9 行、第 12 行、第 20 行添加底纹，颜色自选同色系的两个深浅层次的颜色，如图 3-54 所示。

（2）表格边框

根据样图，分别选择表格第 1 行、第 2 行、第 3 ~ 7 行、第 8 ~ 11 行、第 12 ~ 17 行、第 18 行、第 19 行、第 20 行，添加双细线（双窄线）外轮廓边框线，线型为直线，粗细为 0.5 磅，边选择外侧框线，效果如图 3-55 所示。

鼠标放置在第 3 行第 3 列单元格内，单击“表设计”选项卡，线型选择单线，颜色为黑，

0.5 磅，单击“边框”→“斜下框线”命令，并输入“会员”和“首次”，插入特殊符号□，如图 3-56 所示。

图书订购单						
订购日期：______年___月__日　№：						
订购人资料		会员编号	姓名	联系电话		
	姓名		电子邮箱			
	联系电话		QQ 号码			
	家庭住址			邮政编码□□□□□□		
收货人资料	★指定其他送货地址或收货人时填写					
	姓名		联系电话			
	送货地址					
	备注	有特殊送货要求时请说明				
订单商品资料	书号	商品名称		单价（元）	数量	金额（元）
	W001	《Office 2016 实例教程》		32	40	¥1,280.00
	E132	《Excel 2016》实例教程		35	28	¥ 980.00
	P203	《PowerPoint 2016 实例教程》		30	33	¥ 990.00
	A468	《Access 2016 实例教程》		26	18	¥ 468.00
	合计总金额：叁仟柒佰壹拾捌元整（¥3,718.00）					
付款方式	□邮政汇款　□银行汇款　□货到付款（只限北京地区）					
配送方式	□普通包裹　□送货上门（只限北京地区）					
注意事项	● 请务必详细填写，以便我们尽快为您服务。 ● 在收到您的订单后，我们的客户服务人员 将会与您联系确认。					

图 3-54　表格

表设计　布局

底纹　边框样式　0.5 磅　笔颜色　边框

边框　边框刷

下框线(B)
上框线(P)
左框线(L)
右框线(R)
无框线(N)
所有框线(A)
外侧框线(S)

（a）表格边框设置参数

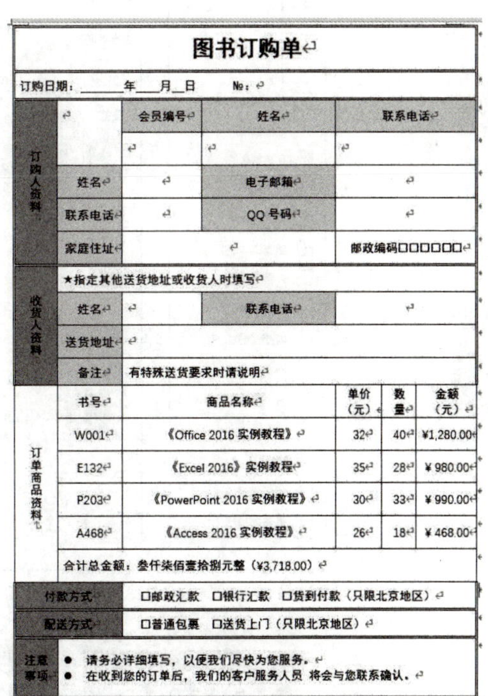

图书订购单						
订购日期：______年___月__日　№：						
订购人资料		会员编号	姓名	联系电话		
	姓名		电子邮箱			
	联系电话		QQ 号码			
	家庭住址			邮政编码□□□□□□		
收货人资料	★指定其他送货地址或收货人时填写					
	姓名		联系电话			
	送货地址					
	备注	有特殊送货要求时请说明				
订单商品资料	书号	商品名称		单价（元）	数量	金额（元）
	W001	《Office 2016 实例教程》		32	40	¥1,280.00
	E132	《Excel 2016》实例教程		35	28	¥ 980.00
	P203	《PowerPoint 2016 实例教程》		30	33	¥ 990.00
	A468	《Access 2016 实例教程》		26	18	¥ 468.00
	合计总金额：叁仟柒佰壹拾捌元整（¥3,718.00）					
付款方式	□邮政汇款　□银行汇款　□货到付款（只限北京地区）					
配送方式	□普通包裹　□送货上门（只限北京地区）					
注意事项	● 请务必详细填写，以便我们尽快为您服务。 ● 在收到您的订单后，我们的客户服务人员 将会与您联系确认。					

（b）表格边框设置效果

图 3-55　表格边框设置

视 频

斜表头设置

（3）表格底纹

选择第20行第2列，单击“表设计”选项卡添加底纹，图案为5%进行装饰，如图3-57所示。

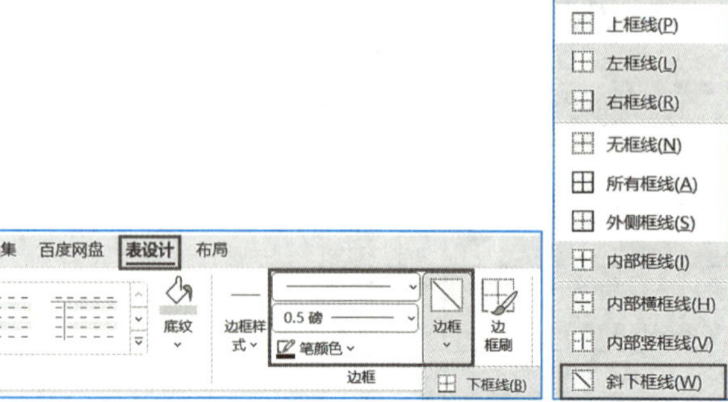

（a）斜线表头设置

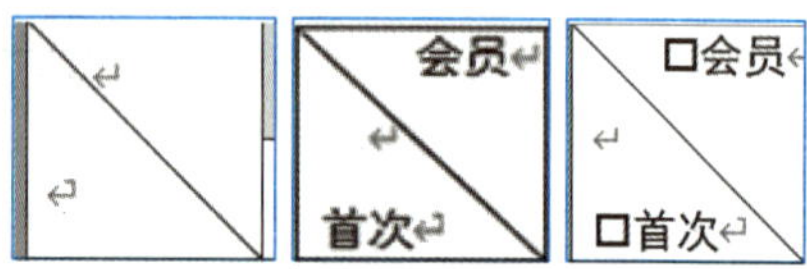

（b）斜线表头效果图

图3-56　斜线表头

（4）单元格文字位置设置

分别选中第1列，第2列，第1、3、4、5、6、7、9、10、12、13、14、15、16、18、19行，单击“布局”→“对齐方式”→“水平居中”按钮，如图3-58所示。

视 频

单元格文字居中设置

视 频

表格整体调整

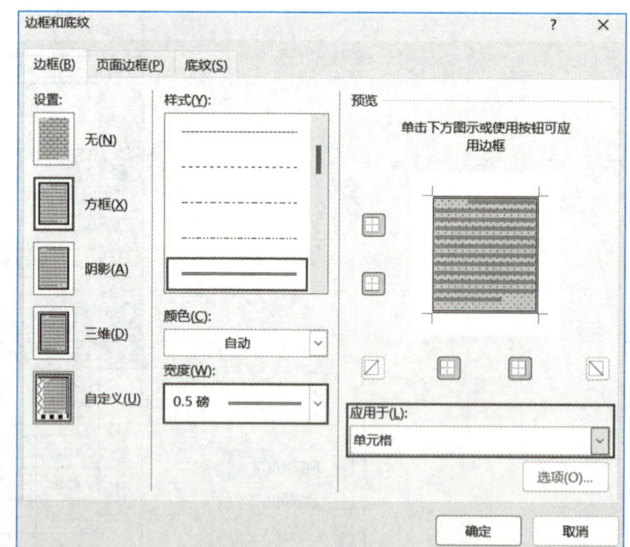

（a）设置表格底纹

● 请务必详细填写，以便我们尽快为您服务。
● 在收到您的订单后，我们的客户服务人员将会与您联系确认。

（b）表格底纹效果

图3-57　表格底纹

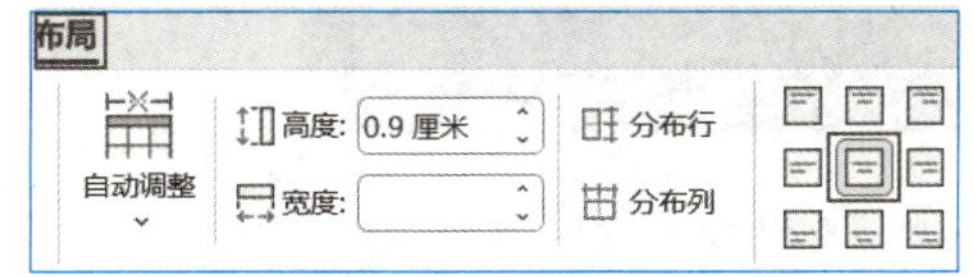

图 3-58 文字对齐方式水平居中

分别选中第 2、8、11、17、18、19、20 行，单击“布局”→“对齐方式”→“中部左对齐”按钮，效果如图 3-59 所示。

图书订购单						
订购日期：______年___月__日 №：						
订购人资料	□会员 □首次	会员编号	姓名	联系电话		
	姓名		电子邮箱			
	联系电话		QQ 号码			
	家庭住址	省 市	县/区	邮政编码□□□□□□		
收货人资料	★指定其他送货地址或收货人时填写					
	姓名		联系电话			
	送货地址	省 市 县/区（□家庭□ 单位）				
	备注	有特殊送货要求时请说明				
订单商品资料	书号	商品名称		单价（元）	数量	金额（元）
	W001	《Office 2016 实例教程》		32	40	¥1,280.00
	E132	《Excel 2016》实例教程		35	28	¥ 980.00
	P203	《PowerPoint 2016 实例教程》		30	33	¥ 990.00
	A468	《Access 2016 实例教程》		26	18	¥ 468.00
	合计总金额：叁仟柒佰壹拾捌元整（¥3,718.00）					
付款方式	□邮政汇款 □银行汇款 □货到付款（只限北京地区）					
配送方式	□普通包裹 □送货上门（只限北京地区）					
注意事项	● 请务必详细填写，以便我们尽快为您服务。 ● 在收到您的订单后，我们的客户服务人员 将会与您联系确认。					

图 3-59 设置完成图

注 意：

调整表格列宽时，单独调整的内框线，需要先框选，再拖动鼠标调整边线。

表格内文字，尽量以词组进行短句换行，才更标准美观。

相关知识

Word 2016 不仅文字处理功能强大，而且还提供了强大的表格处理功能，可以在文档中快速建立、编辑各种表格。Word 2016 对表格的处理一般包括创建表格、编辑表格和格式化表格等。

1. 表格的创建

表格文档通常分为规则和不规则两类，针对这两类表格文档，Word 2016 提供了多种创建表格的方法，常用的有：鼠标插入表格法、命令插入表格法、绘制表格和快速表格四种。

（1）鼠标插入表格法

鼠标插入表格法是基于规则表格所给出的一种建立表格的方法，主要用于 10 列 8 行以内的规则表格的创建，建立表格时光标定位后单击“插入”→“表格”→“表格”下拉按钮，在弹出的下拉列表框中拖动鼠标选择表格的行数和列数。

（2）命令插入表格法

命令插入表格法也是基于规则表格所给出的一种建立表格的方法，该方法可以建立任意行和列的规则表格，但一般主要用于 10 列 8 行以外的规则表格的创建，建立表格时光标定位后单击“插入”→“表格”→“表格”下拉按钮，在弹出的下拉列表框中单击“插入表格”命令，在弹出“插入表格”对话框中，输入“列数”和“行数”，另外还可以在“自动调整”组中定义插入表格的列宽和自动调整选项，如图 3-60 所示。

（3）绘制表格法

绘制表格法则是基于不规则表格所给出的一种建立表格的方法，建立表格时选择“插入”→“表格”→“绘制表格”命令，鼠标指针将会变成“铅笔”形状，按住鼠标左键拖动，可以绘制不同高度的单元格的表格或每行的列数不同的表格。要擦除一条或者多条线，可以选择“布局”→“绘图”选项组，单击“橡皮擦”按钮，鼠标指针将会变成“橡皮”形状，单击要擦除的线条，可实现擦除。

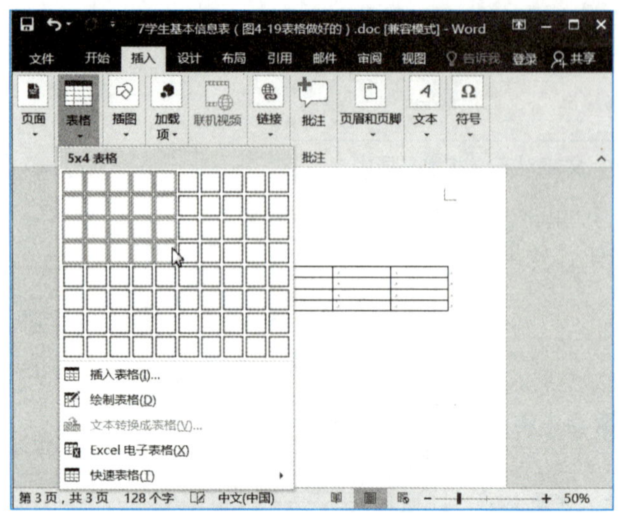

（a）选择表格的行数和列数

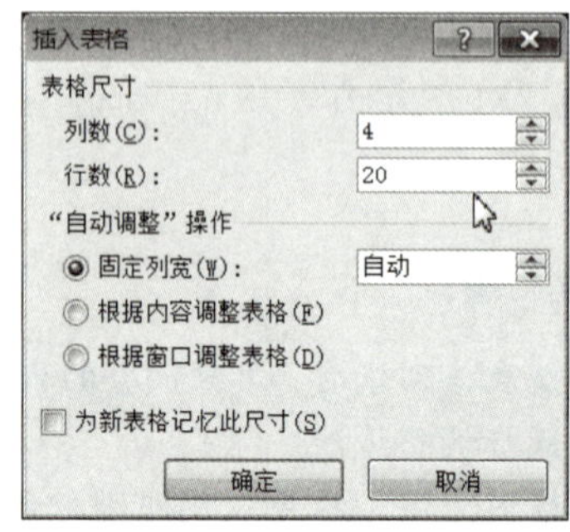

（b）"插入表格"对话框

图 3-60　命令插入表格法

（4）快速表格法

在 Word 2016 中，文字之间如果用有效的分隔符（逗号和空格）隔开，则可以通过"文本转换成表格"命令直接将之转换成表格，方法是选择要转换的所有文字，选择"插入"→"表格"→"文本转换成表格"命令，在"表格尺寸"填入行列数，在"文字分隔位置"选择"逗号"，单击"确定"按钮即可。

2. 表格的编辑

创建表格后，一般都需要对表格进行编辑处理。Word 2016 对表格的编辑处理包括插入或删除行或列、调整行高或列宽、拆分或合并单元格等。

（1）插入或删除行、列

在表格中插入或删除行、列方法是在需要执行插入或删除操作的位置处单击。单击"布局"→"行和列"→"在上方插入"或"在下方插入"按钮，即可在单元格的上方或下方插入一行；单击"在左侧插入"或"在右侧插入"按钮即可在该单元格的左侧或右侧插入一列；单击"删除"按钮，在弹出的下拉列表框中单击"删除行"按钮即可删除此单元格所在的行；单击"删除"按钮，在弹出的下拉列表框中单击"删除列"按钮即可删除此单元格所在的列。

（2）合并和拆分单元格

Word 中可以将同一行或同一列中的两个或多个单元格合并为一个单元格，比如在水平方向上合并多个单元格，以创建表格标题。也可以将一个单元格拆分为两个或多个单元格。合并单元格的方法是：拖动鼠标选择要合并的单元格，单击"布局"→"合并"→"合并单元格"按钮，即可把所选单元格合并为一个单元格。拆分单元格的方法是：单击要拆分的单元格，再单击"布局"→"合并"→"拆分单元格"按钮。

（3）改变行高和列宽

改变行高列宽的方法是：拖动鼠标选择要改变行高的行或改变列宽的列，单击"布局"→"单元格大小"→"高度"或"宽度"文本框，设置合适的数值即可。

（4）绘制斜线表头

用"插入"→"形状"→"直线"选项来绘制表头斜线，用"插入"→"文本框"按钮写入表头的标题文字，要去掉文本框的边线和填充。

3. 表格的格式化

在表格中输入文字和数字内容以后，可以调整表格内容的排列、对齐方式，使表格看起来更加整齐。

（1）设置单元格内容的对齐方式

设置对齐方式的方法是：拖动鼠标选择要设置对齐方式的单元格，在“布局”选项卡的“对齐方式”组中，Word 提供了 9 种单元格内文字的对齐方式供用户选择，直接单击需要设置的对齐方式即可。

（2）设置表格的边框和底纹

为了达到特定的显示效果，用户可以对表格边框的线型、颜色、粗细等进行自定义设置，方法是：拖动鼠标选取要更改格式的单元格，单击“设计”→“边框”→“边框和底纹”对话框启动器按钮，弹出“边框和底纹”对话框。选择“边框”选项卡，在“样式”列表框中选择一种边框线型样式。从“颜色”下拉列表框中选择一种新的边框颜色，从“宽度”下拉列表框中选择一种新的边框宽度，然后选择“底纹”选项卡，在“标准色”组中选择颜色，如图 3-61 所示。

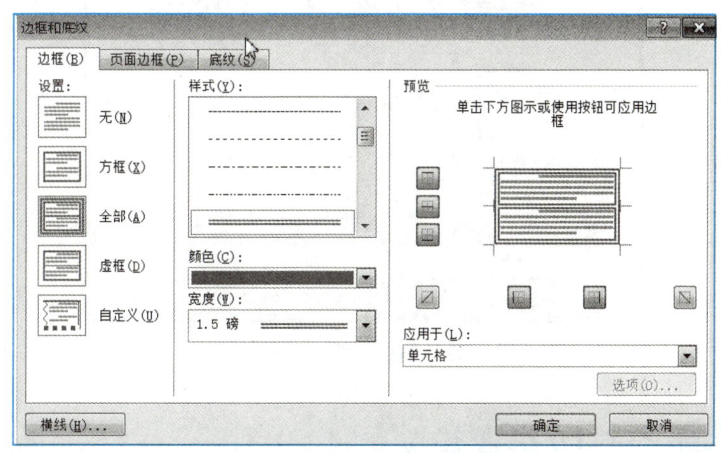

图 3-61　“边框和底纹”对话框

拓展训练

制作运动会积分排行榜，如图 3-62 所示。

任务要求：

- 创建一个 16 行 6 列的表格。
- 填充左侧第一列的序列号。
- 输入院系名称，金银铜数量。
- 第 2 行的 3、4、5 列输入“金奖”、“银奖”和“铜奖”。
- 第 2 行第 6 列输入“奖牌合计”，第 16 行输入“总计”。
- 第 1 行合并单元格，输入“第十六届春季运动会各院系获金牌、总分排名榜”。
- 分别将各学院的获奖人数，按样图输入。
- 利用公式，分别计算出第 6 列和第 16 行的各奖牌合计与总数量。
- 表格居中，表格内所有文字、数据的对齐方式均水平居中。
- 表格外框线设置为 3 磅，上粗下细（第 9 个），蓝色，个性色 1。
- 表格表样式设置为“网格表 4- 着色 1”。

- 表格第一行标题文字，设置为黑体，四号，加粗。
- 表格第二行文字加粗，并添加“橙色，个性色 2，淡色 60%”底纹。
- 总计列底纹设置为“绿色，个性色 6，单色 60%”。
- 表格第 1 行行高为 1.6 厘米，第 2 ～ 15 行行高为 0.8 厘米，第 16 行行高为 1 厘米。
- 第 16 行加粗。
- 将表格保存为“第十六届春季运动会各院系获金牌、总分排名榜”。

第十六届春季运动会各院系获金牌、总分排名榜					
序号	院系	金奖	银奖	铜奖	奖牌合计
1	机电学院	2	1	2	5
2	艺术设计学院	1	2	2	5
3	外语学院	2	3	1	6
4	影视动画学院	2	2	1	5
5	交通运输学院	1	2	3	6
6	建筑学院	1	1	3	5
7	经管学院	2	1	1	4
8	护理学院	1	3	1	5
9	信息学院	0	2	3	5
10	继续教育学院	0	1	2	3
11	化工学院	1	1	2	4
12	媒体与传媒学院	1	1	2	4
13	中医学院	1	0	1	2
总计		15	20	24	59

图 3-62　拓展训练完成效果图

任务 4　编辑与排版毕业论文

任务描述

苏小庆是某高校的一名学生，临近毕业，他按照指导教师杨欣发放的毕业设计任务书要求，完成了实验调查和论文内容的书写，接下来，需要他使用 Word 2016 对论文的格式进行排版，完成后的参考效果图，如图 3-63 所示。

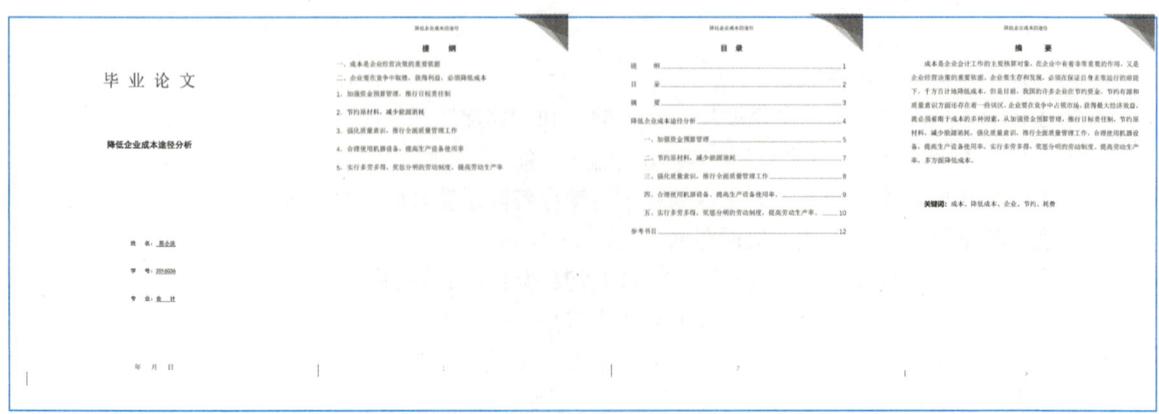
毕 业 论 文

降低企业成本途径分析

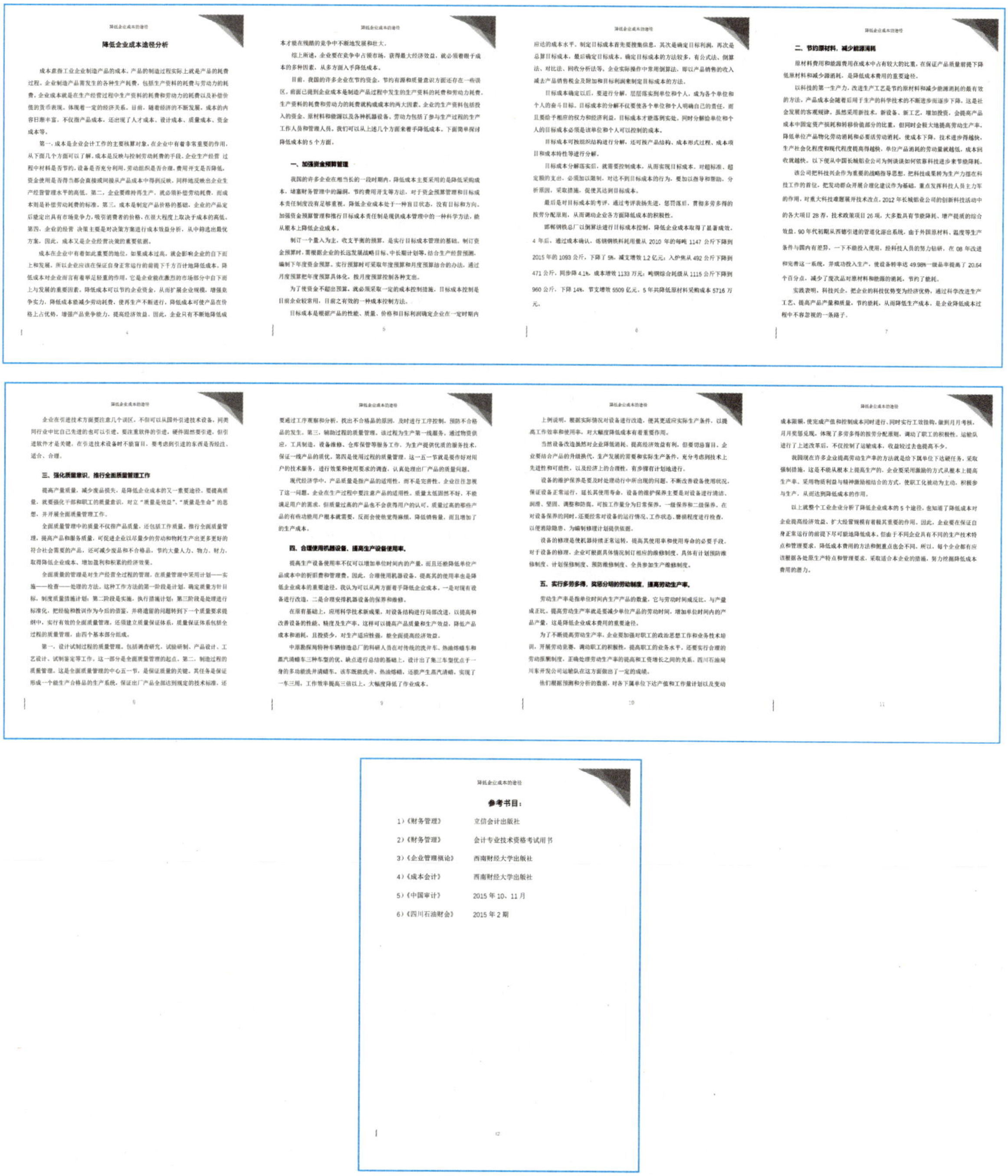

图 3-63 论文排版最终效果

任务分析

本次任务的主要制作软件为 Word 2016，涉及的主要操作工具有：Word 2016 文档的页面设置、表格、表格边框与底纹、颜色填充、项目符号、文字方向、表格函数计算、符号、文字对齐方式等操作。具体制作方案如下：

- 本次任务提交时命名为：班级姓名论文。
- 纸张方向：纵向，A4 大小。页边距：上下 2.54 厘米，左右 1.91 厘米。
- 新建样式，将“摘要”下的“成本”“段落”，设置正文字体，中文为宋体，西文为 Times New Roman，字号为五号，首行统一缩进 2 个字符并保存为样式 1。
- 设置一级标题字体格式为黑体，三号、加粗，段落格式为居中对齐，段前段后均为 0 行，2 倍行距。大纲级别为“一级标题”有“提纲”“目录”“摘要”“降低企业成本途径分析”“参考书目”。
- 设置二级标题一、二、三、四、五编号所在段落的文本，字体格式为微软雅黑、四号、加粗，段落格式为左对齐、1.5 倍行距。大纲级别为“二级标题”。
- 设置论文正文样式：首行缩进 2 字符，1.5 倍行距，宋体，四号。
- 设置“关键词：”文本字符格式为微软雅黑、四号、加粗，后面的关键词格式与正文相同。
- 使用大纲视图查看文档结构，然后分别在提纲前、目录前、摘要前的前面插入分页符。
- 添加“平面（奇数页）”样式页眉并删掉页码。输入论文题目为页眉内容，中文为宋体，字号为五号，行距为单倍行距，对齐方式为居中对齐鼠标放在第 2 页，设置“首页不同”。
- 添加“边线型”页脚，设置中文为宋体，字号为五号，段落样式为单倍行距，居中对齐，封皮无页码，封皮后显示页码为 1。
- 设置封面“毕业论文”文本，设置格式为方正大标宋简体、小初、居中对齐，选择“降低企业成本途径分析”文本，设置格式为黑体、小二、加粗、居中对齐。
- 分别选择“姓名”“学号”“专业”文本，设置格式为黑体、小四，然后利用【Space】（空格键）使其居中对齐。按【Ctrl+U】添加下划线，并输入：　　年　月　日。
- 提取目录。设置“制表符前导符”为第一个选项，“格式”为“正式”，撤销选中“使用超链接而不使用页码”复选框。自定义目录，显示级别为 2，宋体，四号，段落行间距 1.5 倍，二级标题首行缩进 2 字符。

任务实施

视频　论文页面设置

1. 重命名

重命名 Word 文档为论文。

2. 论文页面设置

将写好的论文打开，单击菜单栏“布局”→“纸张方向”→纵向命令，页边距：上下 2.54 厘米，左右 1.91 厘米；纸张设置为 A4 大小，如图 3-64 所示。

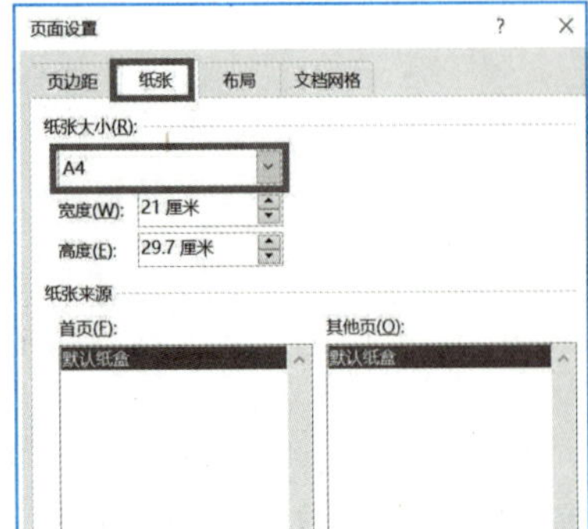

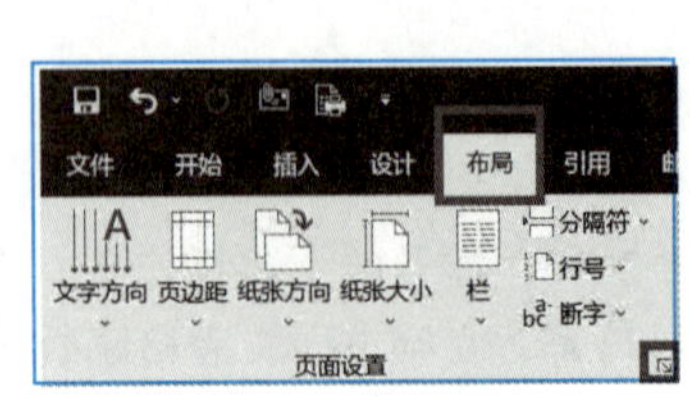

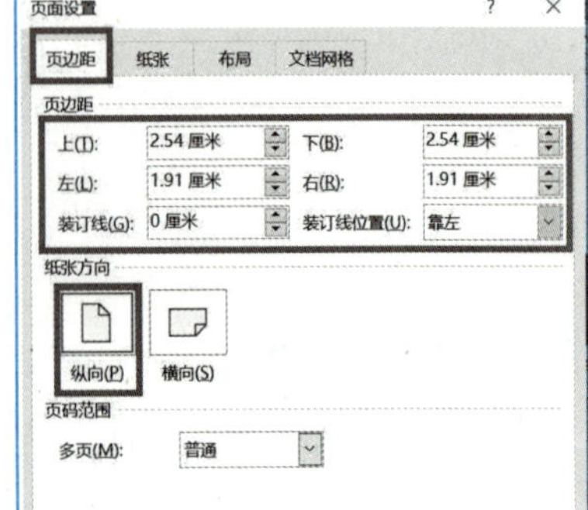

图 3-64　论文页面设置

3. 创建样式

选择“摘要”下面的“成本是企业……多方面降低成本。”，单击“开始”→“样式”下拉菜单，将所选内容保存为快速样式，设置正文字体，中文为宋体，西文为 Times New Roman，字号为四号，首行统一缩进 2 个字符并保存为样式 1，如图 3-65 所示。

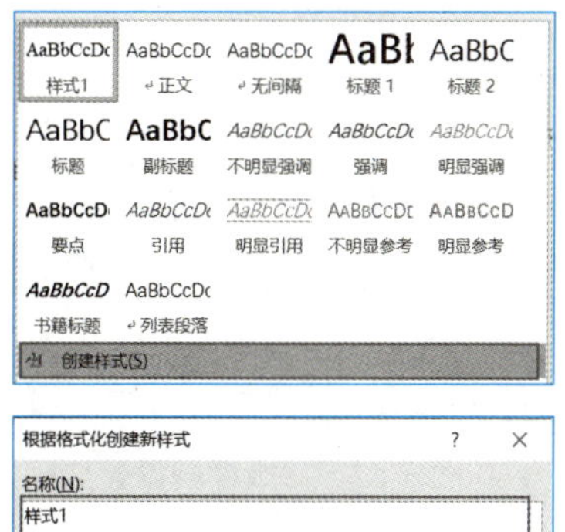

图 3-65　创建样式 1

4. 设置标题

（1）一级标题

选择论文内“提纲”“目录”“摘要”“降低企业成本途径分析”“参考书目”，一级标题字体格式为黑体，三号、加粗，段落格式为居中对齐，段前段后均为 0 行，2 倍行距。大纲级别为“一级标题”，如图 3-66 所示。

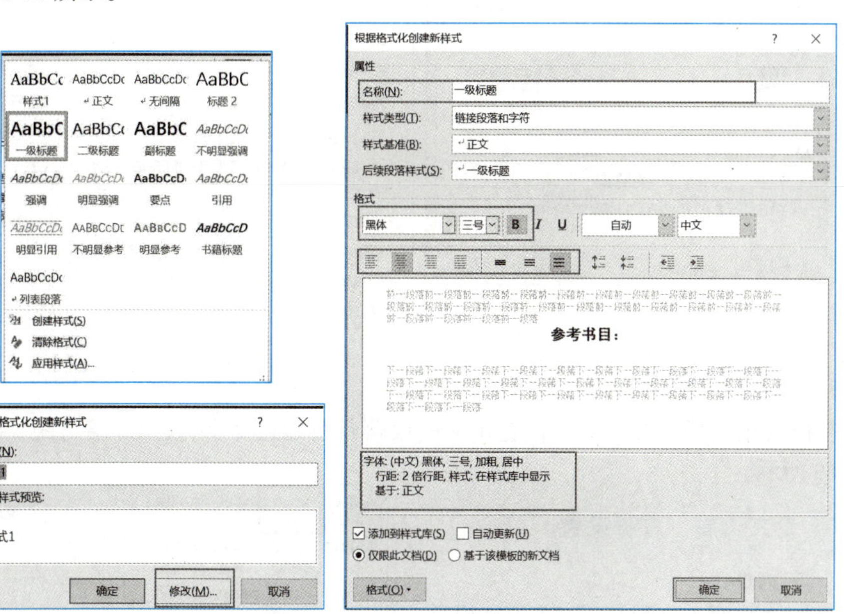

图 3-66　一级标题设置

（2）二级标题

配合【Ctrl】键，选择论文正文内的二级标题，即一、二、三、四、五的标题，单击“开始”→“样式”→“创建样式”→“修改”命令输入名称“二级标题”，字体格式为微软雅黑、四号、加粗，段落格式选择左对齐，1.5 倍行距，单击“确定”即可，如图 3-67 所示。

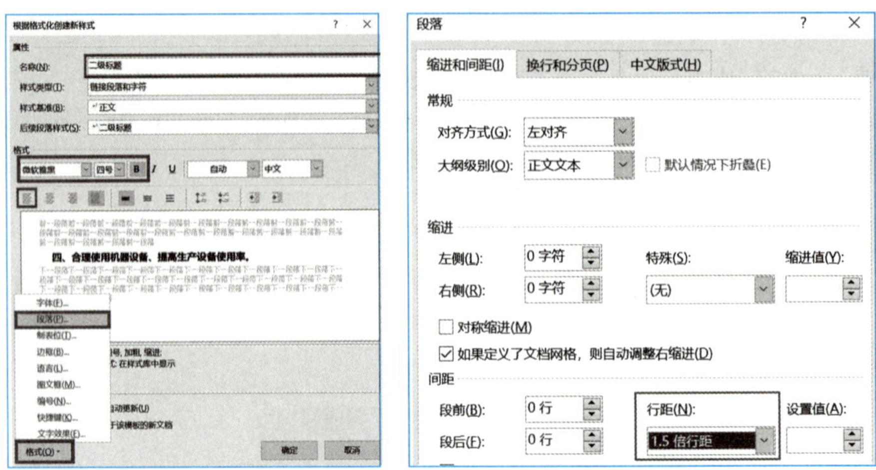

图 3-67　二级标题设置

5. “关键词”设置

“关键词”三字为微软雅黑、四号、加粗，后面的关键词格式与正文相同，如图 3-68 所示。

视频
关键词设置

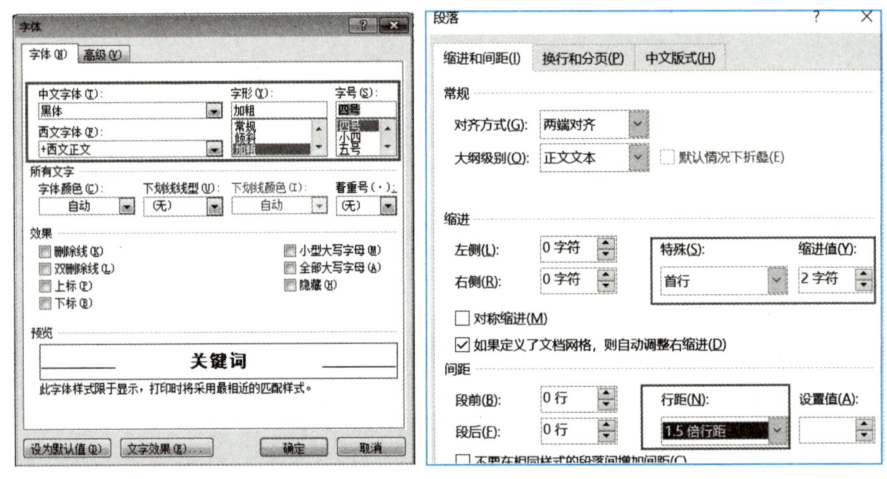

图 3-68　关键词设置

视频
正文文字段落设置

6. 论文正文设置

在样式中选择正文样式，设置正文的段落首行缩进 2 字符，1.5 倍行距，宋体，四号，如图 3-69 所示。

7. 论文页眉、页脚设置

（1）页眉

添加“平面（奇数页）”样式页眉并删掉页码，并输入论文标题为页眉内容，格式分别是中文为宋体，字号为五号，行距为单倍行距，对齐方式为居中对齐，鼠标放在第 2 页，选中“首页不同”复选框，如图 3-70 所示。

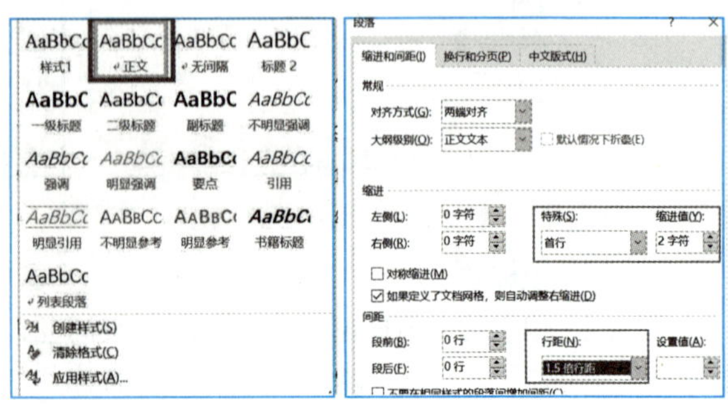

图 3-69　段落设置

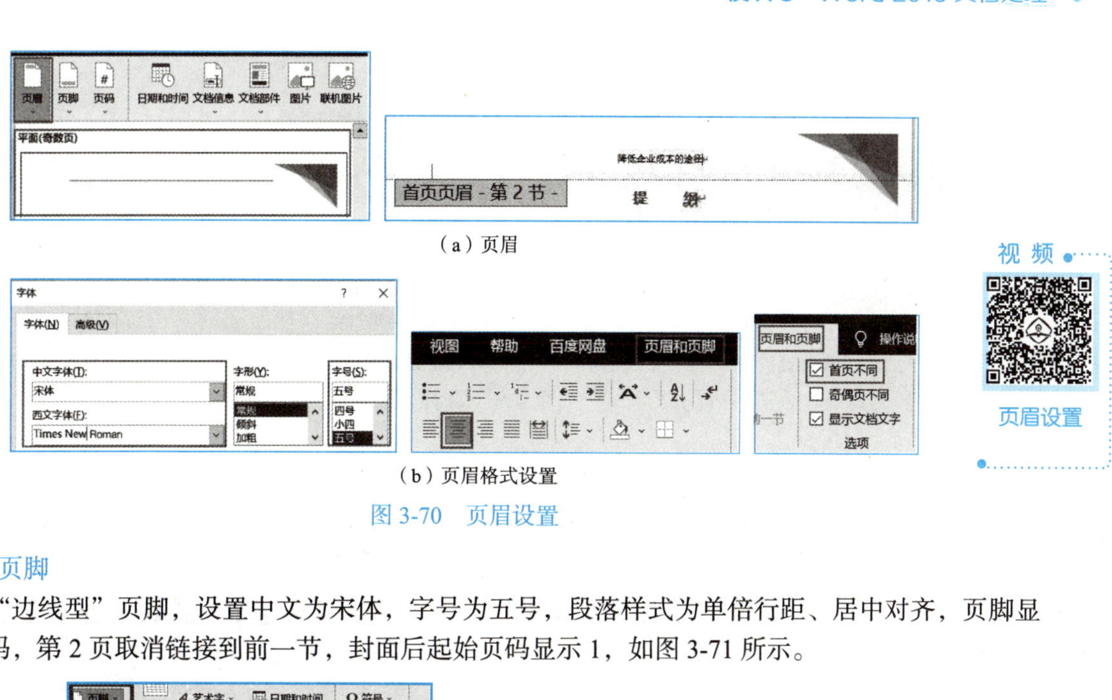

（a）页眉

（b）页眉格式设置

图 3-70　页眉设置

视 频

页眉设置

（2）页脚

添加“边线型”页脚，设置中文为宋体，字号为五号，段落样式为单倍行距、居中对齐，页脚显示当前页码，第 2 页取消链接到前一节，封面后起始页码显示 1，如图 3-71 所示。

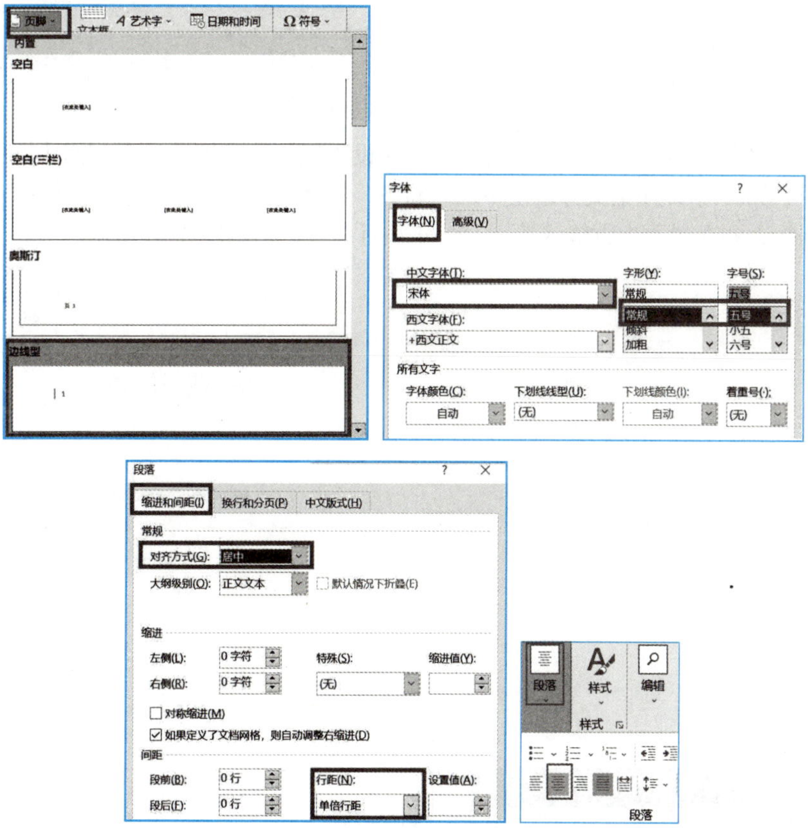

（a）页脚设置

（b）页脚设置效果

图 3-71　页脚

视 频

页脚设置

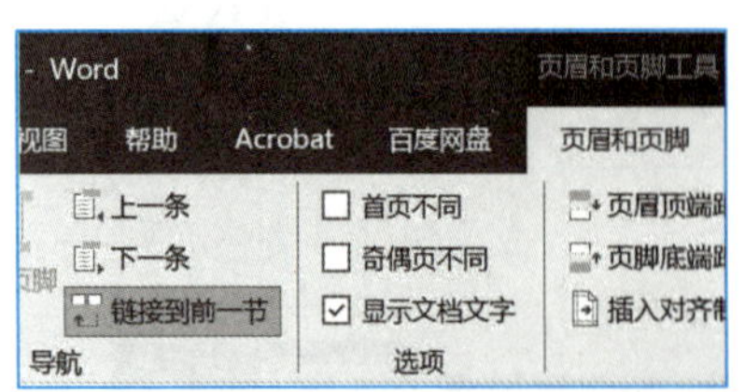
（c）取消链接到前一节

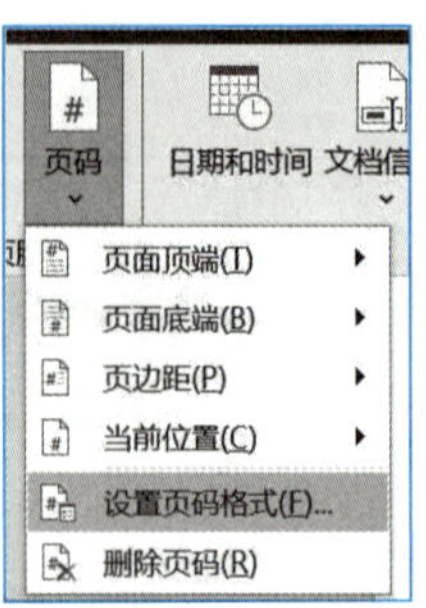
（d）设置页码格式

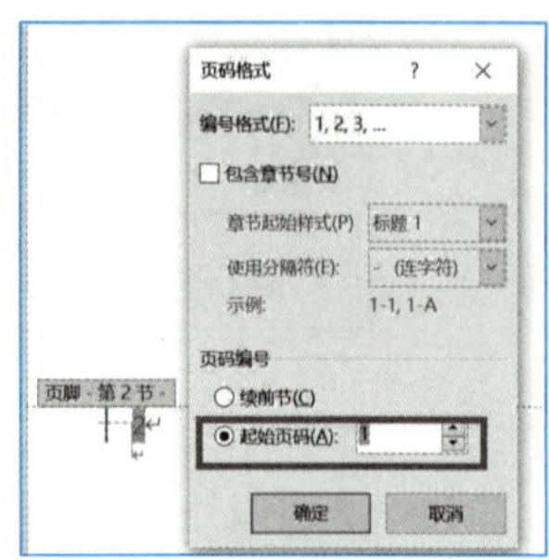
（e）设置起始页码

图 3-71　页脚（续）

视频
封面设置

8. 论文封面设置

选择“毕业论文”文本，设置格式为方正大标宋简体、小初、居中对齐；选择降低企业成本途径分析文本，设置格式为黑体、小二、加粗、居中对齐，如图 3-72 所示。

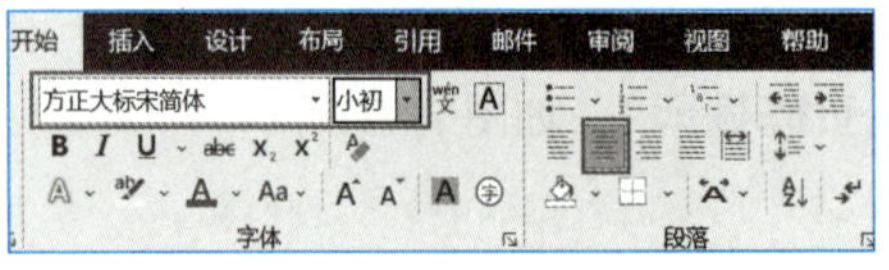
（a）“毕业论文”文本格式设置

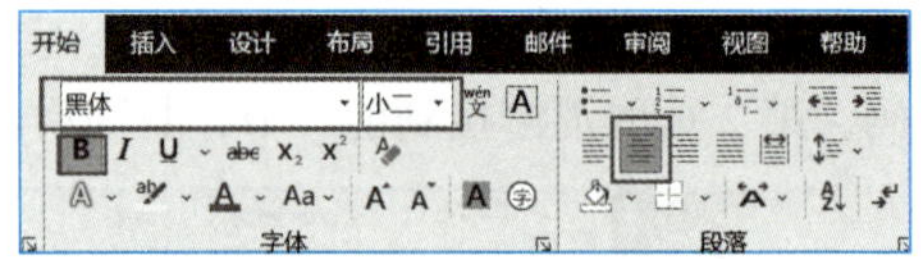
（b）“降低企业成本途径分析”文本格式设置

图 3-72　论文封面设置

分别选择“姓名”“学号”“专业”文本，字体设为黑体、小四，然后利用【Space】键使其居中对齐。同样利用【Space】键使论文标题上下居中对齐。选择“姓名”“学号”“专业”，按【Ctrl+U】组合键添加下划线，并在封面下方输入：“　　年　月　日”，如图 3-73 所示。

视频
分节符

（a）封皮个人信息设置

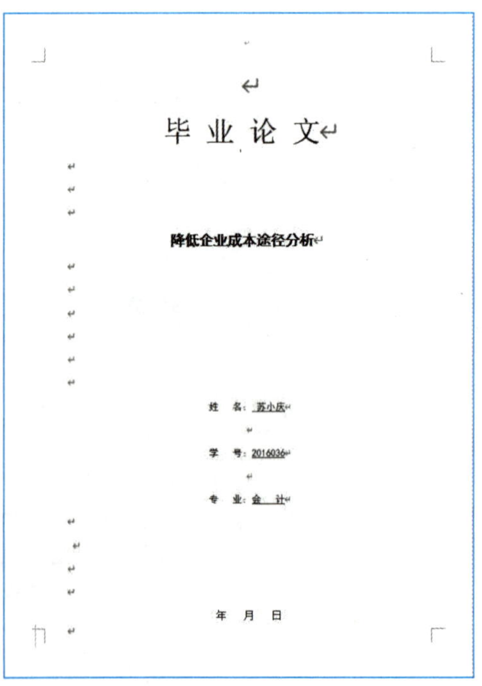

（b）设置后

图 3-73　封皮设置

视 频

目录与调整

9. 目录设置

提取目录。设置“制表符前导符”为第一个选项，“格式”为“正式”，单击“引用”→“目录”→“自定义目录”命令，显示级别为 2，目录设置及目录效果如图 3-74 所示。

10. 最后检查、整体调整

使用大纲视图查看文档结构，然后分别在每个部分的前面插入分页符：提纲前、目录前、摘要前。所有格式设置完毕后，检查“提纲”“目录”“摘要”“降低企业成本途径分析”“参考书目”位置是否正确，该单独分页的要调整，如图 3-75 所示。

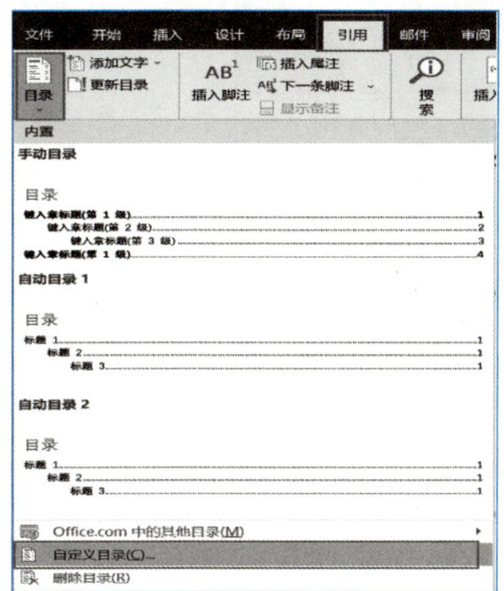

（a）目录设置 1

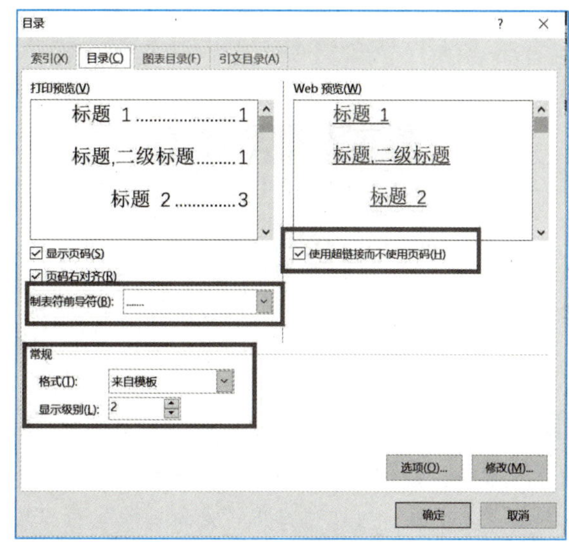

（b）目录设置 2

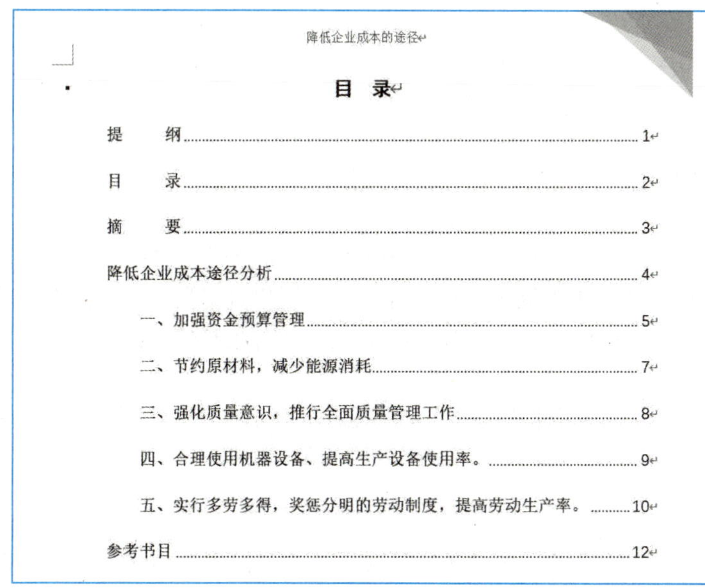

降低企业成本的途径

目　录

提　　纲 1
目　　录 2
摘　　要 3
降低企业成本途径分析 4
一、加强资金预算管理 5
二、节约原材料，减少能源消耗 7
三、强化质量意识，推行全面质量管理工作 8
四、合理使用机器设备、提高生产设备使用率。 9
五、实行多劳多得，奖惩分明的劳动制度，提高劳动生产率。 10
参考书目 12

（c）目录效果

图 3-74　目录设置及目录效果

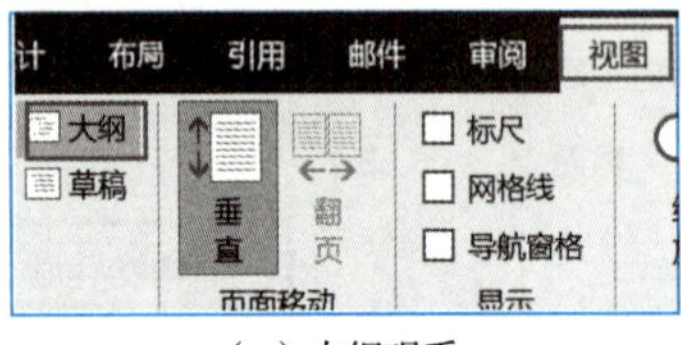

（a）大纲观看

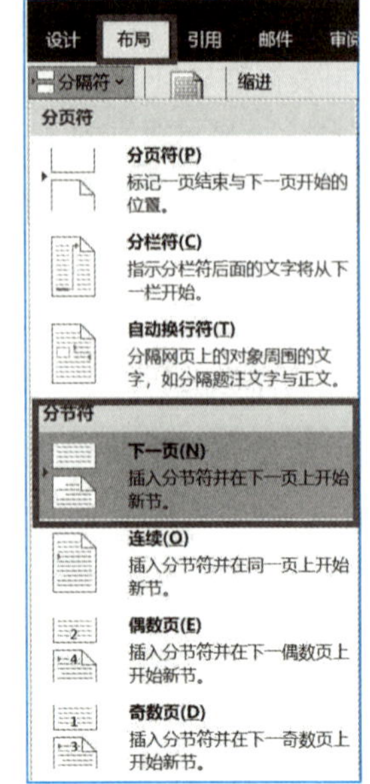

（b）分页调整

图 3-75　整体调整

注　意：

目录生成前，最好文档内的格式都调整好后再生成。

后续如果有更改，可以选择用“更新目录”→“只更新页码”命令。

相关知识

1. 样式

在进行文档排版时，许多段落都有统一的格式，如字体、字号、段间距、段落对齐方式等。手工设置各个段落的格式不仅烦琐，而且难于保证各段格式严格一致。Word 的样式提供了将段落样式应用于多个段落的功能。

样式是一组排版格式指令，它规定的是一个段落的总体格式，包括段落的字体、段落，以及后续段落的格式等。Word 的样式库中存储了大量的样式以及用户自定义样式，选择“开始”→“样式”窗口显示按钮就可以查看这些样式。Word 2016 不仅预定义了标准样式，还允许用户根据自己的需要修改标准样式或创建自己的样式。

样式可以分为字符样式和段落样式两种。字符样式保存了字体、字号、粗体、斜体、其他效果等。段落样式保存了字符和段落的对齐方式、行间距、段间距、边框等。

2. 使用已有样式

将光标移至要使用样式的段落，在“开始”选项卡的“样式”功能区右下角选择“样式”窗口显示按钮，然后在打开的样式窗口中选定需要的样式，便可将该样式应用于当前光标所在的段落或选定的段落。如果要将该样式应用于多个段落，可将这些段落全部选定，然后在样式窗口中单击所需的样式，即可将样式应用到所选文本上。

拓展训练

制作计算机发展趋势文档，如图 3-77 所示。

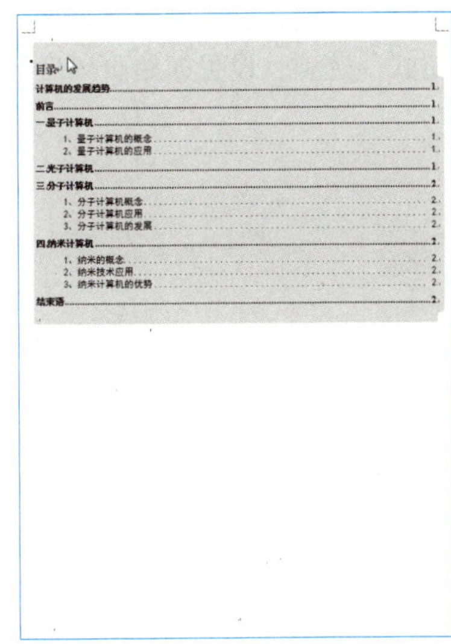

目录

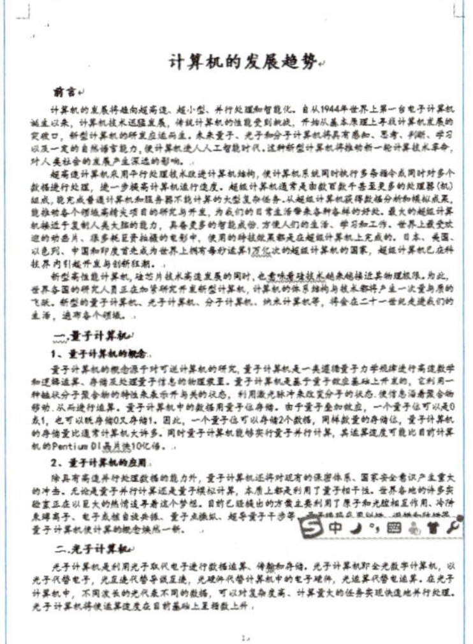

计算机的发展趋势

前言

一、量子计算机

1、量子计算机的概念

2、量子计算机的应用

二、光子计算机

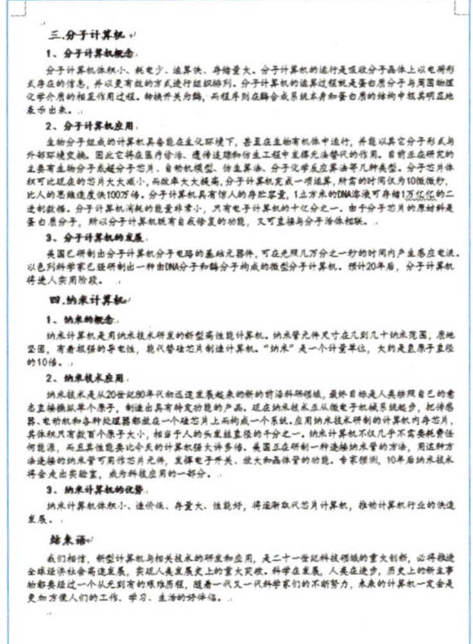

三、分子计算机

1、分子计算机概念

2、分子计算机应用

3、分子计算机的发展

四、纳米计算机

1、纳米的概念

2、纳米技术应用

3、纳米计算机的优势

结束语

图 3-77　效果图

任务要求：

- 建立正文样式：打开“计算机的发展趋势”文档，单击“开始”→“样式”启动器，在“样式”里，单击，建立“我的正文样式 1”，包括楷体、五号字、首行缩进 2 字符、段前段后为 0、单倍行距。
- 应用正文样式：全选文档，单击“样式”→“我的正文样式 1”样式。
- 建立标题样式：在“样式”里，单击，建立“我的标题样式”，包括楷体、二号字、加粗、居中对齐、大纲级别 1 级、首行缩进 0 字符、段前段后为 1 行、单倍行距。
- 应用标题 1 样式：选择文档中的标题，单击“样式”→“我的标题样式”样式。
- 建立标题 1 样式：在“样式”里，单击，建立“我的标题 1 样式”，包括楷体、四号字、加粗、大纲级别 1 级、首行缩进 2 字符、段前段后为 0.5 行、单倍行距。
- 应用标题 1 样式：选择文档中所有的一级标题，单击“样式”→“我的标题 1 样式”样式。
- 建立标题 2 样式：在“样式”里，单击，建立“我的标题 2 样式”，包括楷体、小四号字、加粗、大纲级别 2 级、首行缩进 2 字符、段前段后为 0.3 行、单倍行距。
- 应用标题 2 样式：选择文档中所有的二级标题，单击“样式”→“我的标题 2 样式”样式。
- 至此，完成了正文和各级标题的设置，注意：要先把文档全部设置成正文，再设置标题，因为正文文字多，先设置可以一次完成。
- 修改目录 1 样式：单击“样式”→“目录 1”→“修改”命令。把名称修改为“我的目录 1”，格式修改为黑体、小四、加粗，首行无缩进、段后 5.5 磅、多倍行距 1.20。
- 修改目录 2 样式：单击“样式”→“目录 2”→“修改”命令。把名称修改为“我的目录 2”，格式修改为黑体、小四，左侧缩进 2 字符、段后 5.5 磅、多倍行距 1.20。
- 生成目录：单击要插入目录的位置，单击“引用”→“目录”→“自动目录 1”命令即可自动生成目录。

- 目录页独立：在目录的末尾单击“插入”→“分页”命令，就可以把目录页做成独立的。
- 按规定位置插入页码：把光标定位在目录页末尾，单击“页面布局”→“分隔符”→“下一页”命令，单击“插入”→“页码”→“页面底端”→“普通数字 2”选项，然后单击“页眉和页脚工具－设计”选项卡中的“链接到前一条页眉”按钮（让本节页脚与目录页页脚不相同，这样删除目录页页码不影响正文页码），然后单击页码下拉菜单选择“设置页码格式”选项，设置起始页码后删除目录页底端的页码。
- 修改页码格式：打开页脚，对页码进行字体字号（三号）设置。

习　　题

一、选择题

1. 可以在“页面设置”对话框中设置的有（　　）。
   A. 版本　B. 纸张大小　C. 纸张来源　D. 打印机
2. 进行分栏设置是通过（　　）菜单中的“分栏”命令项进行的。
   A. “文件”　B. “编辑”　C. “布局”　D. “工具”
3. 选定一行最方便快捷的方法是（　　）。
   A. 在行首拖动鼠标至行尾　B. 在该行选定栏位置单击
   C. 在行首双击鼠标　D. 在该位置右击
4. 不是 Word 文本的段落对齐方式的是（　　）。
   A. 两端对齐　B. 分散对齐　C. 右对齐　D. 下对齐
5. 在 Word 窗口的工作区中，闪烁的垂直条表示（　　）。
   A. 鼠标位置　B. 插入点　C. 键盘位置　D. 按钮位置
6. “页面设置”对话框由四个部分组成，不属于“页面设置”对话框的是（　　）。
   A. 版面　B. 纸张大小　C. 纸张来源　D. 打印
7. 在打印文档之前可以预览，以下命令中正确的是（　　）。
   A. 选择“文件”菜单中的“打印预览”命令
   B. 单击常用工具栏中的“打印”按钮
   C. 单击常用工具栏中的“打印预览”按钮
   D. A 和 C 都正确
8. 添加脚注和尾注，是通过（　　）选项卡中命令进行的。
   A. “文件”　B. “插入”　C. “布局”　D. “引用”
9. Word 常用工具栏中的“格式刷”可用于复制文本或段落的格式，若要将选中的文本或段落格式重复应用多次，应执行的操作是（　　）。
   A. 单击格式刷　B. 双击格式刷
   C. 右击格式刷　D. 拖动格式刷
10. 在表格里编辑文本时，选择整个一行或一列以后，（　　）就能删除其中的所有文本。
   A. 按空格键　B. 按【Ctrl+Tab】键

C. 单击【Enter】按钮　　D. 按【Delete】键

11. Word 中在文档里查找指定单词或短语的功能是（　　）。

A. 搜索　　B. 局部　　C. 查找　　D. 替换

12. 在 Word 编辑状态下，利用“格式刷”按钮（　　）。

A. 只能复制文本的段落格式

B. 只能复制文本的字号格式

C. 只能复制文本的字体和字号格式

D. 可以复制文本的段落格式和字号格式

13. Word 中当鼠标指针变为右斜箭头时，表明鼠标位于（　　）。

A. 选择条　　B. 工具栏　　C. 状态栏　　D. 文本区

14. 在 Word 中编辑文本时，删除光标右边的一个字符可以按（　　）。

A. 【Backspace】　　B. 【Delete】

C. 【Alt】　　D. 【Ctrl】

15. 用 Word 编辑文档时，插入的图片默认为（　　）。

A. 嵌入型　　B. 四周型　　C. 紧密型　　D. 上下型

16. 段落样式包括（　　）。

A. 字体　　B. 加粗　　C. 行间距、段间距　　D. 红色

17. Word 中不可以在“字体”对话框中进行设置的是（　　）。

A. 文字大小　　B. 文字样式　　C. 文字字体　　D. 文字颜色

18. 在 Word“字体”对话框中，不能设定选中文本的（　　）。

A. 行距　　B. 字符间距　　C. 字形　　D. 字符颜色

19. 在 Word 的编辑状态下，进行字体设置操作后，按新设置的字体显示的文字是（　　）。

A. 插入点所在段落中的文字　　B. 文档中被选定的文字

C. 插入点所在行中的文字　　D. 文档的全部文字

20. 在 Word 中显示和阅读文件最佳的视图方式是（　　）。

A. 普通视图　　B. 联机版式视图　　C. 页面视图　　D. 大纲视图

二、判断题

1. 在 Word 中，按【Enter】键可以添加一个段落。（　　）

A. 正确　　B. 错误

2. 在 Word 中对文档分为多栏，可以在“插入”选项卡下进行。（　　）

A. 正确　　B. 错误

3. 使用“页眉和页脚”对话框，可以插入日期、页数以及页码。（　　）

A. 正确　　B. 错误

4. 用鼠标直接拖动边框来调整列宽时，边框左右两侧的列宽都将发生改变。（　　）

A. 正确　　B. 错误

5. 使用 Word 的格式刷只能复制文字的格式，不能复制段落的格式。（　　）

A. 正确　　B. 错误

6. 使用“插入表格”按钮的方式适合于创建行、列数较多的表格。（　　）

A. 正确　　B. 错误

7. 公式“SUM(LEFT)”，表示要计算左边各列的平均值。(　　)

A. 正确　　B. 错误

8. 在 Word 表格中，只能合并拆分单元格不能合并拆分表格。(　　)

A. 正确　　B. 错误

9. 在 Word 中可为文字、图片、表格设置边框和底纹。(　　)

A. 正确　　B. 错误

10. 要想让 Word 自动生成目录，不用建立大纲索引。(　　)

A. 正确　　B. 错误

模块 4

Excel 2016 电子表格处理

Microsoft Excel 2016 是 Microsoft 公司推出的 Office 办公软件之一，是电子表格处理软件，它可以进行各种数据的处理、统计分析和辅助决策操作，主要应用于有繁重计算任务的会计、预算、账单、销售、计划、跟踪、数据汇总等工作。

本模块主要使用 Microsoft Excel 2016 设计四个任务，通过创建学生成绩表、分析与计算成绩表、制作图表、管理与统计成绩表详细讲解电子表格的制作与设计技巧。

任务 1 创建学生成绩表

任务描述

学期末，辅导员让学习委员小玉利用 Excel 制作本班同学的成绩表，并以“信息技术 1 班考试成绩”为文件名进行保存，具体要求如下：

① 输入学号、姓名及各科成绩。

② 对表格内容进行格式化处理。

制作完成的成绩表如图 4-1 所示。

第1页，共1页　　2023年1月统计

信息技术1班成绩汇总表

学号	性别	姓名	英语	高数	语文	信息技术	编程基础	政治	体育	专业实训
0001	女	李燕	80	78	86	80	85	86	93	中
0002	男	张小光	77	98	56	67	62	63	60	良
0003	男	赵鹏举	96	71	92	70	96	89	85	中
0004	男	张明	84	83	60	96	83	60	50	及格
0005	女	李松洁	70	96	75	98	64	78	73	优
0006	女	王雪	88	87	95	92	97	91	92	及格
0007	男	李艳杰	92	75	76	95	76	87	90	不及格
0008	女	赵囡	90	90	70	62	77	81	70	优
0009	女	王莉莉	85	86	87	80	90	98	89	及格
0010	女	李亚萍	88	91	98	75	86	92	90	良

更新时间：2023/1/3，10：20

图 4-1　效果图

任务分析

本任务的重点是实现不同数据类型的录入，并能实现对单元格格式的设置（包括字体格式、单元格边框、单元格底纹等）、使用条件格式等操作。完成本任务的步骤如下：

- 新建工作簿文件，命名为“信息技术 1 班考试成绩 .xlsx”。
- 利用 Excel 提供的自动填充功能，在 Sheet1 工作表中输入数据（学号、姓名等）。
- 设置“数据验证”对话框，保证输入的数据在指定的范围。
- 在 Sheet1 工作表中输入各科成绩。
- 打开“数据验证”对话框，输入序列数据，完成成绩的输入。
- 设置标题行的单元格格式为“浅蓝，20%- 着色 1”。
- 运用条件格式对 90 分及以上、成绩为“优”的记录进行突出显示。
- 将整个表格套用表格格式：蓝色，表样式中等深浅 9。
- 添加页眉和页脚。
- 重命名工作表。

任务实现

视频

输入和保存学生的基本数据

1. 输入和保存学生的基本数据

（1）创建新工作簿

单击“开始”→“Microsoft Office 2016”→“Excel 2016”命令，启动 Excel 2016，创建空白工作簿。

（2）输入表格的标题及列标题

单击单元格 A1，输入标题“信息技术 1 班成绩汇总表”，然后按【Enter】键，使光标移至单元格 A2 中。在单元格 A2 中输入列标题“学号”，然后按【Tab】键，使单元格 B2 成为活动单元格，并在其中输入标题“性别”，使用相同的方法，在单元格区域 C2:K2 中依次输入标题“姓名”“英语”“高数”“语文”“信息技术”“编程基础”“政治”“体育”和“专业实训”。

（3）输入“学号”列的数据

“学号”列数据的输入以数据的自动填充方式实现。

拖动鼠标选择 A3:A12 单元格区域，在“开始”→“数字”→“数字格式”下拉列表中选择“文本”选项，然后在 A3 单元格输入学号“0001”，如图 4-2 所示。将鼠标指针移至该单元格的右下角，指向填充柄（右下角的黑点），当指针变成黑色十字状时按住鼠标左键向下拖动填充柄。当鼠标指针拖至 A12 单元格位置时释放鼠标，实现 A4:A12 单元格区域创建自动填充，完成后的效果如图 4-3 所示。

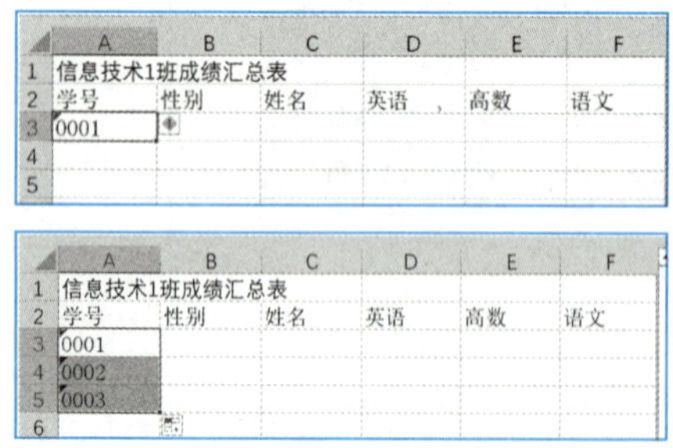

图 4-2　输入学号

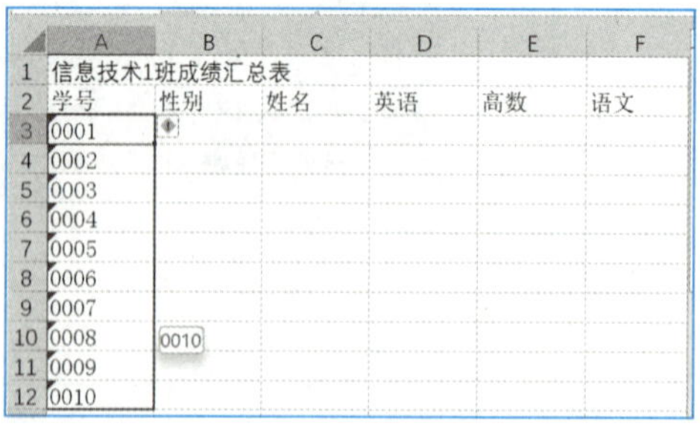

图 4-3　填充效果

（4）输入性别及姓名

选中 B3 单元格，然后按住【Ctrl】键，再依次选中 B7、B8、B10、B11、B12 单元格，如图 4-4 所示。在最后的单元格 B12 中输入“女”，按【Ctrl+Enter】组合键确认，则所有单元格均输入“女”，如图 4-5 所示。依照此方法将性别“男”数据输入，如图 4-6 所示。

	A	B	C	D	E	F
1	信息技术1班成绩汇总表					
2	学号	性别	姓名	英语	高数	语文
3	0001					
4	0002					
5	0003					
6	0004					
7	0005					
8	0006					
9	0007					
10	0008					
11	0009					
12	0010					

图 4-4　选中单元格

	A	B	C	D	E	F
1	信息技术1班成绩汇总表					
2	学号	性别	姓名	英语	高数	语文
3	0001	女				
4	0002					
5	0003					
6	0004					
7	0005	女				
8	0006	女				
9	0007					
10	0008	女				
11	0009	女				
12	0010	女				

图 4-5　输入性别“女”

在单元格 C3:C12 中依次输入学生的姓名，如图 4-7 所示。

	A	B	C	D	E	F
1	信息技术1班成绩汇总表					
2	学号	性别	姓名	英语	高数	语文
3	0001	女				
4	0002	男				
5	0003	男				
6	0004	男				
7	0005	女				
8	0006	女				
9	0007	男				
10	0008	女				
11	0009	女				
12	0010	女				

图 4-6　输入性别“男”

	A	B	C	D	E	F
1	信息技术1班成绩汇总表					
2	学号	性别	姓名	英语	高数	语文
3	0001	女	李燕			
4	0002	男	张小光			
5	0003	男	赵鹏举			
6	0004	男	张明			
7	0005	女	季松洁			
8	0006	女	王雪			
9	0007	男	李艳杰			
10	0008	女	赵囡			
11	0009	女	王莉莉			
12	0010	女	李亚萍			

图 4-7　输入姓名

（5）输入各科课程成绩

在输入课程成绩前，为单元格设置数据验证，可保证输入的数据在指定的范围内，从而减少出错率，输入的数据一旦越界，就可以及时发现并改正。

选中 D3:J12 单元格区域，单击“数据”选项卡，单击“数据工具”选项组中的“数据验证”按钮，打开“数据验证”对话框。在“设置”选项卡中，将“允许”下拉列表框设置为“整数”，将“数据”下拉列表框设置为“介于”，在“最小值”和“最大值”文本框中分别输入数字 0 和 100，如图 4-8 所示。

切换到“输入信息”选项卡，在“标题”文本框中输入“注意”，在“输入信息”文本框中输入“请输入 0-100 之间的整数”文本。

切换到“出错警告”选项卡，在“标题”文本框中输入“出错”文本，在“错误信息”文本框中输入“输入的数据不在正确的范围，请重新输入”文本，完成后单击“确定”按钮。

在单元格区域 D3:J12 中依次输入学生课程成绩。如果不小心输入了错误数据，会弹出如图 4-9 所示的提示对话框。单击“取消”按钮，可以在单元格中重新输入正确的数据。

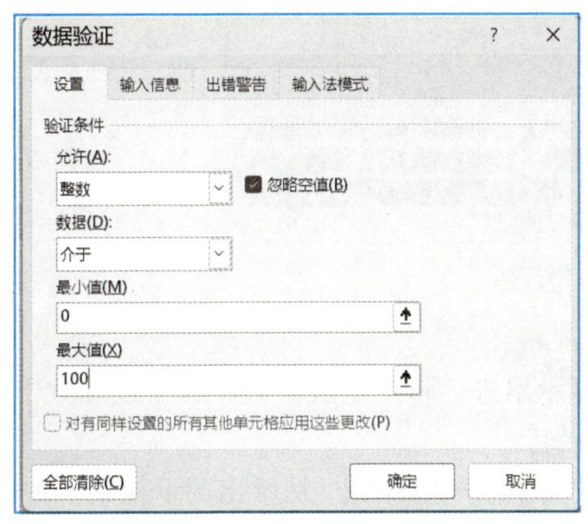

图 4-8　“数据验证”对话框

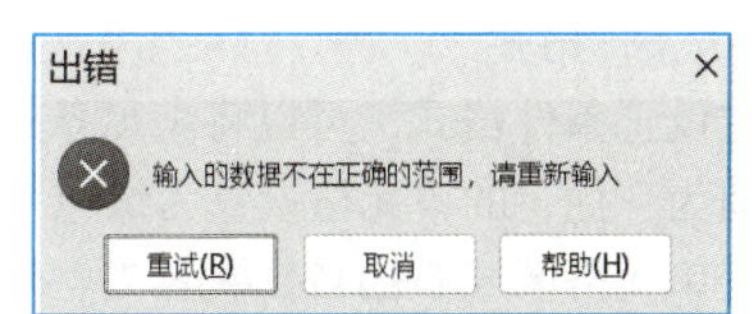

图 4-9　出错提示

实训成绩只能是“优”“良”“中”“及格”和“不及格”的某一项，因此可将其制作成有效序列，输入数据时，只需从中选择即可。

选定单元格区域 K3:Kl2，打开“数据验证”对话框。切换到“设置”选项卡，将 “允许”下拉列表框设置为“序列”，在“来源”文本框中输入构成序列的值“优 , 良 , 中 , 及格 , 不及格”。注意，序列中的逗号需要在英文状态下输入。

单击单元格区域 K3:Kl2 中的任意单元格，其右侧均会显示一个下拉按钮，单击该按钮会弹出含有自定义序列的列表，使用列表中的选项依次输入学生的实训成绩。

数据输入完成后的结果如图 4-10 所示。

J	K
体育	专业实训
93	中
	优
	良
	中
	及格
	不及格
92	
90	
70	
89	
90	

信息技术1班成绩汇总表

学号	性别	姓名	英语	高数	语文	信息技术	编程基础	政治	体育	专业实训
0001	女	李燕	80	78	86	80	85	86	93	中
0002	男	张小光	77	98	56	67	62	63	60	良
0003	男	赵鹏举	96	71	92	70	96	89	85	中
0004	男	张明	84	83	60	96	83	60	50	及格
0005	女	季松洁	70	96	75	98	64	78	73	优
0006	女	王雪	88	87	95	92	97	91	92	及格
0007	男	李艳杰	92	75	76	95	76	87	90	不及格
0008	女	赵园	90	90	70	62	77	81	70	优
0009	女	王莉莉	85	86	87	80	90	98	89	及格
0010	女	李亚萍	88	91	98	75	86	92	90	良

图 4-10　完成后效果

2. 设置单元格的格式

（1）特殊单元格格式

视 频
设置单元格的格式

选定单元格区域 A1:K1，切换到“开始”选项卡，单击“对齐方式”选项组中的“合并后居中”按钮，使标题行居中显示。继续选定标题行单元格，在“字体”选项组中单击“对话框启动器”按钮打开“设置单元格格式”对话框，在“字体”选项卡中选择“华文新魏”，字号设置为“20”，并单击“加粗”按钮，标题行设置完成。

选定单元格区域 A2 :K2，在“样式”选项组中单击“单元格样式”按钮，选择单元格格式“蓝色，着色 1”，如图 4-11 所示，单击“对齐方式”选项组中的“居中”按钮，完成列标题的格式设置。

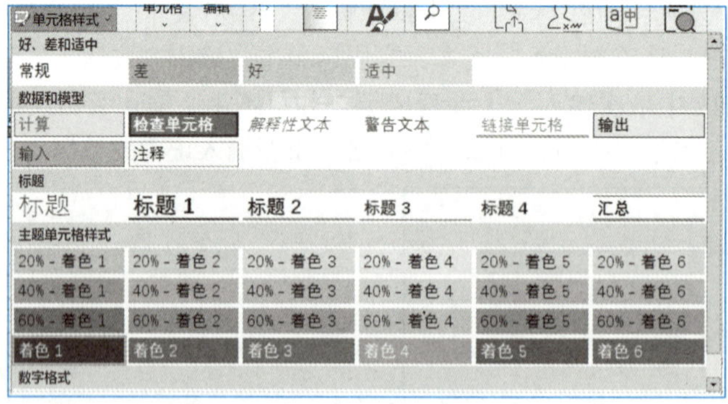

图 4-11　单元格样式

（2）条件格式

通过设置条件格式，可以将满足条件的数据单独显示出来。将学生成绩表中数字成绩大于 90 分和实训成绩为“优”的单元格设置为绿色字体、加粗、倾斜。

选定单元格区域 D3:J12，单击“样式”选项组中的“条件格式”按钮，从弹出的下拉菜单中选择“新建规则”命令，打开“新建格式规则”对话框。

选择“选择规则类型”列表框中的“只为包含以下内容的单元格设置格式”选项，将“编辑规则说明”组中的条件下拉列表框设置为“大于或等于”，并在后面的数据框中输入数字“90”，如图 4-12 所示。单击“格式”按钮，打开“设置单元格格式”对话框。在“字体”选项卡中，选择“字形”组合框中的“加粗倾斜”选项，将“颜色”下拉列表框中设置为“标准色”组中的“绿色”选项，如图 4-13 所示。

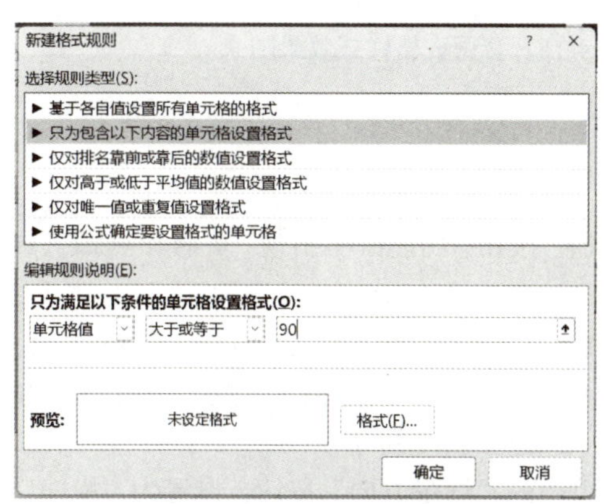

图 4-12　“新建格式规则”对话框

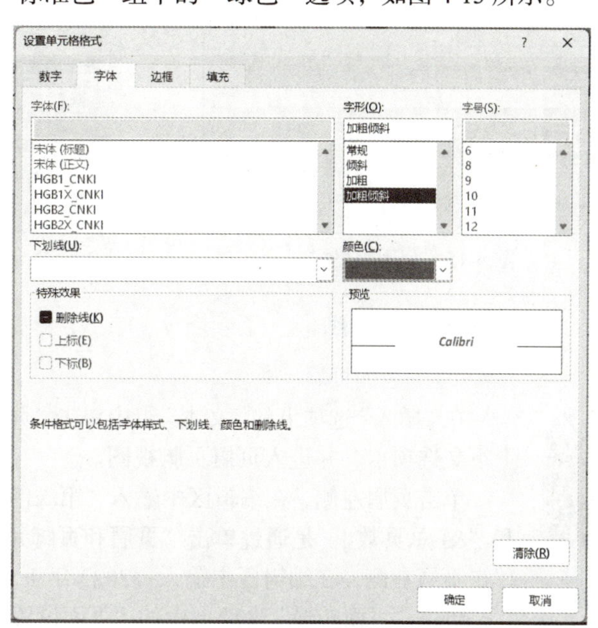

图 4-13　“设置单元格格式”对话框

依照此种方法，选中单元格区域 K3:K12，再次打开“新建格式规则”对话框，参照上述步骤完成对实训成绩的条件格式设置。最终的效果如图 4-14 所示。

	A	B	C	D	E	F	G	H	I	J	K
1	信息技术1班成绩汇总表										
2	学号	性别	姓名	英语	高数	语文	信息技术	编程基础	政治	体育	专业实训
3	0001	女	李燕	80	78	86	80	85	86	*93*	中
4	0002	男	张小光	77	*98*	56	67	62	63	60	良
5	0003	男	赵鹏举	*96*	71	*92*	70	*96*	89	85	中
6	0004	男	张明	84	83	60	*96*	83	60	50	及格
7	0005	女	季松洁	70	*96*	75	*98*	64	78	73	*优*
8	0006	女	王雪	88	87	*95*	*92*	*97*	*91*	*92*	及格
9	0007	男	李艳杰	*92*	75	76	*95*	76	87	*90*	不及格
10	0008	女	赵囡	*90*	*90*	70	62	77	81	70	*优*
11	0009	女	王莉莉	85	86	87	80	*90*	*98*	89	及格
12	0010	女	李亚萍	88	*91*	*98*	75	86	*92*	*90*	良

图 4-14　条件格式效果图

（3）套用表格格式

套用表格格式功能可以直接调用系统中已设置好的表格格式，这样不仅可以提高工作效率，还可保证表格格式的美观。

选择需要套用表格格式的单元格区域 A2:K12，在“样式”选项组中单击“套用表格格式”按钮，在打开的下拉列表中选择一种表格样式选项：蓝色，表样式中等深浅 9，如图 4-15 所示，弹出“创建表”对话框，“表包含标题”前打√，单击“确定”按钮。

套用表格格式后，将激活“表格工具 - 设计”选项卡，在其中可重新设置表格样式和表格样式选项。另外，在“表格工具 - 设计”/“工具”组中单击“转换为区域”按钮，可将套用的表格格式转换为区域，即转换为普通的单元格区域，转换后的效果如图 4-16 所示。

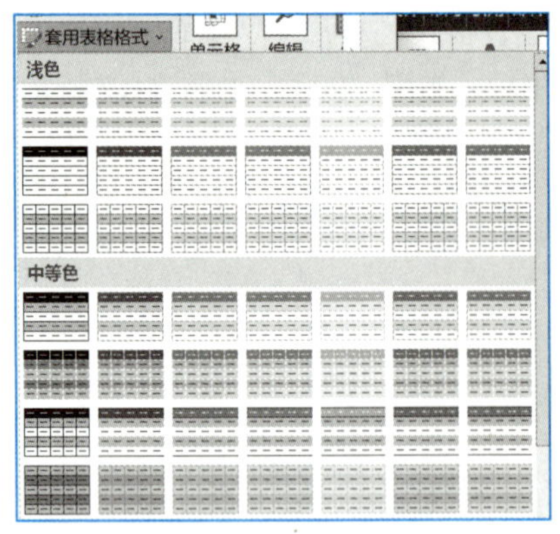

图 4-15　套用表格样式

	A	B	C	D	E	F	G	H	I	J	K
1	信息技术1班成绩汇总表										
2	学号	性别	姓名	英语	高数	语文	信息技术	编程基础	政治	体育	专业实训
3	0001	女	李燕	80	78	86	80	85	86	93	中
4	0002	男	张小光	77	98	56	67	62	63	60	良
5	0003	男	赵鹏举	96	71	92	79	96	89	85	中
6	0004	男	张明	84	83	60	96	83	60	50	及格
7	0005	女	季松洁	70	96	75	98	64	78	73	优
8	0006	女	王雪	88	87	95	92	97	91	92	及格
9	0007	男	李艳杰	92	75	76	95	76	87	90	不及格
10	0008	女	赵囡	90	90	70	62	77	81	70	优
11	0009	女	王莉莉	85	86	87	80	90	98	89	及格
12	0010	女	李亚萍	88	91	98	75	86	92	90	良

图 4-16　套用表格样式效果图

3. 添加页眉和页脚

（1）添加页眉

视频　添加页眉和页脚

在“插入”选项卡的“文本”组中单击“页眉和页脚”按钮，功能区将出现“页眉和页脚工具”上下文选项卡，并进入页眉页脚视图。

单击页眉左侧，在编辑区中输入“第 &[页码] 页，共 &[总页数] 页”，其中，“&[页码]”和“&[总页数]”是通过单击“页眉和页脚元素”组中的“页码”按钮和“页数”按钮插入的；单击页眉右侧，在编辑区中输入“2023 年 1 月统计”，如图 4-17 所示。

单击“页面布局”选项卡中的“页面设置”选项组中的“纸张方向”按钮，设置为“横向”，如图 4-18 所示。

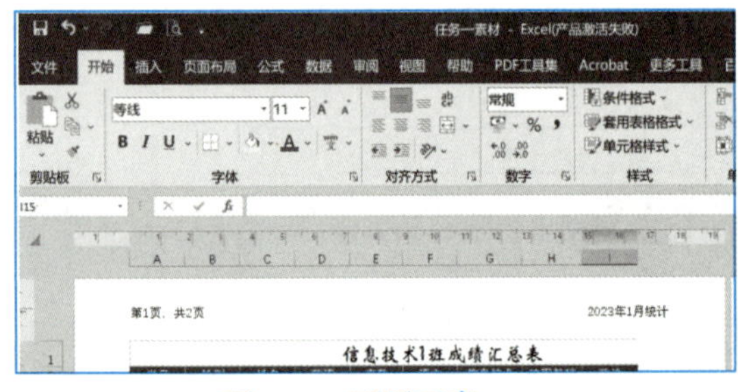

图 4-17　页眉元素

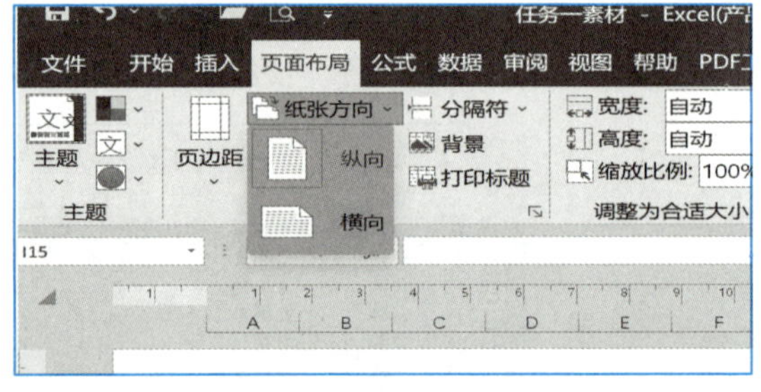

图 4-18　设置纸张方向

（2）添加页脚

与插入页眉的方法相同，在“页眉和页脚工具 - 设计”选项卡中的“导航”选项组中单击“转至页脚”按钮，即可进行页脚的添加。

在页脚的中间编辑区输入“更新时间：&[日期]&[时间]”，其中，“&[日期]”和“&[时间]”是通过单击“页眉和页脚元素”组中的“当前日期”按钮和“当前时间”按钮插入的，如图 4-19 所示。

（3）退出页眉页脚视图

在“视图”选项卡中的“工作簿”选项组中单击“普通”按钮，即可从页眉页脚视图切换到普通视图。

4. 重命名工作表

双击工作表标签“Sheet1”，在突出显示的标签中输入新的名称“信息技术 1 班成绩汇总表”，然后按【Enter】键，完成工作表的重命名。最后，按【Ctrl+S】组合键，将工作簿再次保存，此项任务完成。

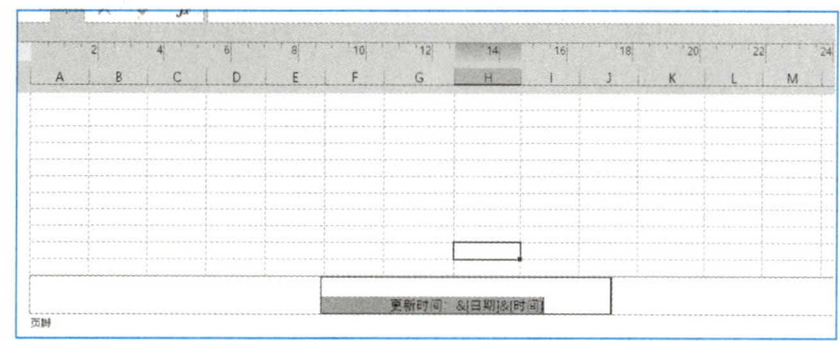

图 4-19　设置页脚

相关知识

1. Excel 2016 软件启动

选择“开始”→“所有程序”→ Microsoft Office → Microsoft Excel 2016 命令，即可启动 Excel 2016。此外，双击桌面 Excel 2016 快捷图标或 Excel 2016 工作簿，也可快速启动 Excel 2016。启动后的 Excel 2016 界面如图 4-20 所示。

2. Excel 2016 的窗口结构

Excel 2016 的窗口结构与 Word 2016 基本相同，也是由标题栏、功能区、工作区、状态栏等组成，不同的是，在 Excel 2016 的窗口结构中有一个编辑栏，而且工作区是一张二维表格。

（1）编辑栏

Excel 2016 的编辑栏是特有的，由名称框、“插入函数”按钮 fx 和编辑栏组成。其中名称框用于显示活动单元格的地址，“插入函数”按钮用于活动单元格的函数输入，编辑栏的编辑区是用于显示和编辑活动单元格的数据和公式。当向单元格输入数据或单击 fx 按钮时，编辑栏中间将增加另外两个按钮 ✕ ✓，称为工具按钮，其中 ✓ 按钮表示确认输入内容，✕ 按钮表示取消对单元格的内容输入或修改，退出编辑。

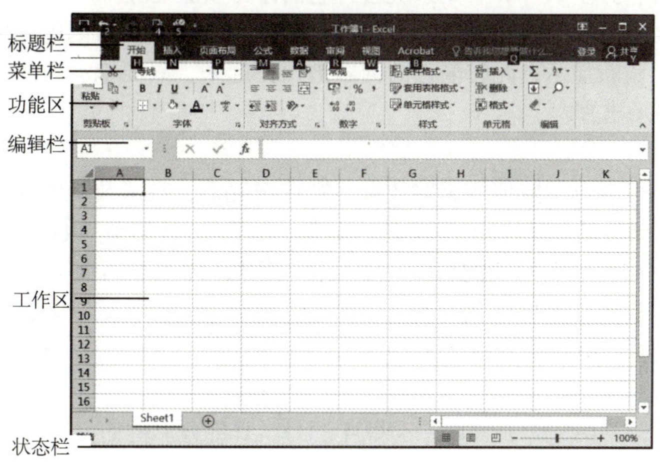

图 4-20　Excel 2016 工作界面

（2）工作区

编辑栏下方是工作表区域，其中，名称框下面灰色的小方块是“全选按钮”，单击它可以选中当前工作表的全部单元格。全选按钮右边的 A，B，…，AA，AB，…，IV 是列标题，共有 256 列，单击列标题可以选中相应的列。“全选”按钮下面的 1，2，3，…是行标题，由上而下分别是 1 ～ 65 536 列；

单击行标题可以选中相应的行。中间最大的区域就是Excel 2016的工作区，也就是显示表格内容的地方。

（3）工作簿、工作表和单元格

Excel 2016创建或处理的文件叫作“工作簿”，其扩展名为.xlsx。一个工作簿默认只有Sheet1工作表。工作表可以根据操作需要进行添加或删除，但最多只能添加到255张工作表，单击某个表的名字，就可以“激活”这张工作表，使它成为活动工作表。四个带箭头的按钮是标签滚动按钮，当工作表比较多时，用标签滚动按钮可改变标签的显示。

单元格是工作表中的每一个矩形框，是Excel的最小组成单位，它是基本的“存储单元”，可输入或编辑基本数据，如字符串、数据、公式、图形或声音等。每一个单元格都有固定的地址，由单元格的列、行编号并列在一起表示，例如，A1表示第1列与第1行交叉处的单元格。

3. 建立工作簿

工作簿的创建可以通过先启动Excel 2016软件，然后在打开的窗口中建立新的空白工作簿、模板工作簿和打开现有工作簿等，另外空白工作簿也可以通过右击快捷菜单建立。

4. 数据的输入

数据一般有文本、数值、日期、时间等类型，一般地，离散数据通常从键盘直接输入，方法是：先单击工作表标签，使它成为当前工作表，并单击待输入数据的单元格使之成为活动单元格，便可输入数据，但此时由键盘输入的数据只是显示在活动单元格中，要真正将数据输入到活动单元格，按【Enter】键（确认输入内容且活动单元格下移）、【Tab】键（确认输入内容且活动单元格右移）或单击编辑栏的“√”按钮（只确认输入内容活动单元格不移动）即可。若按【Esc】键或单击编辑栏中的“×”按钮则取消本次操作。

（1）文本的输入

文本有非数字型文本和数字型文本两种，非数字型文本的输入和Word 2016向文档中输入文字一样。

数字型文本是指由数组成的，但又没有数的功能的数据（如电话号码、学号）。数字型文本的输入，要在数字前加英文标点单引号“'”，否则系统会将它们作为数值处理。

默认情况下文本在单元格中自动左对齐，若输入数据太长时，而右侧单元格无内容时，则扩展覆盖右侧单元格，否则，截断显示，此时输入的内容被保护起来，只要拖动列分隔线改变单元格的列宽就可以将隐藏的数据显示出来。

（2）数值的输入

数值类型的数据是可以进行数值运算的数据，默认情况下，数值数据中的整数和小数可以像非数字型文本一样直接输入到活动单元格中，如果输入分数，为了和“日期型”数据区别，应先输入0和空格，再输入分数。例如，输入“0 1/4”可得到1/4。如果输入的数值带格式（如￥5.40、35%、100.00），则右击该单元格，选择“设置单元格格式”命令，弹出“设置单元格格式”对话框，设置数值的格式后再输入，输入的数值在单元格中右对齐。

（3）日期和时间的输入

输入日期和时间时，要用“/”或“—”分隔年、月、日部分。例如，2020/6/10、2020—6—10。时间的格式是hh:mm:ss（am/pm），例如，10:30:00am。也可以同时输入日期和时间，但必须在日期和时间之间加一个空格，如2020/6/10 10:30:00am。输入的日期和时间在单元格中右对齐。

5. 数据的填充输入

如果要输入的是有规律的数据，可利用Excel 2016提供的自动填充功能快速输入，不必从键盘一一输入，一般可自动填充的有以下几种数据：

（1）填充相同的数据

在输入第一个数据后，移动鼠标指针到单元格右下角的黑方块（即填充柄）处，当指针变成小黑十字形状时，按住鼠标左键，拖拉填充柄经过目标区域，到达目标区域后释放鼠标，自动填充完毕，此时就在一组连续单元格中填充了相同的数据。如果需要填充递增的数据，则应在填充的同时按住【Ctrl】键。也可以选定要输入相同数据的多个单元格（不连续也可以），输入数据然后按【Ctrl+Enter】组合键，即可在多个连续或不连续单元格中同时输入相同的数据。

（2）填充序列数据

序列数据包括非内置序列数据和内置序列数据两种。非内置序列数据的（如等差序列和等比序列）填充方法是：选中两个已输入数据的单元格，移动鼠标指针到单元格右下角的黑方块即填充柄处，当指针变成小黑十字形状时，按住鼠标左键往下拖拉，如图 4-21 所示，系统将根据两个单元格的类型（默认的类型是等差序列）在拖拉过的单元格内依次填充有规律的数据，如图 4-22 所示。

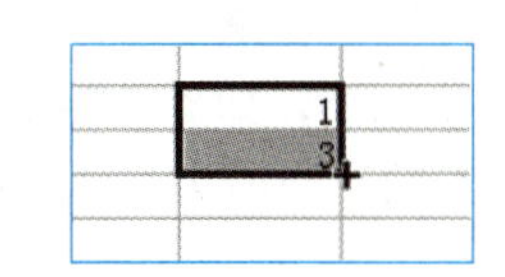

图 4-21　填充序列数据示意图

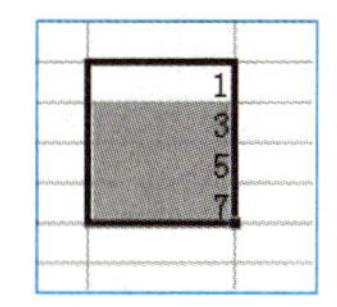

图 4-22　序列数据填充结果

或者单击“开始”→“编辑”→“填充”→“系列”按钮，在弹出的“序列”对话框中进行有相关序列选项的选择，也可实现序列数据的填充。

内置序列数据的（如星期等）填充方法是：选中一个已输入数据的单元格，移动鼠标指针到单元格右下角的填充柄处，当指针变成小黑十字形状时，按住鼠标左键拖拉即可将序列填充在拖拉过的单元格内。

（3）填充自定义序列数据

除了等差序列和等比序列，一些常用的非内置序列数据（如 A，B，…）可以先自定义再填充，方法是：选中已输入序列的单元格区域，然后单击“文件”→“选项”按钮，弹出“Excel 选项”对话框，并切换到“高级”选项中，在“常规”下面单击“编辑自定义列表”按钮，弹出“自定义序列”对话框，单击“导入”按钮即可，如图 4-23 所示。也可以在“自定义序列”对话框的“输入序列”中输入新序列的项目，各项目之间用半角逗号分隔，也可输入一个项目后按【Enter】键，然后单击“添加”按钮，将输入的序列保存起来。建立自定义序列后，在单元格中输入序列中任何一个值，即可用拖动填充柄的方法完成序列中其他数据元素的循环输入。

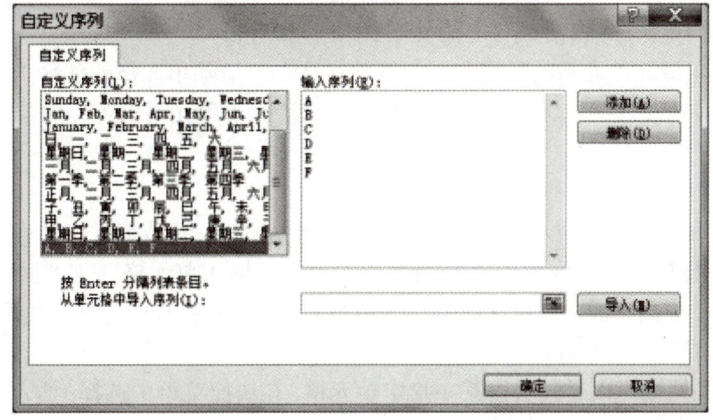

图 4-23　“自定义序列”对话框

6. 数据的编辑

输入的数据可以根据需要进行修改、移动、复制、删除和清除等编辑处理。

（1）修改单元格数据

修改单元格中的数据有两种情形，一是全部修改单元格中的数据，通常采用的方法是：选定单元格后直接输入新数据，二是部分修改单元格中的数据。通常采用的方法是：先双击所要修改的单元格，然后选定其中要修改的内容并输入新数据；也可以选中要修改数据的单元格后，在编辑栏中修改。修改完毕后按【Enter】键或单击“√”按钮确认，单击“×”按钮或按【Esc】键可放弃修改。

（2）移动和复制单元格数据

移动和复制单元格中的数据是数据编辑常用操作，通常方法是：单击“开始”→“剪贴板”→“剪切”（或复制）与“粘贴”按钮来移动或复制数据。移动和复制单元格中的数据既可以在同一张工作表中进行，也可以在不同工作表间进行。当单元格数据移动或复制到新的位置时，将覆盖新位置上的内容和格式。

数据移动和复制也可用鼠标操作，方法是：移动单元格数据时，移动鼠标指针到单元格四周边框上，当鼠标指针变成向左的空心箭头时，按下鼠标左键拖放到另一单元格，如图 4-24 所示；复制单元格数据时，移动鼠标指针到单元格四周边框上，当鼠标指针变成向左的空心箭头时，按住【Ctrl】键和鼠标左键拖放到另一单元格即可，如图 4-25 所示。

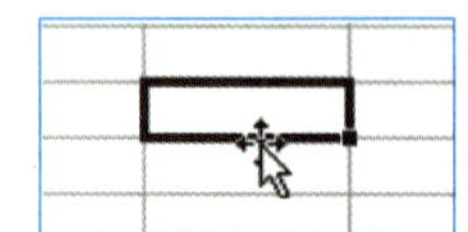

图 4-24　移动时鼠标指针的形状

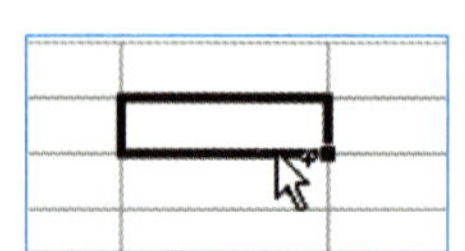

图 4-25　复制时鼠标指针的形状

如果用户仅想复制单元格的部分信息，例如，只复制数值，而不包括公式、格式等信息，则可以通过“选择性粘贴”命令实现特殊的移动和复制操作。方法是：复制数据后，单击“粘贴”下拉按钮，选择“选择性粘贴”选项，弹出“选择性粘贴”对话框，如图 4-26 所示，在其中选择要粘贴的项目就可复制单元格中的部分信息。

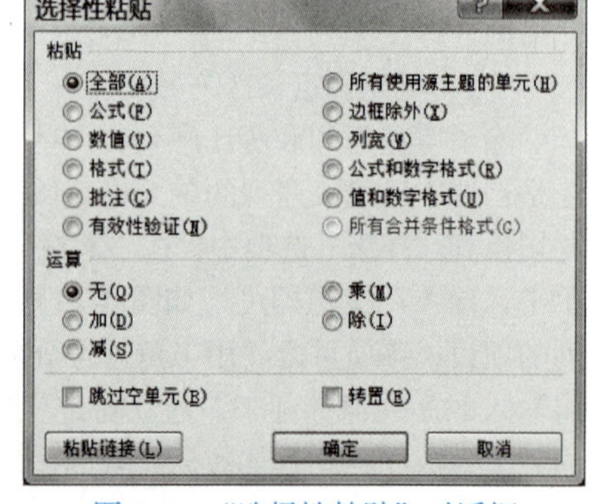

图 4-26　“选择性粘贴”对话框

（3）单元格数据的清除

单元格数据可以全部清除，也可以有选择地清除，方法是：选中要清除数据的单元格，然后单击“开始”→“编辑”→“清除”下拉按钮，在弹出的下拉列表框中选择“全部清除”（清除单元格的所有信息）、“清除格式”（清除单元格的所有格式）、“清除内容”（清除单元格的数据）、“清除批注”（清除单元格的注释）、“清除链接”（清除单元格的链接）。如果选定单元格后按【Delete】键仅清除了单元格内容，而公式、格式等信息仍存储在该单元格中。

（4）插入和删除单元格、行和列

插入单元格、行和列：选定插入新位置（可以是某个单元格、行或列），然后单击“开始”→“单元格”→“插入”下拉按钮，在弹出的下拉列表框中单击“插入单元格”（“插入工作表行”或“插入工作表列”）按钮，弹出“插入”对话框（见图 4-27），选择一种插入方式，然后单击“确定”按钮。操作中插入的空行（或列）数与选定的行（或列）数相同。

插入单元格、行和列也可以通过右击某一指定单元格，在快捷菜单中选择“插入”命令，在弹出的“插入”对话框中选择单元格、行和列的插入。

删除单元格、行和列：选定要删除的单元格、行和列，然后单击“开始”→“单元格”→“删除”下拉按钮，在弹出的下拉列表框中单击“删除单元格”（“删除工作表行”或“删除工作表列”）按钮，弹出“删除”对话框，如图 4-28 所示，选择一种删除方式，然后单击“确定”按钮。

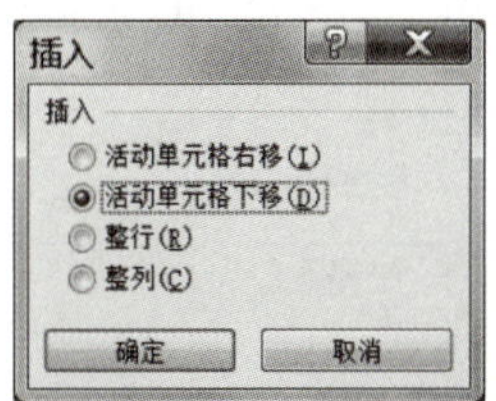

图 4-27 “插入”对话框

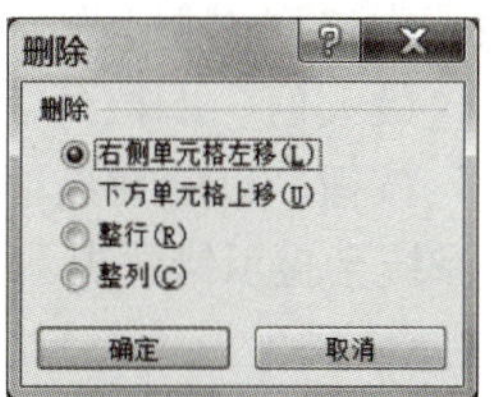

图 4-28 “删除”对话框

7. 工作表的格式化

与 Word 文档处理一样，经过数据的输入和编辑确保了工作表数据准确性后，接下来的工作就是格式化工作表，使工作表更美观、规范。一般地，工作表格式化主要包括设置单元格格式、调整工作表的行高和列宽、设置条件格式等。

（1）设置单元格格式

通常设置单元格格式的方法是：选定要格式化的单元格，然后单击“开始”→“字体”（或“数字”“对齐”）组中的选项进行格式设置。也可以单击“字体”（或“数字”“对齐”）对话框启动按钮，弹出“设置单元格格式”对话框，进行格式设置。或右击单元格，选择快捷菜单中的“设置单元格格式”命令，弹出“设置单元格格式”对话框进行格式设置。

（2）调整工作表的行高和列宽

调整工作表的行高和列宽，通常方法是：将鼠标指针指向工作表中需要改变宽度的行号或列号的分隔线上，待光标变成双向箭头时，拖动双向箭头即可改变行高或列宽。或者单击“开始”→“单元格”→“格式”下拉按钮，在弹出的下拉列表框中选择“行高”或“列宽”命令，在弹出的对话框中输入列宽或行高的值，然后，单击“确定”按钮就可以更精细地调整行高和列宽。

（3）设置条件格式

设置条件格式是为不同数据设定不同格式的一种格式设置方式，它可以使数据在满足不同条件时显示不同的格式。设置条件格式的通常方法是：单击“开始”→“样式”→“条件格式”下拉按钮，在弹出的下拉列表框中单击“新建规则”按钮，弹出“新建格式规则”对话框，选择其中的规则选项为符合条件的数据设置条件格式，以突出显示相应的数据。

（4）设置边框和底纹

设置边框和底纹的方法是：选定所有数据区域，单击“开始”→“字体”→“边框”下拉按钮，然后选择“其他边框”，打开“设置单元格格式”对话框，选择“边框”选项卡，并在“线条样式”中选择线条样式，在“颜色”下拉列表框中选择颜色，然后单击“预置”中的“外边框”图标；重新在“线条样式”中选择线条样式，在“颜色”下拉列表框中选择颜色，然后单击“预置”中的“内部”图标；单击“确定”按钮。则为所有数据区域添加外框和内分隔线。然后打开“设置单元格格式”对话框，选择“填充”选项卡，并在“背景色”中选择颜色。

8. 数据验证输入和工作表的快速格式化

（1）数据验证输入

为了保证输入数据的正确性，Excel 提供了一种验证输入。例如，在输入学生成绩时，输入的分数应大于或等于 0 并且小于或等于 100，否则显示错误提示，这就需要进行有验证输入设置。首先选定输入区域，单击“数据”→“数据工具”→“数据验证”按钮，弹出“数据验证”对话框，如图 4-29 所示，在其中选择“设置”选项卡，在验证条件的“允许”下拉列表框中选定“小数”，在“数据”下拉列表框中选定“介于”，在“最小值”下拉列表框中输入 0，在“最大值”下拉列表框中输入 100，设置完成后单击“确定”按钮。以后在该单元格输入的成绩小于 0 或大于 100 时，系统会显示错误提示。

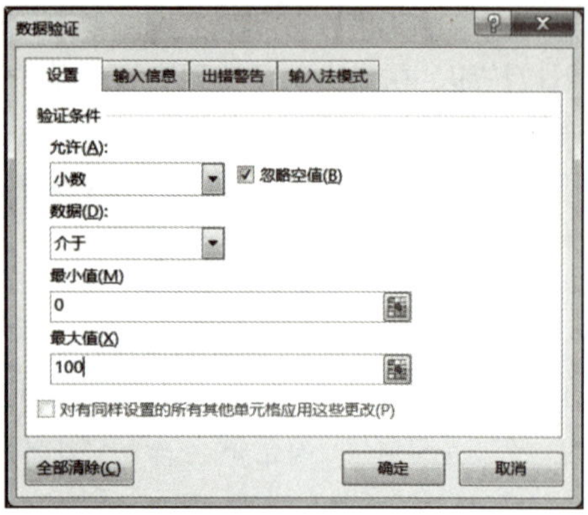

图 4-29 “数据验证”对话框

（2）工作表的快速格式化

与 Word 文档内置有格式模板一样，Excel 2016 也内置有大量的已经格式化的单元格样式和表格格式，操作中可根据实际需要直接套用。

① 套用单元格样式。

套用内置的单元格样式，通常的方法是：选中要进行格式设置的单元格区域，然后单击“开始”→“样式”→“单元格样式”下拉按钮，在弹出下拉列表框中选择需要的单元格样式即可。在“单元格样式”下拉列表框中，除了提供可供套用的单元格样式外，还提供了新建和合并样式的功能。

“新建单元格样式”选项用于建立内置的单元格样式之外的新样式，方法是：单击“开始”→“样式”→“单元格样式”下拉按钮，在弹出的下拉列表框中单击“新建单元格样式”按钮，弹出“样式”对话框，即可设置新样式，如图 4-30 所示。

合并样式选项用于工作簿之间新建样式相互套用，通常情况下，在一个工作簿中新建的样式只能在该工作簿中调用，如果要在其他工作簿中调用，先通过“合并样式”选项将新样式合并到新工作簿后才能套用，方法是：同时打开保存了新样式的工作簿和要套用新样式的工作簿，然后在要套用新样式工作簿的窗口中单击“开始”→“样式”→“单元格样式”下拉按钮，在弹出的下拉列表框中单击“合并样式”按钮，弹出“合并样式”对话框，然后选择“工作簿 1”并单击“确定”按钮即可，如图 4-31 所示。

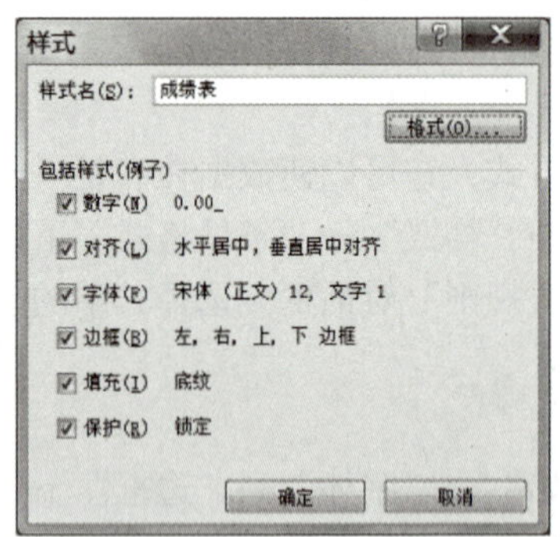

图 4-30 “样式”对话框

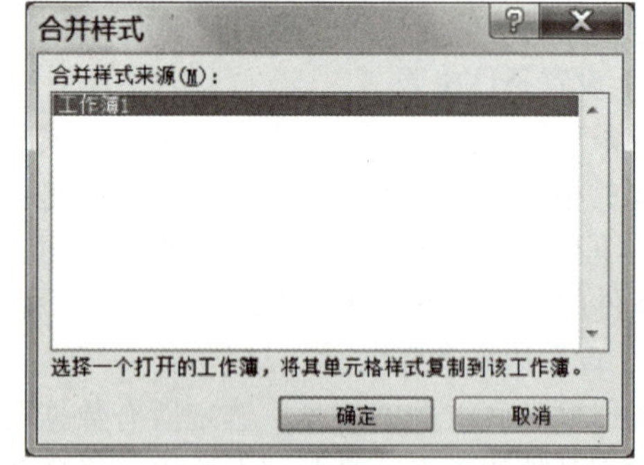

图 4-31 “合并样式”对话框

② 套用表格格式。

Excel 2016 不仅内置有很多已经格式化的单元格样式，而且也内置有很多已经格式化的表格样式，套用内置表格样式的方法是：选中数据区域中任意一个单元格，然后单击“开始”→“样式”→“套用表格格式”下拉按钮，在弹出的下拉列表框中选择需要的表格样式即可。在“套用表格格式”下拉列表框中除了提供可供套用的表格格式外，还有新建表样式和新建数据透视表样式选项。

新建表样式选项用于建立新的表格样式，方法是：单击“开始”→“样式”→“套用表格格式”下拉按钮，在弹出的下拉列表框中单击“新建表样式”按钮，弹出“新建表样式”对话框，即可设置新表格样式，如图 4-32 所示。

拓展训练

制作如图 4-33 所示的“学生课程成绩表”，要求：工作表中字体设置为宋体、18 磅，不及格的科目成绩用“红色”显示，数值数据保留整数，非数字数据蓝色显示，所有数据水平垂直居中，并将 A1:F1 单元格区域合并后居中，A9:F9 单元格区域合并后右对齐，添加粗实线蓝色外框和细实线黑色内分隔线以及浅绿色底纹，并调整行高和列宽。

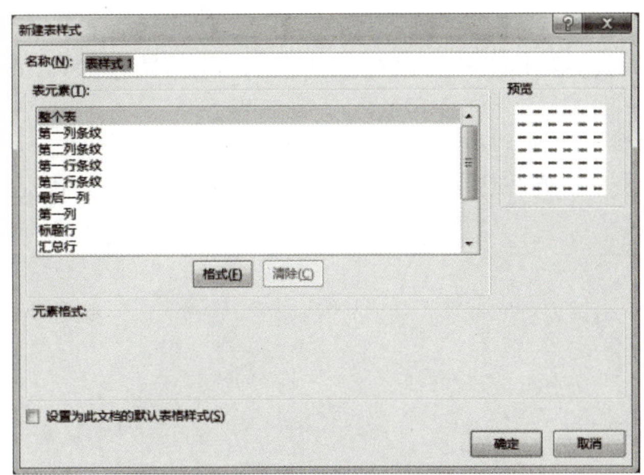

图 4-32　“新建表快速样式”对话框

学生课程成绩表					
学号	系名	姓名	计算机	高数	英语
0010901	信息学院	蔡路	90	91	58
0010902	信息学院	张洪	90	91	82
0010903	电子学院	郑波	90	91	85
0010904	动力学院	梁玲	90	78	65
0010905	动力学院	周琳	63	66	43
0010906	电子学院	林杰	80	70	75
					2020/6/10 10:30

图 4-33　学生课程成绩表

任务 2　分析与计算成绩表

任务描述

小王将整理好的 Excel 工作簿文件“信息技术 1 班成绩表”发送给了辅导员，辅导员收到文件后，经过技术分析，对工作表中的数据进行统计分析。统计总分、平均分以及各科的最高分、最低分、各科的优秀率、男女生人数及男女生平均分。根据总评成绩完成了学生的综合排名，并根据文件确定了班内的三好、标兵、参评及评优资格名单，结果如图 4-34 所示。

信息技术1班成绩汇总表																		
学号	性别	姓名	英语	高数	语文	信息技术	编程基础	政治	体育	专业实训	实训成绩转换	总分	平均分	排名	三好	标兵	参评	评优
0001	女	李燕	80	78	86	80	85	86	93	中	70.00	658.00	82.25	5	三好	体育标兵	参评	无资格
0002	男	张小光	77	98	56	67	62	63	60	良	80.00	563.00	70.38	10		高数标兵	参评	无资格
0003	男	赵鹏举	96	71	92	70	96	89	85	中	70.00	669.00	83.63	4	三好	英语标兵	参评	评优资格
0004	男	张明	84	83	60	96	83	60	50	及格	60.00	576.00	72.00	9			不参评	评优资格
0005	女	季松洁	70	96	75	98	64	78	73	优	90.00	644.00	80.50	6	三好	信息技术标兵	参评	评优资格
0006	女	王雪	88	87	95	92	97	91	92	及格	60.00	702.00	87.75	1	三好	编程基础标兵	参评	评优资格
0007	男	李艳杰	92	75	76	95	76	87	90	不及格	50.00	641.00	80.13	7	三好		参评	评优资格
0008	女	赵国	90	90	70	62	77	81	70	优	90.00	630.00	78.75	8	三好		参评	评优资格
0009	女	王莉莉	85	86	87	80	90	98	89	及格	60.00	675.00	84.38	3	三好	政治标兵	参评	无资格
0010	女	李亚萍	88	91	98	75	86	92	90	良	80.00	700.00	87.50	2	三好	语文标兵	参评	无资格
最高分			96	98	98	98	97	98	93		90	702	87.75					
最低分			70	71	56	62	62	60	50		50	563	70.375					
优秀率			30%	40%	30%	40%	30%	30%	40%		20%	80%	0%					
男生人数	4																	
女生人数	6																	
男生平均分	76.53																	
女生平均分	83.52																	

图 4-34　效果图

任务分析

- 利用 IF 嵌套函数将实训转换为分数，并算出总分及平均分。
- 利用 MAX、MIN 函数计算各科的最高分、最低分。
- 利用 COUNTIF 函数计算出各科的优秀率。优秀率为各单科 90 分以上人数的百分比。
- 利用 COUNTIF 函数统计男女生人数，利用 AVERAGEIF 函数统计男女生平均分。
- 利用 RANK 函数进行排名。
- 利用 IF 函数及 IF 函数嵌套 MAX 函数统计三好和标兵。总分在 600 分及以上的显示三好，否则为普通。标兵为各科成绩的最高分。
- 利用 IF 函数嵌套 AND 及 OR 函数计算参评和评优资格。参评：体育、政治成绩均在 60 分及以上的显示参评，否则显示不参评。评优资格：英语或信息技术在 90 分及以上的，显示评优资格，否则无资格。
- 设置单元格的格式。

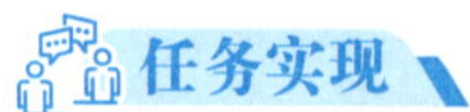

任务实现

1. 计算考试成绩的总分及平均分

视频

计算考试成绩的总分及平均分

首先借助于函数将实训成绩由成绩档次转换为百分制，然后使用函数计算平均分、总分。

（1）复制原始数据

打开文件“信息技术 1 班成绩表”，双击工作表标签“信息技术 1 班成绩汇总表”，将其重命名为“原始成绩数据”。

在按住【Ctrl】键的同时拖动工作表标签“原始成绩数据”，当小黑三角形出现时，释放鼠标左键，再松开【Ctrl】键，建立该工作表的副本。

将复制的工作表重命名为“课程成绩”。

（2）删除条件格式、单元格格式

选定工作表“课程成绩”的单元格区域 A2:K12，切换到“开始”选项卡，单击“样式”选项组中的“条件格式”按钮，从弹出的下拉菜单中选择“清除规则”→“清除所选单元格的规则”命令，将考试成绩中的条件格式删除。

选定单元格区域 A2:K12，切换到“开始”选项卡，单击“样式”选项组中的“单元格样式”按钮，从弹出的下拉菜单中选择“常规”命令，将考试成绩中的单元格格式恢复常规格式。

（3）转换实训成绩

IF 函数用于判断数据表中的某个数据是否满足某个条件，如果满足返回特定值，不满足则返回其他值。将实训成绩转换为百分制分数。

在工作表“课程成绩”的“专业实训”列后添加列标题“实训成绩转换”，然后将光标移至单元格 L3 中，并输入公式“=IF(K3=" 优 ",90,IF(K3=" 良 ",80,IF(K3=" 中 ",70,IF(K3=" 及格 ",60,50))))”，最后按【Enter】键，第一名学生的实训成绩转换为百分制。

向下拖动填充柄，将其他学生的实训成绩转换为百分制，结果如图 4-35 所示。

（4）计算总分及平均分

求和函数 SUM 主要用于计算某一单元格区域中所有数字之和。

	B	C	D	E	F	G	H	I	J	K	L
1	信息技术1班成绩汇总表										
2	性别	姓名	英语	高数	语文	信息技术	编程基础	政治	体育	专业实训	实训成绩转换
3	女	李燕	80	78	86	80	85	86	93	中	70
4	男	张小光	77	98	56	67	62	63	60	良	80
5	男	赵鹏举	96	71	92	70	96	89	85	中	70
6	男	张明	84	83	60	96	83	60	50	及格	60
7	女	季松洁	70	96	75	98	64	78	73	优	90
8	女	王雪	88	87	95	92	97	91	92	及格	60
9	男	李艳杰	92	75	76	95	76	87	90	不及格	50
10	女	赵囡	90	90	70	62	77	81	70	优	90
11	女	王莉莉	85	86	87	80	90	98	89	及格	60
12	女	李亚萍	88	91	98	75	86	92	90	良	80

图 4-35　实训转换成绩

在单元格 M2 中输入文本“总分”。在单元格 M3 中输入公式“=SUM(D3:J3,L3)”，按【Enter】键，这样第一名学生的总分计算出来。向下拖动填充柄，将其他学生的总分成绩计算出来，结果如图 4-36 所示。

	A	B	C	D	E	F	G	H	I	J	K	L	M
1	信息技术1班成绩汇总表												
2	学号	性别	姓名	英语	高数	语文	信息技术	编程基础	政治	体育	专业实训	实训成绩转换	总分
3	0001	女	李燕	80	78	86	80	85	86	93	中	70	658
4	0002	男	张小光	77	98	56	67	62	63	60	良	80	563
5	0003	男	赵鹏举	96	71	92	70	96	89	85	中	70	669
6	0004	男	张明	84	83	60	96	83	60	50	及格	60	576
7	0005	女	季松洁	70	96	75	98	64	78	73	优	90	644
8	0006	女	王雪	88	87	95	92	97	91	92	及格	60	702
9	0007	男	李艳杰	92	75	76	95	76	87	90	不及格	50	641
10	0008	女	赵囡	90	90	70	62	77	81	70	优	90	630
11	0009	女	王莉莉	85	86	87	80	90	98	89	及格	60	675
12	0010	女	李亚萍	88	91	98	75	86	92	90	良	80	700

图 4-36　总分

平均值 AVERAGE 函数用来计算某一单元格区域中的数据平均值。

在单元格 N2 中输入文本“平均分”。

在单元格 N3 中输入公式“=AVERAGE(D3:J3,L3)”按，【Enter】键，这样第一名学生的平均分计算出来。向下拖动填充柄，将其他学生的平均分成绩计算出来，结果如图 4-37 所示。

	A	B	C	D	E	F	G	H	I	J	K	L	M	N
1	信息技术1班成绩汇总表													
2	学号	性别	姓名	英语	高数	语文	信息技术	编程基础	政治	体育	专业实训	实训成绩转换	总分	平均分
3	0001	女	李燕	80	78	86	80	85	86	93	中	70	658	82.25
4	0002	男	张小光	77	98	56	67	62	63	60	良	80	563	70.375
5	0003	男	赵鹏举	96	71	92	70	96	89	85	中	70	669	83.625
6	0004	男	张明	84	83	60	96	83	60	50	及格	60	576	72
7	0005	女	季松洁	70	96	75	98	64	78	73	优	90	644	80.5
8	0006	女	王雪	88	87	95	92	97	91	92	及格	60	702	87.75
9	0007	男	李艳杰	92	75	76	95	76	87	90	不及格	50	641	80.125
10	0008	女	赵囡	90	90	70	62	77	81	70	优	90	630	78.75
11	0009	女	王莉莉	85	86	87	80	90	98	89	及格	60	675	84.375
12	0010	女	李亚萍	88	91	98	75	86	92	90	良	80	700	87.5

图 4-37　平均分

2. 计算最高分、最低分

MAX 函数和 MIN 函数用于返回一组数据中的最大值或最小值。计算各科的最高分及最低分。

在单元格 A14、A15 中分别输入文本“最高分”和“最低分”。

视 频

计算最高分、最低分、优秀率

分别合并单元格区域 A14:C14，A15:C15。选中单元格 A14:C14，单击“开始”选项卡中的“对齐方式”功能组中的“合并及居中”按钮。选中单元格 A15:C15，单击“开始”选项卡中的“对齐方式”功能组中的“合并及居中”按钮。

选中 D14 单元格，在单元格中插入 MAX 函数。切换到“公式”选项卡，单击“函数库”选项组中的“自动求和”下拉选项中选择“最大值”按钮，则单元格会出现虚线框，且单元格

D14 中显示公式“=MAX(D3:D13)”，通过调整数据框右下角将其数据范围区域改为“=MAX(D3:D12)”，按【Enter】键，计算出英语学科的最高分。

鼠标移至 D14 单元格的右下角，当其变为黑色十字形状时，按住鼠标左键不放向右拖拽，移至 L14 单元格释放鼠标左键，系统将自动填充各科的最高分，（清除专业实训列最大值内容，即清除 K14 单元的内容）如图 4-38 所示。

	A	B	C	D	E	F	G	H	I	J	K	L	M	N
1	信息技术1班成绩汇总表													
2	学号	性别	姓名	英语	高数	语文	信息技术	编程基础	政治	体育	专业实训	实训成绩转换	总分	平均分
3	0001	女	李燕	80	78	86	80	85	86	93	中	70	658	82.25
4	0002	男	张小光	77	98	56	67	62	63	60	良	80	563	70.375
5	0003	男	赵鹏举	96	71	92	70	96	89	85	中	70	669	83.625
6	0004	男	张明	84	83	60	96	83	60	50	及格	60	576	72
7	0005	女	季松洁	70	96	75	98	64	78	73	优	90	644	80.5
8	0006	女	王雪	88	87	95	92	97	91	92	及格	60	702	87.75
9	0007	男	李艳杰	92	75	76	95	76	87	90	不及格	50	641	80.125
10	0008	女	赵囡	90	90	70	62	77	81	70	优	90	630	78.75
11	0009	女	王莉莉	85	86	87	80	90	98	89	及格	60	675	84.375
12	0010	女	李亚萍	88	91	98	75	86	92	90	良	80	700	87.5
13														
14	最高分			96	98	98	98	97	98	93		90		

图 4-38　最高分

选中 D15 单元格，在单元格中插入 MIN 函数。切换到“公式”选项卡，单击“函数库”选项组中的“自动求和”下拉选项中选择“最小值”按钮，则单元格会出现虚线框，通过调整数据框右下角将其数据范围区域改为“=MIN(D3:D12)”，按【Enter】键，计算出英语学科的最低分。

鼠标移至 D15 单元格的右下角，当其变为黑色十字形状时，按住鼠标左键不放向右拖拽，移至 L15 单元格释放鼠标左键，系统将自动填充各科的最低分，（清除专业实训列最小值内容，即清除 K15 单元的内容）如图 4-39 所示。

	A	B	C	D	E	F	G	H	I	J	K	L	M	N
1	信息技术1班成绩汇总表													
2	学号	性别	姓名	英语	高数	语文	信息技术	编程基础	政治	体育	专业实训	实训成绩转换	总分	平均分
3	0001	女	李燕	80	78	86	80	85	86	93	中	70	658	82.25
4	0002	男	张小光	77	98	56	67	62	63	60	良	80	563	70.375
5	0003	男	赵鹏举	96	71	92	70	96	89	85	中	70	669	83.625
6	0004	男	张明	84	83	60	96	83	60	50	及格	60	576	72
7	0005	女	季松洁	70	96	75	98	64	78	73	优	90	644	80.5
8	0006	女	王雪	88	87	95	92	97	91	92	及格	60	702	87.75
9	0007	男	李艳杰	92	75	76	95	76	87	90	不及格	50	641	80.125
10	0008	女	赵囡	90	90	70	62	77	81	70	优	90	630	78.75
11	0009	女	王莉莉	85	86	87	80	90	98	89	及格	60	675	84.375
12	0010	女	李亚萍	88	91	98	75	86	92	90	良	80	700	87.5
13														
14	最高分			96	98	98	98	97	98	93		90		
15	最低分			70	71	56	62	62	60	50		50		

图 4-39　最低分

3. 计算优秀率

COUNTIF 函数是计算某个区域中满足给定条件的单元格数目。（优秀率为各单科 90 分以上人数的百分比，总分 600 及以上人数的百分比）

在单元格 A16 中分别输入文本“优秀率”，合并单元格区域 A16:C16。单击“开始”选项卡中的“对齐方式”功能组中的“合并及居中”按钮。

将光标置于单元格 D16，单击编辑栏中的插入函数 fx，在“插入函数”对话框中选择 COUNTIF 函数，在 Range 参数中框选 D3:D12 数据区域，在参数 Criteria 中输入条件“>=90”，（注意“>=”符号为英文符号）如图 4-40 所示。单击“确定”按钮，计算出优秀的人数。

光标定位在编辑栏 D16 单元格 COUNTIF 函数的后边并输入符号“/”，如图 4-41 所示。单击编辑栏左侧的函数框中的 COUNT 函数，在参数 Value1 中框选数据区域 D3:D12，单击“确定”按钮。因此，单元格 D16 的公式为“=COUNTIF(D3:D12,">=90")/COUNT(D3:D12)”，如图 4-42 所示。

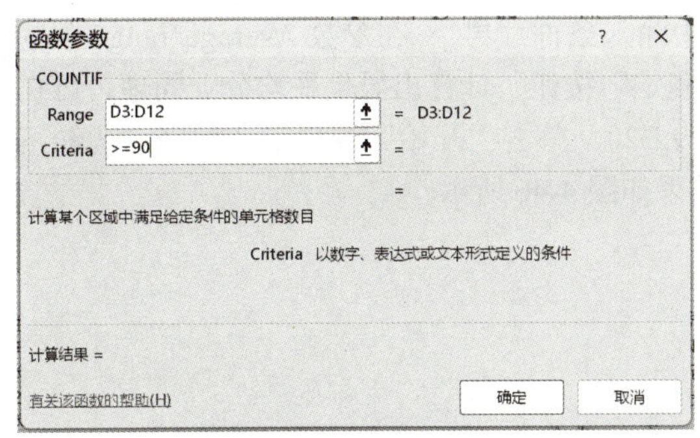

图 4-40　优秀人数

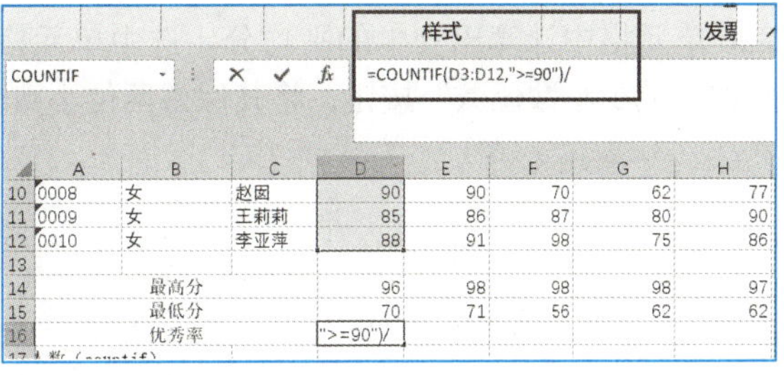

图 4-41　编辑栏内容

图 4-42　最终公式及函数

鼠标移至 D16 单元格的右下角，当其变为黑色十字形状时，按住鼠标左键不放向右拖拽，移至 M16 元格释放鼠标左键，系统将自动填充各科的优秀率，并将 M16 单元格公式中的“>=90”修改为“>=600”，（清除专业实训列的内容，即清除 K16 单元的内容）如图 4-43 所示。

	A	B	C	D	E	F	G	H	I	J	K	L	M
1	信息技术1班成绩汇总表												
2	学号	性别	姓名	英语	高数	语文	信息技术	编程基础	政治	体育	专业实训	实训成绩转换	总分
3	0001	女	李燕	80	78	86	80	85	86	93	中	70	658
4	0002	男	张小光	77	98	56	67	62	63	60	良	80	563
5	0003	男	赵鹏举	96	71	92	70	96	89	85	中	70	669
6	0004	男	张明	84	83	60	96	83	60	50	及格	60	576
7	0005	女	季松洁	70	96	75	98	64	78	73	优	90	644
8	0006	女	王雪	88	87	95	92	97	91	92	及格	60	702
9	0007	男	李艳杰	92	75	76	95	76	87	90	不及格	50	641
10	0008	女	赵囡	90	90	70	62	77	81	70	优	90	630
11	0009	女	王莉莉	85	86	87	80	90	98	89	及格	60	675
12	0010	女	李亚萍	88	91	98	75	86	92	90	良	80	700
13													
14		最高分		96	98	98	98	97	98	93		90	
15		最低分		70	71	56	62	62	60	50		50	
16		优秀率		0.3	0.4	0.3	0.4	0.3	0.3	0.4		0.2	0.8

图 4-43　修改总分的优秀率

修改单元格的格式。选中单元格区域 D16:M16，单击“开始”选项卡“数字”功能组中的“百分比样式”按钮，将其数据转换为百分比格式，如图 4-44 所示。

	A	B	C	D	E	F	G	H	I	J	K	L	M
15		最低分		70	71	56	62	62	60	50		50	
16		优秀率		30%	40%	30%	40%	30%	30%	40%		20%	80%

图 4-44　数字格式

4. 计算男女生人数、男女生平均分

利用 COUNTIF 函数计算出男生、女生的人数。

在单元格 A17、A18 中分别输入文本“男生人数”和“女生人数”。光标定位于 B17 单元格中，输入公式“=COUNTIF(B3:B12," 男 ")”，计数男生的人数。同理，在 B18 单元格中计数女生的人数。

计算男女生人数、男女生平均分、计算排名

利用 AVERAGEIF 计算出男生、女生的平均分。

在单元格 A19、A20 中分别输入文本“男生平均分”和“女生平均分”。将光标定位在 B19 中，单击编辑栏中的“插入函数”按钮，在“插入函数”对话框中选择 AVERAGEIF 函数，

在 Range 参数中框选 B3:B12 数据区域，在参数 Criteria 中输入条件“男”，在参数 Average_range 中输入要计算的数据区域：N3:N12，如图 4-45 所示。单击“确定”按钮，计算出男生平均分。同理，可在 B20 单元格中计算出女生的平均分。选中单元格区域 D19:B20，单击“开始”选项卡“数字”功能组中的“减少小数位数”按钮，将其保留两位小数位数，结果如图 4-46 所示。

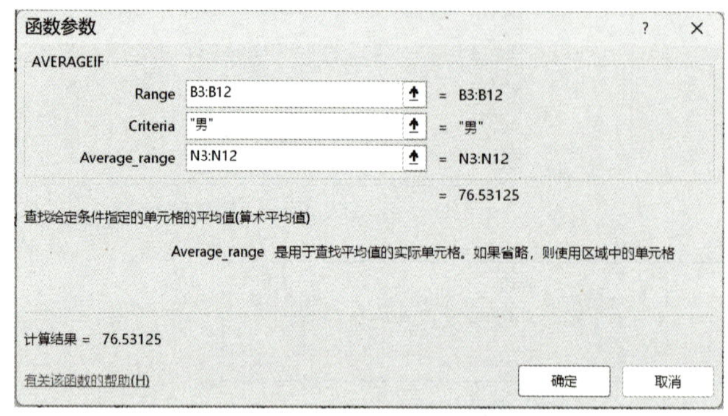

图 4-45　AVERAGEIF 函数

	A	B
13		
14		最高分
15		最低分
16		优秀率
17	男生人数	4
18	女生人数	6
19	男生平均分	76.53
20	女生平均分	83.52

图 4-46　数字格式

5. 计算排名

RANK 函数是返回某数字在一列数字中相对于其他数值的大小排名。

在 O2:O12 区域中按照总分对所有同学进行排名。在单元格 O2 中输入文本“排名”，然后选中单元格 O3，并打开编辑栏中“插入函数”并启动其对话框，选择 RANK 函数，打开“函数参数”对话框。当光标位于 Number 框时，单击 M3 单元格选中总评成绩，再将光标移至 Ref 框，选定工作表区域 M3:M12，并将区域修改为“M$3:M$12”（加上单元格绝对引用），单击“确定”按钮，如图 4-47 所示，计算出学号为 0001 的学生的排名。

向下拖动填充柄，完成其他同学的排名，结果如图 4-48 所示。

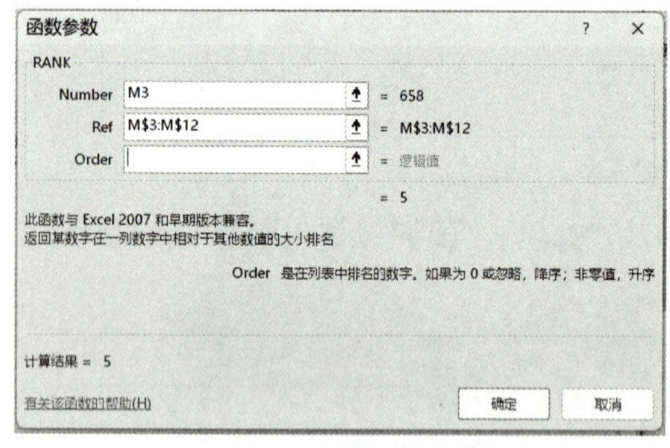

图 4-47　RANK 函数

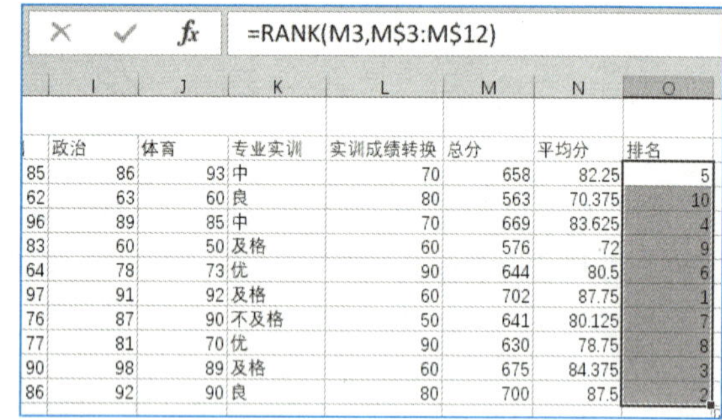

=RANK(M3,M$3:M$12)

	I	J	K	L	M	N	O
	政治	体育	专业实训	实训成绩转换	总分	平均分	排名
85	86	93	中	70	658	82.25	5
62	63	60	良	80	563	70.375	10
96	89	85	中	70	669	83.625	4
83	60	50	及格	60	576	72	9
64	78	73	优	90	644	80.5	6
97	91	92	及格	60	702	87.75	1
76	87	90	不及格	50	641	80.125	7
77	81	70	优	90	630	78.75	8
90	98	89	及格	60	675	84.375	3
86	92	90	良	80	700	87.5	2

图 4-48　排名

6. 计算三好和标兵

视 频

计算三好和标兵

总分在 600 分及以上的显示三好，否则普通。标兵为各科成绩的最高分。例如，英语最高分的显示英语标兵，其他的科目以此类推，非本科目标兵，则显示空白。

在单元格 P2、Q2 中分别输入文本“三好”“标兵”。

光标定位在 P3 单元格，打开编辑栏中“插入函数”并启动其对话框，选择 IF 函数，输入各项参数，如图 4-49 所示，具体公式为“=IF(M3>=600," 三好 ","")”。向下拖动填充柄，完成其他同学的三好情况，结果如图 4-50 所示。

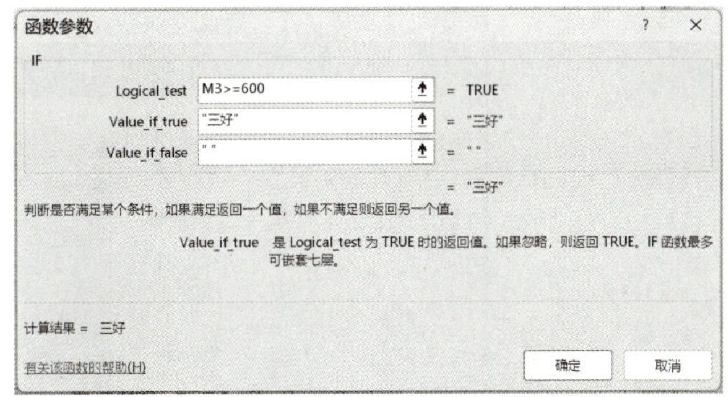

图 4-49　IF 嵌套函数

=IF(M3>=600,"三好"," ")

L	M	N	O	P
实训成绩转换	总分	平均分	排名	三好
70	658	82.25	5	三好
80	563	70.375	10	
70	669	83.625	4	三好
60	576	72	9	
90	644	80.5	6	三好
60	702	87.75	1	三好
50	641	80.125	7	三好
90	630	78.75	8	三好
60	675	84.375	3	三好
80	700	87.5	2	三好

图 4-50　填充排名

光标定位在 Q3 单元格，打开编辑栏中“插入函数”并启动其对话框，选择 IF 函数，在 Logical_test 参数输入“D3=MAX(D3:D12)”，在 Value_if_true 参数输入“英语标兵”，如图 4-51 所示，鼠标定位在 Value_if_false 中再次编辑栏左侧 if 函数，再次在新的 if 函数中的，Logical_test 参数输入“E3=MAX(E3:E12)”，在 Value_if_true 参数输入“高数标兵”，鼠标定位在 Value_if_false 中再次编辑栏左侧 if 函数，以此类推，直至完成 if 函数嵌套 max 函数。完整的公式为

“=IF(D3=MAX(D3:D12)," 英 语 标 兵 ",IF(E3=MAX(E3:E12)," 高 数 标 兵 ",IF(F3=MAX(F3:F12)," 语 文 标 兵 ",IF(G3=MAX(G3:G12)," 信 息 技 术 标 兵 ",IF(H3=MAX(H3:H12)," 编 程 基 础 标 兵 ",IF(I3=MAX(I3:I12)," 政治标兵 ",IF(J3=MAX(J3:J12)," 体育标兵 "," ")))))))”，完成 0001 同学的标兵情况，鼠标向下拖动填充柄，完成其他同学的标兵情况，结果如图 4-52 所示。

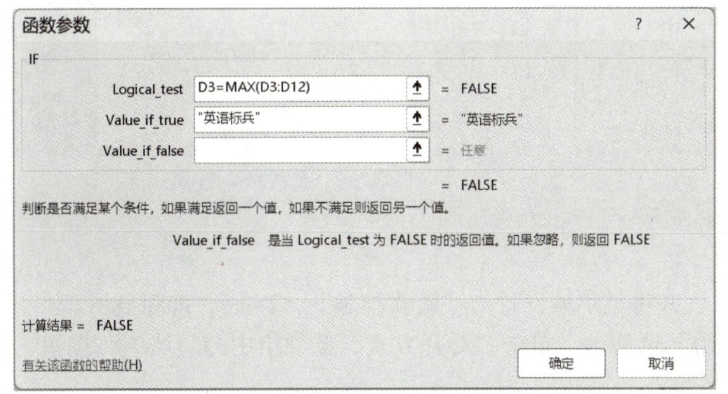

图 4-51　IF 函数嵌套 MAX 函数

=IF(D3=MAX(D3:D12),"英语标兵",IF(E3=MAX(E3:E12),"高数标兵",IF(F3=MAX(F3:F12),"语文标兵",IF(G3=MAX(G3:G12),"信息技术标兵",IF(H3=MAX(H3:H12),"编程基础标兵",IF(I3=MAX(I3:I12),"政治标兵",IF(J3=MAX(J3:J12),"体育标兵"," ")))))))

N	O	P	Q	R	S
平均分	排名	三好	标兵	参评	评优资格
82.25	5	三好	体育标兵		
70.375	10		高数标兵		
83.625	4	三好	英语标兵		
72	9				
80.5	6	三好	信息技术标兵		
87.75	1	三好	编程基础标兵		
80.125	7	三好			
78.75	8	三好			
84.375	3	三好	政治标兵		
87.5	2	三好	语文标兵		

图 4-52　最终函数内容

7. 计算参评和评优资格

参评：体育、政治成绩均在 60 分及以上的显示参评，否则显示不参评。

评优资格：英语或信息技术在 90 分及以上的，显示评优资格，否则无资格。

AND 函数检查是否所有参数均为 True，如果所有参数均为 True，则返回 True。

OR 函数是如果任一参数值为 True，即返回 True；只有当所有参数均为 False 时才返回 False。

在单元格 R2、S2 中分别输入文本“参评”“评优”。

光标定位在 R3 单元格中，打开编辑栏中“插入函数”并启动其对话框，选择 IF 函数，在 Logical_test 参数输入“AND(J3>=60,I3>=60)”，在 Value_if_true 参数输入“参评”，鼠标定位在 Value_if_false 中输入“不参评”，即公式为 =IF(AND(J3>=60,I3>=60)," 参评 "," 不参评 ")，如图 4-53 所示。向下拖动填充柄，完成其他同学的参评情况，结果如图 4-54 所示。

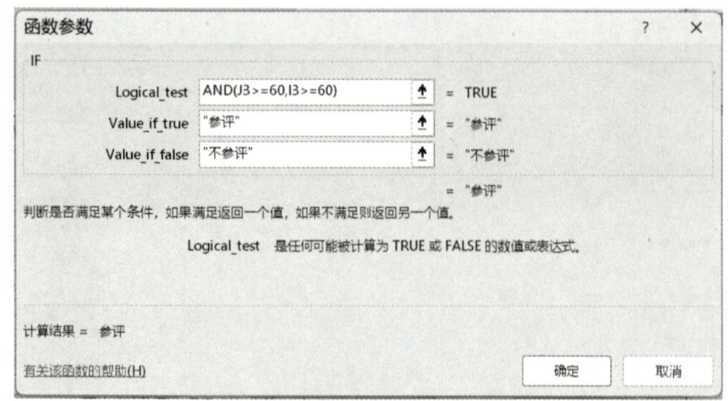

图 4-53　IF 函数嵌套 AND 函数

=IF(AND(J3>=60,I3>=60),"参评","不参评")

	N	O	P	Q	R
	平均分	排名	三好	标兵	参评
58	82.25	5	三好	体育标兵	参评
63	70.375	10		高数标兵	参评
59	83.625	4	三好	英语标兵	参评
76	72	9			不参评
44	80.5	6	三好	信息技术标兵	参评
02	87.75	1	三好	编程基础标兵	参评
41	80.125	7	三好		参评
30	78.75	8	三好		参评
75	84.375	3	三好	政治标兵	参评
00	87.5	2	三好	语文标兵	参评

图 4-54　完成填充

光标定位在 S3 单元格中，打开编辑栏中“插入函数”并启动其对话框，选择 IF 函数，在 Logical_test 参数输入“OR(D3>=90,G3>=90)”，在 Value_if_true 参数输入“评优资格”，鼠标定位在 Value_if_false 中输入“无资格”，即公式为“=IF(OR(D3>=90,G3>=90)," 评优资格 "," 无资格 ")”，如图 4-55 所示。向下拖动填充柄，完成其他同学的评优资格情况，结果如图 4-56 所示。

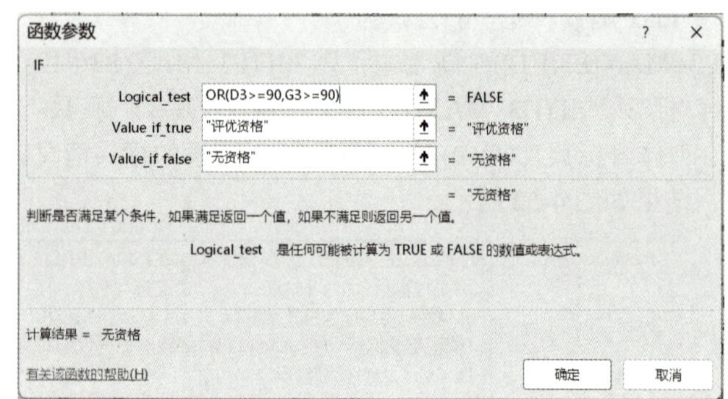

图 4-55　IF 函数嵌套 OR 函数

=IF(OR(D3>=90,G3>=90),"评优资格","无资格")

	N	O	P	Q	R	S
	平均分	排名	三好	标兵	参评	评优
8	82.25	5	三好	体育标兵	参评	无资格
3	70.375	10		高数标兵	参评	无资格
9	83.625	4	三好	英语标兵	参评	评优资格
6	72	9			不参评	评优资格
4	80.5	6	三好	信息技术标兵	参评	评优资格
2	87.75	1	三好	编程基础标兵	参评	评优资格
1	80.125	7	三好		参评	评优资格
0	78.75	8	三好		参评	评优资格
5	84.375	3	三好	政治标兵	参评	无资格
0	87.5	2	三好	语文标兵	参评	无资格

图 4-56　完成填充效果

8. 设置单元格格式

合并单元格区域 A1:S1，将其内容居中，并将其字体设置为“微软雅黑”，24 磅，加粗显示。

选定单元格区域 A2:S20，切换到“开始”选项卡，单击“对齐方式”选项组中的“居中”按钮，并将其字体设置为“楷体”，18 磅，加粗显示。

为单元格区域 A2:S20 设置边框，并将其内容设置为水平居中对齐。

最后，按【Ctrl+S】组合键保存工作簿，完成任务。

相关知识

数据运算是 Excel 2016 强项，其内置的 13 类近 400 余种函数，可以对工作表中的数据进行求和、求均值、汇总等复杂的计算，并将计算结果自动返回所选定的单元格中，保证了计算结果和输入数据的准确性，Excel 2016 除了内置函数供调用之外，还提供自定义公式的功能，以满足数据计算的需要。使用函数和公式时需要了解的知识要点如下：

1. 函数的应用

函数是 Excel 2016 内置的用于数值计算和数据处理的计算公式，由三部分组成，即函数名、参数和括号，例如，SUM(A1:A8) 实现将区域 A1:A8 中的数值相加的功能。函数使用的方法是：

① 选定返回计算结果的单元格，然后单击编辑栏中的 fx 按钮，弹出“插入函数”对话框，如图 4-57 所示。

② 在“插入函数”对话框中，分别从“或选择类别”下拉列表框中选择合适的函数类型，从“选择函数”列表框中选择所需要的函数，然后单击“确定”按钮，打开所选函数的“函数参数”对话框，如图 4-58 所示，显示了该函数的函数名、函数的每个参数，以及参数的说明、函数的功能和计算结果。

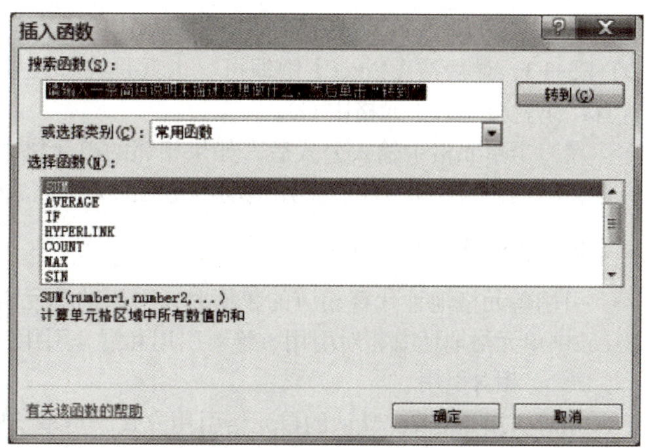

图 4-57 “插入函数”对话框

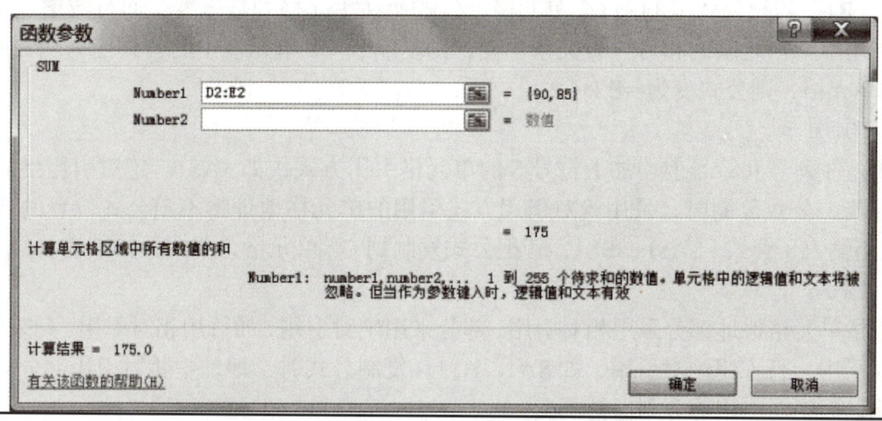

图 4-58 “函数参数”对话框

③ 在参数输入框中输入参数（参数输入可通过单击参数输入框右端的“窗口折叠”按钮，转到工作表中用鼠标选择，或直接用鼠标到工作表中选定所需单元格区域），函数结果便显示在下方的“计算结果”栏中，如图 4-58 所示；单击“确定”按钮后，运算结果被返回单元格中。

2. 公式的应用

公式是各单元格数据之间的运算关系式，由运算符、常量、函数、单元格地址组成，其一般格式为：返回计算结果的单元格地址 = 运算符、常量、函数、单元格地址组成的表达式。数据计算时，在选定返回计算结果的单元格中输入公式即可。公式的应用方法是：

（1）确定计算公式

应用公式进行数据计算时，计算公式的确定是关键，方法是：首先建立计算一般公式，然后确定计算具体公式，最后引用单元格地址代替具体计算公式中相应的数据即为数据计算公式。

例如，在图 4-58 中计算总分。公式的确定过程如下：

一般的公式：总分 = 计算机 + 高数 + 英语。

具体的公式：总分 =90+91+58。

计算的公式：G3=D3+E3+F3。

（2）计算公式的输入

公式“G3=D3+E3+F3”确定后，需将之输入单元格 G3 中，方法是：单击单元格 G3（相当于输入公式左边部分），然后输入“=”（相当于输入公式等号部分），再在等号后直接输入表达式D3+E3+F3，最后按【Enter】键即可。也就是在单元格G3中输入=D3+E3+F3，然后按【Enter】键，计算结果就会返回单元格中G3。

在一个单元格中输入公式后，如果相邻的单元格中需要进行同类型的计算，可以利用复制公式的方法自动填充到各单元格，即用拖动填充柄的方法完成公式自动填充。

3. 单元格地址的引用

引用单元格地址代替相应的数据时，引用的单元格地址方式不同，公式的计算结果则不一样。在Excel中单元格地址有相对引用、绝对引用和混合引用三种引用方式。

（1）相对引用

相对引用是Excel默认的单元格引用方式，是基于单元格间相对位置关系的一种引用，当将公式复制到其他位置时，公式中对单元格的引用会随着公式所在单元格位置的改变而改变。如在C1单元格输入了公式=A1+B1，若把公式复制到C2单元格，公式所在单元格列数未变，而行数增加了1，为了保持公式与其引用单元格之间的相对位置关系不变，则复制到C2单元格中的公式变为=A2+B2，若将公式复制到D2单元格，则公式变为=B2+C2。

（2）绝对引用

绝对引用是在列号和行号前均加上符号$的单元格引用方式，如$A$1。绝对引用指向工作表中固定位置的单元格，公式复制时，采用绝对引用方式引用的单元格地址将不随公式位置的变化而变化。如在C1单元格输入了公式=$A$1+$B$1，若把公式复制到C2单元格，公式保持不变。

（3）混合引用

混合引用指单元格地址部分采用相对引用，部分采用绝对引用，如行用相对引用，列采用绝对引用；或列采用相对引用，行采用绝对引用，如$A1、A$1。复制公式时，地址中相对引用部分会随公式位置的变化而变化，而绝对引用部分则保持不变。

（4）跨表引用

在Excel中，还允许在当前工作表的单元格中引用其他工作表中的单元格，方法是在单格地址引用前加上工作表名和!，如要在Sheet1工作表中引用Sheet2工作表中的B1单元格，则应在公式中输入Sheet2!B1。

4. Excel 2016中的常用函数及其用法

（1）Excel 2016中的常用函数

Excel 2016中的函数一共有11类，分别是数据库函数、日期与时间函数、工程函数、财务函数、信息函数、逻辑函数、查询和引用函数、数学和三角函数、统计函数、文本函数以及用户自定义函数。比较常用的函数如下：

① SUM函数。

函数名称：SUM

主要功能：计算所有参数数值的和。

使用格式：SUM(Number1,Number2…)

参数说明：Number1、Number2、…代表需要计算的值，可以是具体的数值、引用的单元格（区域）、逻辑值等。

特别说明：如果参数为数组或引用，只有其中的数字将被计算。数组或引用中的空白单元格、逻辑值、文本或错误值将被忽略。

② AVERAGE 函数。

函数名称：AVERAGE

主要功能：求出所有参数的算术平均值。

使用格式：AVERAGE(number1,number2,⋯)

参数说明：number1,number2,⋯是需要求平均值的数值或引用单元格（区域），参数不超过 30 个。

特别提醒：如果引用区域中包含 0 值单元格，则计算在内；如果引用区域中包含空白或字符单元格，则不计算在内。

③ MAX 函数。

函数名称：MAX

主要功能：求出一组数中的最大值。

使用格式：MAX(number1,number2,⋯)

参数说明：number1,number2，⋯代表需要求最大值的数值或引用单元格（区域），参数不超过 30 个。

特别提醒：如果参数中有文本或逻辑值，则忽略。

④ MIN 函数。

函数名称：MIN

主要功能：求出一组数中的最小值。

使用格式：MIN(number1,number2,⋯)

参数说明：number1,number2，⋯代表需要求最小值的数值或引用单元格（区域），参数不超过 30 个。

特别提醒：如果参数中有文本或逻辑值，则忽略。

⑤ COUNT 函数

函数名称：COUNT

主要功能：统计某个单元格区域中的单元格数目。

使用格式：COUNT (value1,value2,⋯)

参数说明：value1,value2,⋯代表 1 ～ 30 个可以包含或引用各种不同类型数据的参数，但只对数字型数据进行计数。

⑥ ABS 函数

函数名称：ABS

主要功能：求出相应数字的绝对值。

使用格式：ABS(number)

参数说明：number 代表需要求绝对值的数值或引用的单元格。

特别提醒：如果 number 参数不是数值，而是一些字符（如 A 等），则 B2 中返回错误值 #VALUE！。

（2）高级函数

除了常用函数以外，常用到的函数还有：

① IF 函数

函数名称：IF

主要功能：判断单元格区域中的数值是否满足条件，如果满足返回一个值，如果不满足返回另一个值。

使用格式：IF (Logical_test,Value_if_true,Value_if_false)

参数说明：Logical_test 是判断条件，Value_if_true 是满足判断条件时返回的值，Value_if_false 是不满足判断条件时返回的值。

特别提醒：IF 函数的参数还可以是 IF 函数（或其他函数），这称为函数的嵌套，IF 函数可以嵌套七层，可构造复杂的判断条件。

② SUMIF 函数

函数名称：SUMIF

主要功能：计算符合指定条件的单元格区域内的数值和。

使用格式：SUMIF(Range,Criteria,Sum_Range)

参数说明：Range 代表条件判断的单元格区域；Criteria 为指定条件表达式；Sum_Range 代表需要计算的数值所在的单元格区域。

特别提醒：文本型数据需要放在英文半角状态下的双引号（" 男 "" 女 "）中。

③ COUNTIF 函数

函数名称：COUNTIF

主要功能：统计某个单元格区域中符合指定条件的单元格数目。

使用格式：COUNTIF(Range,Criteria)

参数说明：Range 代表要统计的单元格区域；Criteria 表示指定的条件表达式。

特别提醒：允许引用的单元格区域中有空白单元格出现。

（3）公式中的运算符

公式中常用的运算符有：算术运算符、文本运算符、关系运算符、引用运算符四种。

算术运算符用来完成基本的数学运算，算术运算符有 +（加）、-（减）、*（乘）、/（除）、%（百分比）、^（乘方），用它们连接常量、函数、单元格和区域组成计算公式，其运算结果为数值型。运算符优先级别为：括号 ()→百分比 %→乘方 ^→乘 *、除 /→加 +、减 -。

文本运算符文本类型的数据可以进行连接运算，运算符是 &，用来将一个或多个文本连接成一个组合文本。例如，在 A1 单元格中输入“大学”，在 B1 单元格中输入“计算机基础”，在 C1 单元格中输入 =A1&B1，在 C1 单元格显示“大学计算机基础”。

关系运算符用来对两个数值进行比较，产生的结果为逻辑值 True（真）或 False（假）。比较运算符有 =（等于）、>（大于）、<（小于）、>=（大于或等于）、<=（小于或等于）、<>（不等于）等。

引用运算符用以对单元格区域进行合并运算。引用运算符有“，”（逗号）和“：”（冒号），表示对两个引用之间（包括两个引用在内）的所有单元格进行引用，引用若干个离散单元格，引用连续单元格区域，需要写出开头的单元格地址和末尾单元格地址，中间用“:”（冒号）分隔。例如，A1，A10 表示引用 A1、A10 两个单元格，A1：A10 表示引用 A1 ～ A10 的单元格区域。

拓展训练

① 创建一个名为 ex5.xlsx 的工作簿，然后在 ex5.xlsx 工作簿的 Sheet1 工作表中，输入图 4-59 所示的内容。

	A	B	C	D	E	F	G	H	I	J
1	广州分公司上半年销售情况统计									
2	营业部名称	一月销售量（台）	二月销售量（台）	三月销售量（台）	四月销售量（台）	五月销售量（台）	六月销售量（台）	销售单价（元/台）	上半年销售量合计	上半年销售金额合计
3	广州龙源	32	38	34	40	45	41	45		
4	广州艺兴	50	55	60	51	43	50	44		
5	广州志翔	12	18	22	16	19	23	43		
6	广州奇奥	31	39	29	35	49	43	44		
7	销售量最高									
8	销售量最低									

图 4-59　广州分公司上半年销售情况统计

② 在 ex5.xlsx 工作簿的 Sheet2 工作表中，输入如图 4-60 所示内容。

南宁分公司上半年销售情况统计									
营业部名称	一月销售量（台）	二月销售量（台）	三月销售量（台）	四月销售量（台）	五月销售量（台）	六月销售量（台）	销售单价（元/台）	上半年销售量合计	上半年销售金额合计
南宁郎固	23	30	27	29	35	21	42		
南宁轩阑	44	47	36	33	51	42	41		
南宁和平	14	17	20	22	19	10	43		
南宁国贸	31	37	30	35	41	45	41		
销售量最高									
销售量最低									

图 4-60　南宁分公司上半年销售情况统计

③ 利用公式和函数分别求出广州分公司、南宁分公司上半年销售量合计、上半年销售金额合计、销售量最高、销售量最低。

④ 在 Sheet3 工作表中，利用公式和函数完成总公司销售情况统计表，如图 4-61 所示。

总公司销售情况统计							
分公司名称	一月销售量合计	二月销售量合计	三月销售量合计	四月销售量合计	五月销售量合计	六月销售量合计	上半年销售量总计
广州分公司							
南宁分公司							

图 4-61　总公司销售情况统计

任务 3　制作图表

任务描述

为了更直观地看到各科分数的情况及某个学生的成绩，辅导员让小玉将所有学生的各科成绩情况做了汇总，并将其制作成直观性更强的柱状图。后来，又专门针对张小光同学的分数做了统计，将其做成饼状图，并要求对图表进行格式化处理，如图 4-62 所示。最后，小玉将工作表打印出来，交给辅导员。

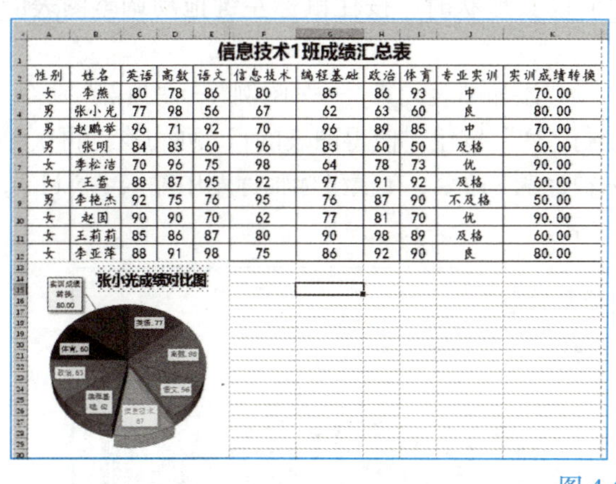

信息技术1班成绩汇总表										
性别	姓名	英语	高数	语文	信息技术	编程基础	政治	体育	专业实训	实训成绩转换
女	李燕	80	78	86	80	85	86	93	中	70.00
男	张小光	77	98	56	67	62	63	60	良	80.00
男	赵鹏举	96	71	92	70	96	89	85	中	70.00
男	张明	84	83	60	96	83	60	50	及格	60.00
女	李松洁	70	96	75	98	64	78	73	优	90.00
女	王雪	88	87	95	92	97	91	92	及格	60.00
男	李艳杰	92	75	76	95	76	87	90	不及格	50.00
女	赵园	90	90	70	62	77	81	70	优	90.00
女	王莉莉	85	86	87	80	90	98	89	及格	60.00
女	李亚萍	88	91	98	75	86	92	90	良	80.00

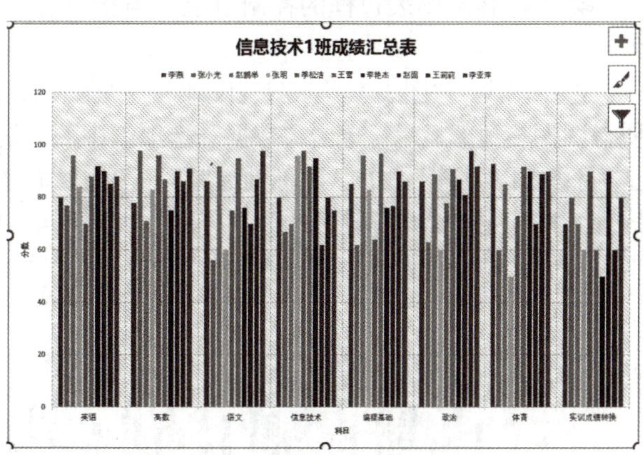

图 4-62　效果图

任务分析

- 制作所有同学的总分对比图为簇状柱形图。
- 制作对比张小光学科成绩的三维饼图。

- 通过“设计”选项卡中的相关命令，可以设置图表的数据、更换图表布局、对图表进行格式化处理等。
- 通过“页面设置”对话框，可以要对打印的区域进行设置。

任务实现

视频

制作所有同学的总分对比图

1. 制作所有同学的总分对比图

将 O2:S12、A14:S20 数据区域数据及格式清除。

框选数据区域 C2:J12，按住【Ctrl】选择 L2:L12 区域，切换到“插入”选项卡，单击“图表”选项组中的“柱形图”按钮，选择“二维柱形图”中的“簇状柱形图”选项，图表创建完成，如图 4-63 所示。

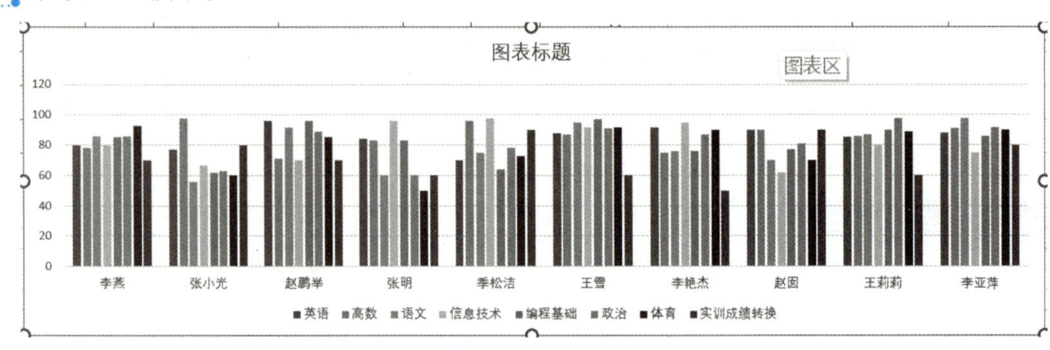

图 4-63　柱形图

为了使图表美观，需要对默认创建的图表进行样式设置。

单击图表中的文字“图表标题”，重新输入标题文本“信息技术 1 班成绩汇总表”。

将鼠标移至图表的边框上，当指针形状变成十字形箭头时，拖动图表到合适的位置。

将鼠标移至图表边框的控制点上，当指针变成双向箭头形状时，按住鼠标左键拖动调整图表的大小。

选中图表，“图表工具 - 图表设计”→“图表布局”→“添加图表元素”→“图例”→“顶部”命令，使得图例在顶部显示。单击“数据”选项组中的“切换行 / 列”按钮，使得图表的行 / 列切换。再次单击“添加图表元素”中的“坐标轴标题”→“主要横坐标轴标题”命令，在横坐标轴标题中输入“科目”，同理，插入主要纵坐标轴标题为“分数”，如图 4-64 所示。

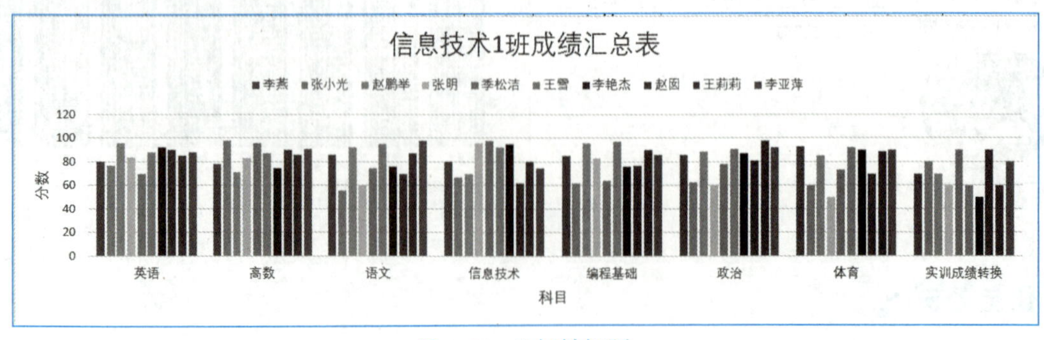

图 4-64　坐标轴标题

选中图表，在“图表样式”选项组中选择“样式 6”，使图表应用样式 6。图表选中状态，单击“位置”选项组中“移动图表”按钮，弹出“移动图表”对话框，选择“新工作表”单选按钮，名称为“信息技术 1 班成绩汇总表”。图表将作为一个名为“信息技术 1 班成绩汇总表”的新工作表插入。设置图表标题格式为微软雅黑，20 号，加粗，如图 4-65 所示。

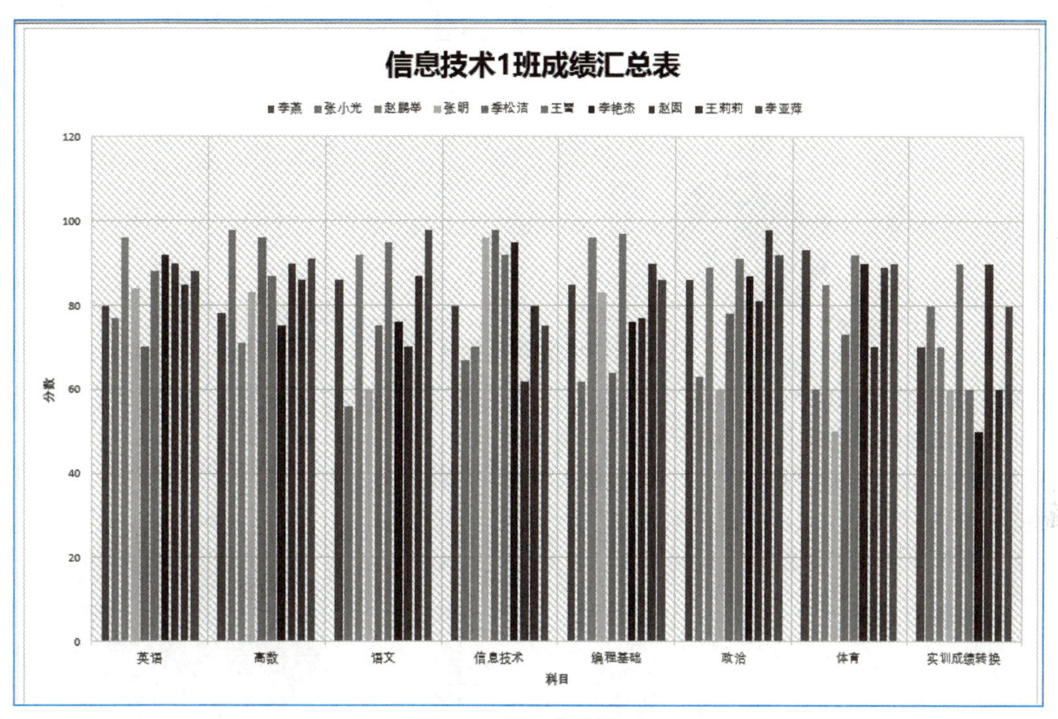

图 4-65　图表标题格式

视 频

制作张小光同学的科目成绩对比图、图表格式设置、打印统计表及其图表

2. 制作张小光同学的科目成绩对比图

① 切换到“课程成绩”工作表，用鼠标拖动选中列标题 C2:J2，按住【Ctrl】键，选择单元格区域 C4:J4，及 L2、L4 单元格。单击“插入”选项卡中“图表”功能组中的“饼图”中的“三维饼图”命令，如图 4-66 所示。

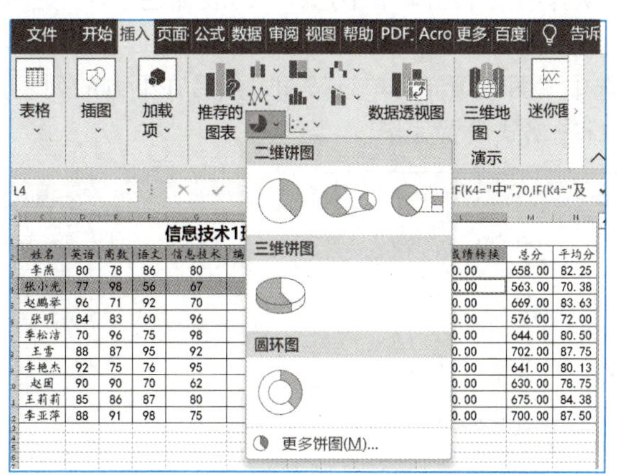

图 4-66　饼图

② 在“课程成绩”工作表中插入了一个分离型三维饼图，用鼠标左键拖动该图的外框，将其放置于 A13:F30 区域，如图 4-67 所示。

信息技术1班成绩汇总表

学号	性别	姓名	英语	高数	语文	信息技术	编程基础	政治	体育	专业实训	实训成绩转换	总分	平均分
0001	女	李燕	80	78	86	80	85	86	93	中	70.00	658.00	82.25
0002	男	张小光	77	98	56	67	62	63	60	良	80.00	563.00	70.38
0003	男	赵鹏举	96	71	92	70	96	89	85	中	70.00	669.00	83.63
0004	男	张明	84	83	60	96	83	60	50	及格	60.00	576.00	72.00
0005	女	李松洁	70	96	75	98	64	78	73	优	90.00	644.00	80.50
0006	女	王雪	88	87	95	92	97	91	92	及格	60.00	702.00	87.75
0007	男	李艳杰	92	75	76	95	76	87	90	不及格	50.00	641.00	80.13
0008	女	赵国	90	90	70	62	77	81	70	优	90.00	630.00	78.75
0009	女	王莉莉	85	86	87	80	90	98	89	及格	60.00	675.00	84.38
0010	女	李亚萍	88	91	98	75	86	92	90	良	80.00	700.00	87.50

张小光

图 4-67　图表位置

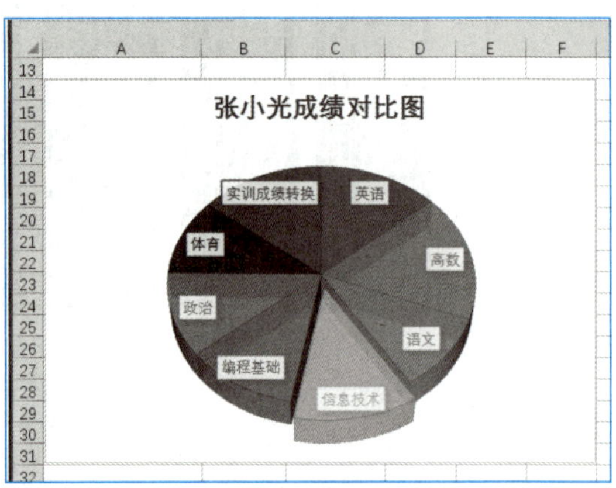

图 4-68　图表标题

③ 单击选中图表标题“信息技术”的扇形，向外拖动，使其脱离开来，形成分离的扇形。

④ 单击选中图表标题“张小光”，再次单击进入编辑状态，修改标题为“张小光成绩对比图”，生成图表后的“考核成绩”工作表如图 4-68 所示。

3. 图表格式设置

（1）设置图表标题格式

①在图表标题区域右击，从弹出的快捷菜单中选择“字体”命令，打开“字体”对话框。在“中文字体”下拉列表框中选择“微软雅黑”选项，将字号的“大小”微调框设置为“18”，字体颜色为“黑色”，然后单击“确定”按钮，如图 4-69 所示。

②将图表保持选中状态，然后切换到“图表工具 - 图表设计”选项卡，单击“图表布局”选项组中的“添加图表元素”按钮，从弹出的下拉菜单中选择“图表标题”→“更多标题选项”命令，打开“设置图表标题格式”任务窗格。

③在“填充”选项卡中选中“图案填充”单选按钮，然后在下方的列表框中选择“点式菱形网络”选项，如图 4-70 所示。图表标题格式设置完毕。

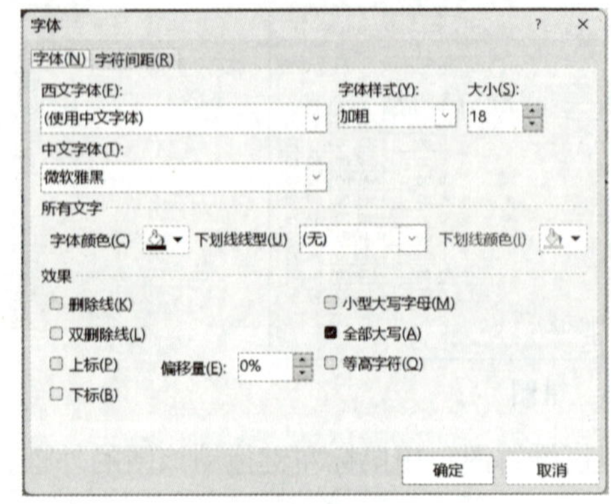

图 4-69　图表标题格式设置

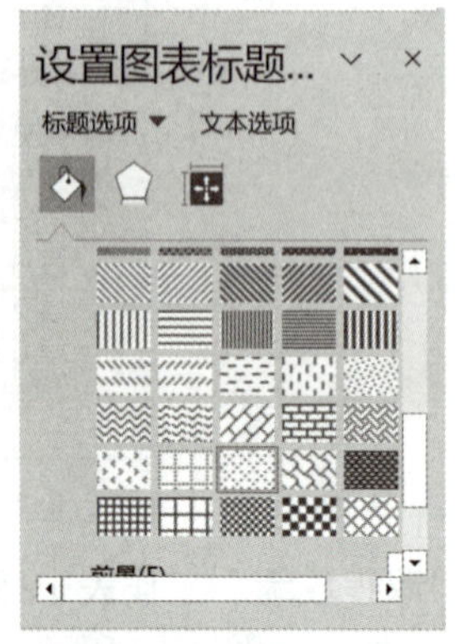

图 4-70　图案填充

（2）设置数据标签

①将图表保持选中状态，然后切换到“图表工具－图表设计”选项卡，单击“图表布局”选项组中的“添加图表元素”按钮，从弹出的下拉菜单中选择“数据标签”→“其他数据标签选项”命令，打开“设置数据标签格式”任务窗格。

②在“填充”选项卡中选中“类别名称”“值”复选框，然后在下方的“标签位置”中选择“最佳匹配”单选选项，如图 4-71 所示。数据标签格式设置完毕。

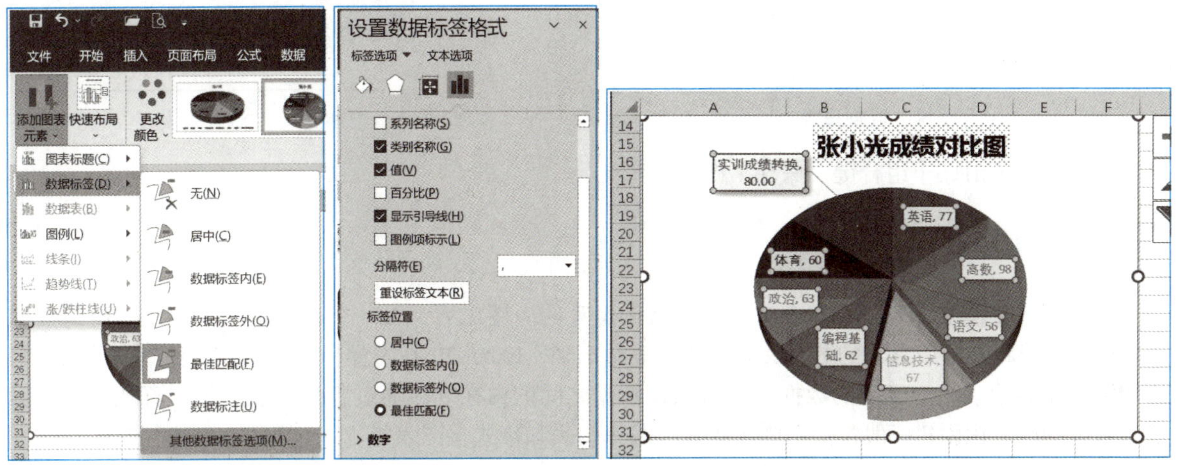

图 4-71　数据标签

（3）显示图例

将图表保持选中状态，然后切换到“图表工具－图表设计”选项卡，单击“图表布局”选项组中的“添加图表元素”按钮，从弹出的下拉菜单中选择“图例”→“右侧”命令，使其在右侧显示图例。

4. 打印统计表及其图表

（1）页面设置

①为了使打印内容出现在纸张的左右居中位置，先将 A、M、N 列删除，然后切换到“页面布局”选项卡，单击“页面设置”选项组中的“对话框启动器”按钮，打开“页面设置”对话框。

②切换到“页边距”选项卡，选中“居中方式”栏中的“水平”复选框，使工作表中的内容左右居中显示，如图 4-72 所示。

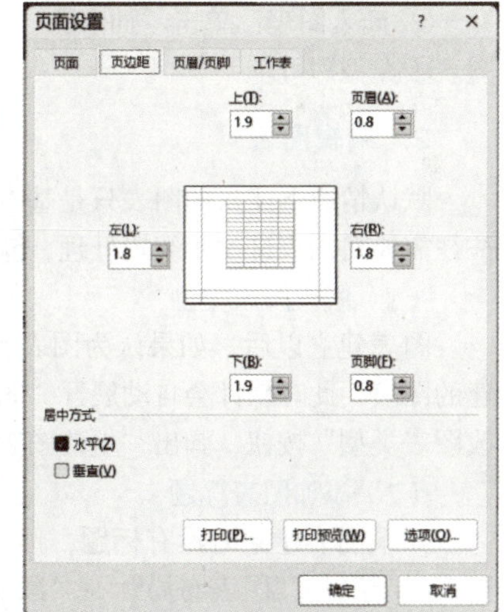

图 4-72　页面设置

③在“页眉 / 页脚”选项卡中单击“自定义页脚”按钮，打开“页脚”对话框，在“左部”列表框中输入“信息技术 1 班”名称，在“中部”列表框中输入“制作人：小玉”，在“右部”列表框中输入“制作日期：”，然后单击“插入日期”按钮，结果如图 4-73 所示。最后单击“确定”按钮，返回“页面设置”对话框，再单击“确定”按钮，完成页面设置。

（2）打印工作表

①切换到“文件”选项卡，选择“打印”命令，在右侧的窗格中会出现页面的预览效果。

②如果对预览效果满意，将“份数”微调框设置为“3”，然后单击“打印”按钮，Excel 将使用默认的打印机将上述表格及图表打印出来。打印完毕后，将结果上报辅导员，任务完成。

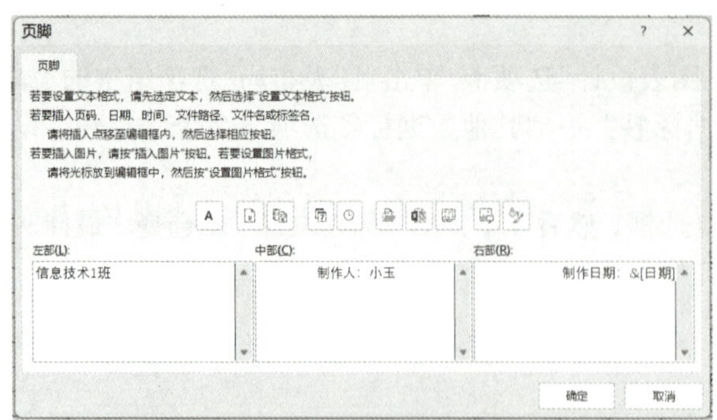

图 4-73　页脚设置

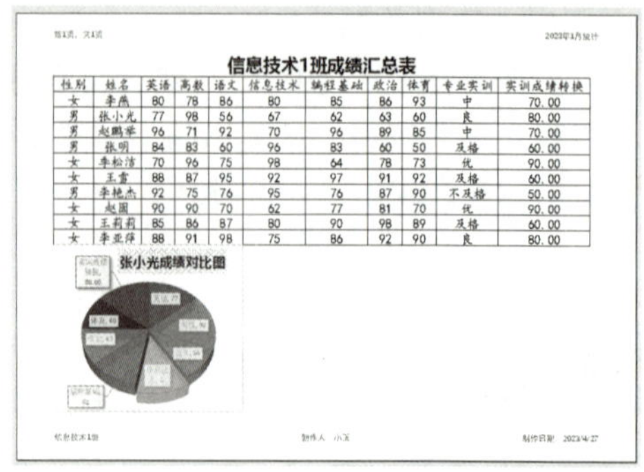

信息技术1班成绩汇总表

性别	姓名	英语	高数	语文	信息技术	编程基础	政治	体育	专业实训	实训成绩转换
女	李燕	80	78	86	80	85	86	93	中	70.00
男	张小光	77	98	56	67	62	63	60	良	80.00
男	赵鹏举	96	71	92	70	96	89	85	中	70.00
男	张明	84	83	60	96	83	60	50	及格	60.00
女	李松洁	70	96	75	98	64	78	73	优	90.00
女	王雪	88	87	95	92	97	91	92	及格	60.00
男	李艳杰	92	75	76	95	76	87	90	不及格	50.00
女	赵圆	90	90	70	62	77	81	70	优	90.00
女	王莉莉	85	86	87	80	90	98	89	及格	60.00
女	李亚萍	88	91	98	75	86	92	90	良	80.00

图 4-74　打印效果设置

（3）按【Ctrl+S】组合键，保存工作簿。

相关知识

数据图表化是 Excel 2016 继表格处理和数据运算的应用之后，又一个比较常用的应用。所谓数据图表化，是指将表格中复杂的数据关系用图表表示出来，Excel 2016 内置有 10 大类 53 种图表类型，用这些图表来表示表格中复杂的数据关系可以使数据之间的内在规律通过各种图表形象、直观地显示出来，数据的图表化创建一般包括：创建图表、编辑图表和格式化图表等。

1. 创建图表

① 确定数据区域：选定需要转换成图表的数据所在的区域即可。

② 插入图表：单击“插入”→“图表”按钮，选择需要的图表类型，在弹出的下拉列表框中选择图表子类型即可。

2. 编辑图表

默认情况下插入的图表只是基本图表，只有图表标题、类别轴、垂直轴、数据系列和图例几个部分，往往需要对图表进一步编辑处理，包括修改图表类型、添加图表标题、修改图例名称、添加新的系列等。

（1）修改图表类型

图表建立以后，如果认为图表类型不合适，可以为图表重新选择图表类型，方法是：首先选中创建的图表，此时软件会自动展开“图表工具”选项卡，单击“图表工具－图表设计”→“类型”→“更改图表类型”按钮，弹出“更改图表类型”对话框，重新选择图表类型即可。

（2）添加图表标题

如果图表建立时没有标题，可以为图表添加标题，方法是：选中创建的图表，单击“图表工具－图表设计”→“图表布局”→“添加图表元素”→“图表标题”命令，在弹出的下拉列表框中选择一种标题格式，然后选中“图表标题”文本框，删除“图表标题”字符并输入新的图表标题内容。

（3）修改图例名称

修改图表中的图例名称常用的方法是：选中图表，单击“图表工具－图表设计”→“数据”→“选择数据”按钮，弹出“选择数据源”对话框，并在“图例项（系列）”列表框中选择待修改的图例名称，然后单击“编辑”按钮，弹出“编辑数据系列”对话框，在“系列名称”文本框中输入新的图例名称即可。图例名称的修改也可以在图表中选中某一系列后，通过编辑栏直接修改公式中的系列名称。

（4）添加新的系列

在图表中添加新的系列的常用的方法是：依照上述方法打开“选择数据源”对话框，并在“图例项（系列）”列表框中单击“添加”按钮，弹出“编辑数据系列”对话框，在“系列名称”文本框中输入系列名称，然后利用“系列值”选择框右侧的折叠按钮选择数据源即可。

3. 格式化图表

图表的格式化主要是对图表的文本内容以及图表区域、坐标轴等对象进行格式设置，对于图表文本内容的格式设置，通常的方法是：选中文本所在的文本框，然后单击“开始”→“字体”选项组中的选项进行格式设置，也可以右击选中的文本框，在弹出的快捷菜单中选择“字体”命令，弹出“字体”对话框，进行格式设置即可。

对于图表区域、坐标轴等对象的格式设置，通常的方法是：选中图表，单击“图表工具”→“布局”→“当前所选内容”→“图表元素”下拉按钮，在弹出的下拉列表框中，选择需要格式设置的图表元素，如垂直（值）轴，然后单击“当前所选内容”→“设置所选内容格式”按钮，弹出“设置坐标轴格式”对话框，进行格式设置即可。

图表的格式化也可以采用快捷方式，方法是：双击图表元素弹出相应对话框进行格式设置。

4. 创建样式图表

上述介绍的是如何为选定数据创建图表，但实际应用中常需要创建样式图表。所谓样式图表，就是给出了图表的样式，要求以样式为依据创建与之相似的图表。由于图表样式没有明确是由表格中的哪些数据转换而来的，因此，能否将图表样式表示的数据区域选出来，是创建样式图表的关键。

一般地，一个图表由图表标题、分类轴、数值轴、分类名称、数据系列和图例构成。其中与数据区域相关的是分类名称、数据系列和图例，而图例中的名称实际上就是数据系列名称，它们对应相同的数据列，因此，可以这样认为图表中只有分类名称和图例（或数据系列）与数据区域有对应关系，根据此对应关系，以图表样式中的分类名称和图例为依据（注意：饼图是以图例和标题为依据的），便可确定图表样式所表示的数据区域。

图 4-75 所示便是以图表样式中的分类名称和图例为依据（饼图则是以图例和标题为依据）确定的数据区域。

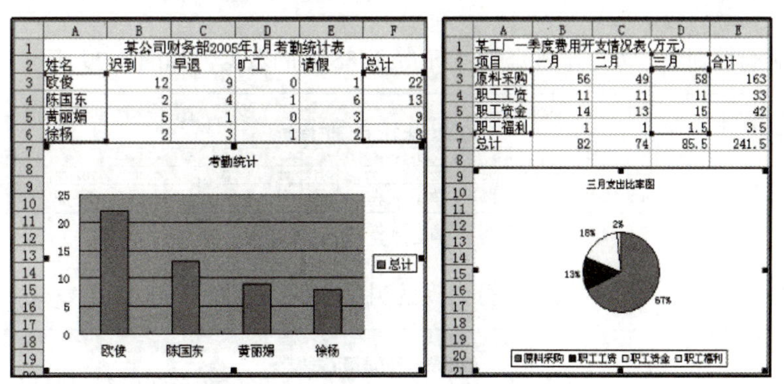

图 4-75　依据图表样式选定的数据区域示意图

拓展训练

在图 4-76 所示的“学生课程成绩表”中，为所有同学的计算机、高数、英语成绩创建一个簇状柱形图。图表样式如图 4-76 和图 4-77 所示。

学生课程成绩表							
学号	学院名称	姓名	计算机	高数	英语	总分	平均分
0010901	信息学院	蔡路	90	91	58	239	80
0010902	信息学院	张洪	90	91	82	263	88
0010903	电子学院	郑波	90	91	85	266	89
0010904	动力学院	梁玲	90	78	65	233	78
0010905	动力学院	周琳	63	66	43	172	57
0010906	电子学院	林杰	80	70	75	225	75
课程最高分			90	91	85		
						2020/6/10 10:30	

图 4-76　学生课程成绩表

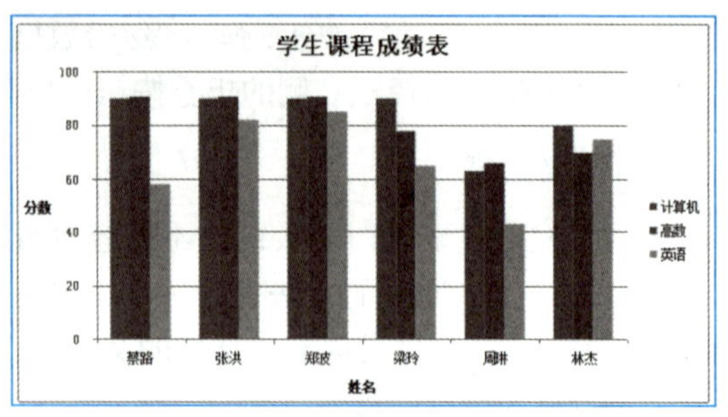

图 4-77　学生课程成绩簇状柱形图

任务 4　管理与统计成绩表

任务描述

视频

排序

小玉完成了对本班同学成绩图表形式的显示，近期，她又完成了辅导员布置的新的任务：

1. 排序

按平均分的降序排序。

主要关键字“总分”升序，次要关键字“信息技术”的降序排序，如图 4-78 所示。

信息技术1班成绩汇总表													
学号	性别	姓名	英语	高数	语文	信息技术	编程基础	政治	体育	专业实训	实训成绩转换	总分	平均分
0006	女	王雪	88	87	95	92	97	91	92	中	70	712	89
0010	女	李亚萍	88	91	98	75	86	92	90	中	70	690	86.25
0009	女	王莉莉	85	86	87	80	90	98	89	及格	60	675	84.375
0003	男	赵鹏举	96	71	92	70	96	89	85	中	70	669	83.625
0007	男	李艳杰	92	75	76	95	76	87	90	中	70	661	82.625
0001	女	李燕	80	78	86	80	85	86	93	中	70	658	82.25
0005	女	季松洁	70	96	75	98	64	78	73	优	90	644	80.5
0008	女	赵国	90	90	70	62	77	81	70	不及格	50	590	73.75
0004	男	张明	84	83	60	96	83	60	50	及格	60	576	72
0002	男	张小光	77	98	56	67	62	63	60	良	80	563	70.375

信息技术1班成绩汇总表													
学号	性别	姓名	英语	高数	语文	信息技术	编程基础	政治	体育	专业实训	实训成绩转换	总分	平均分
0002	男	张小光	77	98	56	67	62	63	60	良	80.00	563.00	70.38
0004	男	张明	84	83	60	96	83	60	50	及格	60.00	576.00	72.00
0008	女	赵国	90	90	70	62	77	81	70	优	90.00	630.00	78.75
0007	男	李艳杰	92	75	76	95	76	87	90	不及格	50.00	641.00	80.13
0005	女	季松洁	70	96	75	98	64	78	73	优	90.00	644.00	80.50
0001	女	李燕	80	78	86	80	85	86	93	中	70.00	658.00	82.25
0003	男	赵鹏举	96	71	92	70	96	89	85	中	70.00	669.00	83.63
0009	女	王莉莉	85	86	87	80	90	98	89	及格	60.00	675.00	84.38
0010	女	李亚萍	88	91	98	75	86	92	90	良	80.00	700.00	87.50
0006	女	王雪	88	87	95	92	97	91	92	及格	60.00	702.00	87.75

图 4-78　排序

视频

自动筛选

2. 自动筛选

自动筛选性别为“女”、平均分大于等于 85 分的数据，如图 4-79 所示。

信息技术1班成绩汇总表													
学号	性别	姓名	英	高	语	信息技	编程基	政	体	专业实	实训成绩转	总分	平均
0006	女	王雪	88	87	95	92	97	91	92	及格	60.00	702.00	87.75
0010	女	李亚萍	88	91	98	75	86	92	90	良	80.00	700.00	87.50

图 4-79　自动筛选 1

查看平均分介于 80 分（含 80）和 90 分之间的男生数据，如图 4-80 所示。

信息技术1班成绩汇总表													
学号	性别	姓名	英	高	语	信息技	编程基	政	体	专业实	实训成绩转	总分	平均
0003	男	赵鹏举	96	71	92	70	96	89	85	中	70.00	669.00	83.63
0007	男	李艳杰	92	75	76	95	76	87	90	不及格	50.00	641.00	80.13

图 4-80　自动筛选 2

3. 高级筛选

筛选平均分 >=80 的女生数据，将筛选结果放到 A15 开始的单元格内，如图 4-81 所示。

信息技术1班成绩汇总表

学号	性别	姓名	英语	高数	语文	信息技术	编程基础	政治	体育	专业实训	实训成绩转换	总分	平均分
0001	女	李燕	80	78	86	80	85	86	93	中	70.00	658.00	82.25
0002	男	张小光	77	98	56	67	62	63	60	良	80.00	563.00	70.38
0003	男	赵鹏举	96	71	92	70	96	89	85	中	70.00	669.00	83.63
0004	男	张明	84	83	60	96	83	60	50	及格	60.00	576.00	72.00
0005	女	季松洁	70	96	75	98	64	78	73	优	90.00	644.00	80.50
0006	女	王雪	88	87	95	92	97	91	92	及格	60.00	702.00	87.75
0007	男	李艳杰	92	75	76	95	76	87	90	不及格	50.00	641.00	80.13
0008	女	赵囡	90	90	70	62	77	81	70	优	90.00	630.00	78.75
0009	女	王莉莉	85	86	87	80	90	98	89	及格	60.00	675.00	84.38
0010	女	李亚萍	88	91	98	75	86	92	90	良	80.00	700.00	87.50

平均分	性别
>=80	女

学号	性别	姓名	英语	高数	语文	信息技术	编程基础	政治	体育	专业实训	实训成绩转换	总分	平均分
0001	女	李燕	80	78	86	80	85	86	93	中	70.00	658.00	82.25
0005	女	季松洁	70	96	75	98	64	78	73	优	90.00	644.00	80.50
0006	女	王雪	88	87	95	92	97	91	92	及格	60.00	702.00	87.75
0009	女	王莉莉	85	86	87	80	90	98	89	及格	60.00	675.00	84.38
0010	女	李亚萍	88	91	98	75	86	92	90	良	80.00	700.00	87.50

图 4-81　高级筛选 1

视 频

高级筛选

查看所有专业实训为“优”或男生的数据，结果原数据显示，如图 4-82 所示。

信息技术1班成绩汇总表

学号	性别	姓名	英语	高数	语文	信息技术	编程基础	政治	体育	专业实训	实训成绩转换	总分	平均分
0002	男	张小光	77	98	56	67	62	63	60	良	80.00	563.00	70.38
0003	男	赵鹏举	96	71	92	70	96	89	85	中	70.00	669.00	83.63
0004	男	张明	84	83	60	96	83	60	50	及格	60.00	576.00	72.00
0005	女	季松洁	70	96	75	98	64	78	73	优	90.00	644.00	80.50
0007	男	李艳杰	92	75	76	95	76	87	90	不及格	50.00	641.00	80.13
0008	女	赵囡	90	90	70	62	77	81	70	优	90.00	630.00	78.75

专业实训	性别
优	
	男

图 4-82　高级筛选 2

4. 分类汇总

汇总统计男女生的总分、平均分的平均值，如图 4-83 所示。

信息技术1班成绩汇总表

学号	性别	姓名	英语	高数	语文	信息技术	编程基础	政治	体育	专业实训	实训成绩转换	总分	平均分
0002	男	张小光	77	98	56	67	62	63	60	良	80.00	563.00	70.38
0004	男	张明	84	83	60	96	83	60	50	及格	60.00	576.00	72.00
0007	男	李艳杰	92	75	76	95	76	87	90	不及格	50.00	641.00	80.13
0003	男	赵鹏举	96	71	92	70	96	89	85	中	70.00	669.00	83.63
	男 平均值											612.25	76.53
0008	女	赵囡	90	90	70	62	77	81	70	优	90.00	630.00	78.75
0005	女	季松洁	70	96	75	98	64	78	73	优	90.00	644.00	80.50
0001	女	李燕	80	78	86	80	85	86	93	中	70.00	658.00	82.25
0009	女	王莉莉	85	86	87	80	90	98	89	及格	60.00	675.00	84.38
0010	女	李亚萍	88	91	98	75	86	92	90	良	80.00	700.00	87.50
0006	女	王雪	88	87	95	92	97	91	92	及格	60.00	702.00	87.75
	女 平均值											668.17	83.52
	总计平均值											645.80	80.73

图 4-83　分类汇总

视 频

分类汇总、数据透视表

5. 数据透视表

查看女生的最高平均分及女生总分的平均分，如图 4-84 所示。

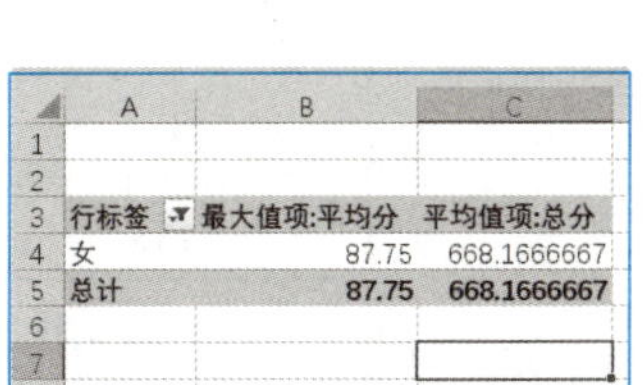

行标签	最大值项:平均分	平均值项:总分
女	87.75	668.1666667
总计	87.75	668.1666667

图 4-84　数据透视表

任务分析

- 排序，可以对指定数据区域进行排序。
- 自动筛选两个符合条件的数据。
- 高级筛选，筛选出满足复杂条件的数据。
- 分类汇总可以对数据进行一级或多级分类汇总。
- 创建数据透视表，可以创建一维或多维数据透视表。

通过“数据透视表工具 / 分析”和“数据透视表工具 / 设计”选项卡，可以对已创建的数据透视表进行必要的设置。

任务实现

打开“任务三.xlsx”工作簿，将“课程成绩”工作表中的图表删除，并将“信息技术 1 班成绩汇总表”工作表删除，回到只有数据的状态。

1. 排序

（1）按平均分的降序排序

复制“课程成绩”工作表，并将其命名为“排序 1”，将光标移至平均分列下方 N3：N12 的任意一个单元，切换“开始”选项卡“编辑”功能组中的“排序和筛选”按钮，单击“降序”排序。

（2）按照主要关键字“总分”升序，次要关键字“信息技术”的降序排序

复制“课程成绩”工作表，并将其命名为“排序 2”，将光标移至数据区域中，切换到“数据”选项卡，单击“排序和筛选”选项中的“排序”按钮，打开“排序”对话框。在“排列依据”后边的选项中选择“总分”，次序选择“升序”排序，单击对话框左上角的“添加条件”按钮，出现次要关键字，并在其选择“信息技术”，次序中选择“降序”排序，如图 4-85 所示。

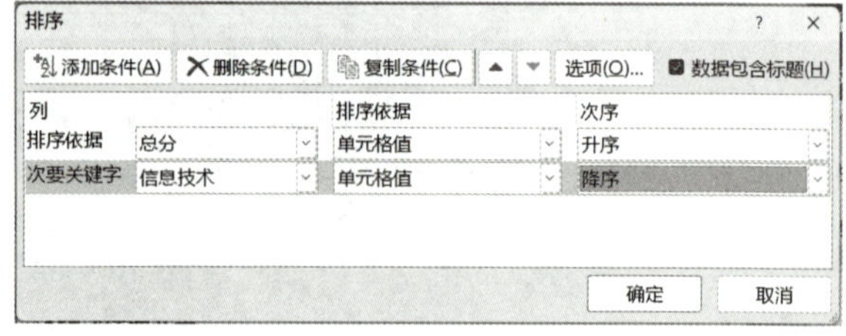

图 4-85　排序对话框

2. 自动筛选

（1）自动筛选性别为“女”、平均分大于等于85的数据

复制“课程成绩”工作表，并将其命名为“自动筛选 1”，将光标移至数据区域中，切换“开始”选项卡，单击“编辑”选项组“排序和筛选”中的“筛选”按钮。在列标题上出现▼形状，单击列标题“性别”后的▼，选择“女”，如图 4-86 所示。

单击标题列“平均分”▼，选择“数字筛选”→“大于或等于”命令，出现“自定义自动筛选”对话框，在平均分“大于或等于”后输入数字“85”，如图 4-87 所示，结果如图 4-88 所示。

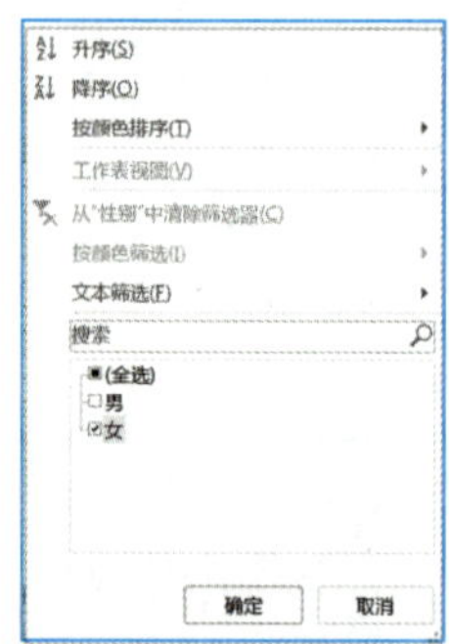

图 4-86　筛选性别

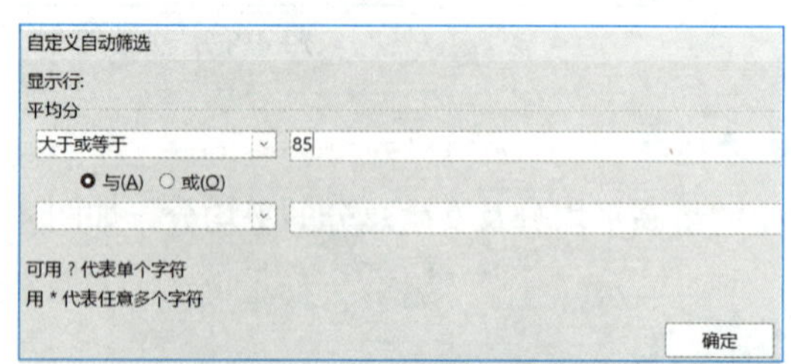

图 4-87　设置数字筛选条件

	A	B	C	D	E	F	G	H	I	J	K	L	M	N
2	学号	性别	姓名	英	高	语	信息技	编程基	政	体	专业实	实训成绩转	总分	平均
8	0006	女	王雪	88	87	95	92	97	91	92	及格	60.00	702.00	87.75
12	0010	女	李亚萍	88	91	98	75	86	92	90	良	80.00	700.00	87.50

图 4-88　筛选效果图

（2）查看平均分介于80分（含80）和90分之间的男生数据

复制“课程成绩”工作表，并将其命名为“自动筛选 2”，将光标移至数据区域中，切换“开始”选项卡，单击“编辑”选项组“排序和筛选”中的“筛选”按钮。在列标题上出现▼形状，单击列标题“平均分”后的▼，选择“数字筛选”→“介于”命令，打开“自定义自动筛选”对话框，大于或等于后输入数字“80”，“小于”后输入数字“90”，单击“确定”按钮，如图 4-89 所示。单击列标题“性别”后的▼，选择“男”，最终结果如图 4-90 所示。

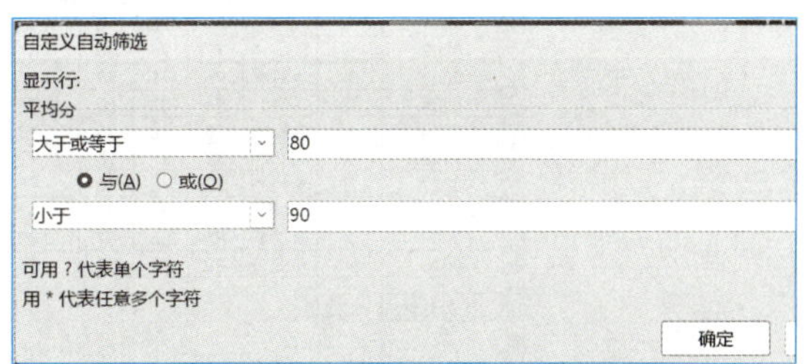

图 4-89　自动筛选条件

信息技术1班成绩汇总表

学号	性别	姓名	英	高	语	信息技	编程基	政	体	专业实	实训成绩转	总分	平均
0003	男	赵鹏举	96	71	92	70	96	89	85	中	70.00	669.00	83.63
0007	男	李艳杰	92	75	76	95	76	87	90	不及格	50.00	641.00	80.13

图 4-90　自动筛选效果图

3. 高级筛选

（1）筛选平均分>=80的女生数据，将筛选结果放到A15开始的单元格内

复制“课程成绩”工作表，并将其命名为“高级筛选 1”。分别复制 N2、B2 单元格内容到 P2 及 Q2 中，在单元格 P3、Q3 中分别输入“>=80”和“女”，完成条件区域设置，如图 4-91 所示。

将光标移至数据区域中，切换“数据”选项卡，单击“排序和筛选”选项组中的“高级”按钮。打开“高级筛选”对话框。

在“方式”栏中选中“将筛选结果复制到其他位置”单选按钮，“列表区域”框中的区域数据已自动指定，将光标移至“条件区域”中，框选单元格区域中 P2:Q3，接着将光标移至“复制到”框中，单击单元格 A15 指定筛选结果放置的起始单元格，如图 4-92 所示，筛选结果如图 4-93 所示。

1班成绩汇总表

编程基础	政治	体育	专业实训	实训成绩转换	总分	平均分		平均分	性别
85	86	93	中	70.00	658.00	82.25		>=80	女
62	63	60	良	80.00	563.00	70.38			
96	89	85	中	70.00	669.00	83.63			
83	60	50	及格	60.00	576.00	72.00			
64	78	73	优	90.00	644.00	80.50			
97	91	92	及格	60.00	702.00	87.75			
76	87	90	不及格	50.00	641.00	80.13			
77	81	70	优	90.00	630.00	78.75			
90	98	89	及格	60.00	675.00	84.38			
86	92	90	良	80.00	700.00	87.50			

图 4-91　高级筛选条件

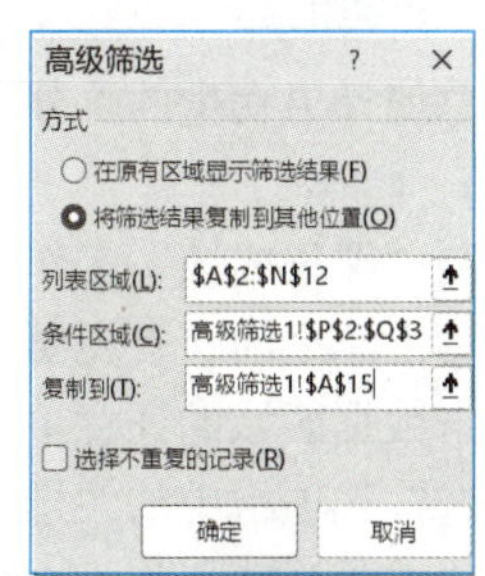

图 4-92　“高级筛选”对话框

学号	性别	姓名	英语	高数	语文	信息技术	编程基础	政治	体育	专业实训	实训成绩转换	总分	平均分
0001	女	李燕	80	78	86	80	85	86	93	中	70.00	658.00	82.25
0005	女	季松洁	70	96	75	98	64	78	73	优	90.00	644.00	80.50
0006	女	王雪	88	87	95	92	97	91	92	及格	60.00	702.00	87.75
0009	女	王莉莉	85	86	87	80	90	98	89	及格	60.00	675.00	84.38
0010	女	李亚萍	88	91	98	75	86	92	90	良	80.00	700.00	87.50

图 4-93　高级筛选结果

（2）查看所有专业实训为“优”或男生的数据，结果原数据显示

复制“课程成绩”工作表，并将其命名为“高级筛选 2”。分别复制 K2、B2 单元格内容到 A14 及 B14 中，在单元格 A15、B16 中分别输入“优”和“男”，完成条件区域设置，如图 4-94 所示。

信息技术1班成绩汇总表

学号	性别	姓名	英语	高数	语文	信息技术	编程基础	政治	体育	专业实训	实训成绩转换	总分	平均分
0001	女	李燕	80	78	86	80	85	86	93	中	70.00	658.00	82.25
0002	男	张小光	77	98	56	67	62	63	60	良	80.00	563.00	70.38
0003	男	赵鹏举	96	71	92	70	96	89	85	中	70.00	669.00	83.63
0004	男	张明	84	83	60	96	83	60	50	及格	60.00	576.00	72.00
0005	女	季松洁	70	96	75	98	64	78	73	优	90.00	644.00	80.50
0006	女	王雪	88	87	95	92	97	91	92	及格	60.00	702.00	87.75
0007	男	李艳杰	92	75	76	95	76	87	90	不及格	50.00	641.00	80.13
0008	女	赵囡	90	90	70	62	77	81	70	优	90.00	630.00	78.75
0009	女	王莉莉	85	86	87	80	90	98	89	及格	60.00	675.00	84.38
0010	女	李亚萍	88	91	98	75	86	92	90	良	80.00	700.00	87.50

专业实训	性别
优	
	男

图 4-94　输入高级筛选条件

将光标移至数据区域中，切换“数据”选项卡，单击“排序和筛选”选项组中的“高级”按钮。打开“高级筛选”对话框。

在“方式”栏中选中“在原有区域显示筛选结果”单选按钮，“列表区域”框中的区域数据已自动指定，将光标移至“条件区域”中，框选单元格区域中 A14:B16，单击“确定”按钮，如图 4-95 所示，筛选结果如图 4-96 所示。

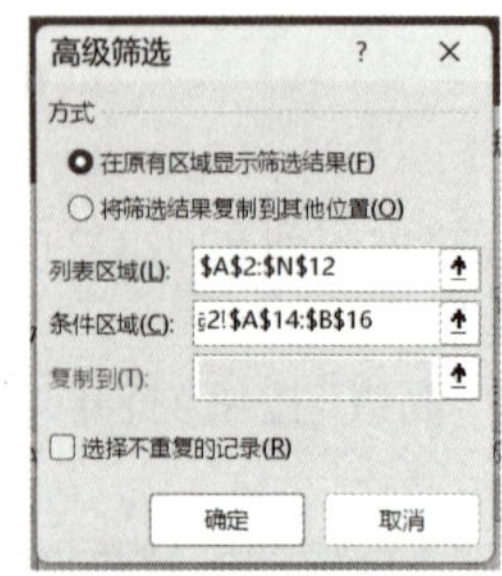

图 4-95　“高级筛选”对话框

信息技术1班成绩汇总表

学号	性别	姓名	英语	高数	语文	信息技术	编程基础	政治	体育	专业实训	实训成绩转换	总分	平均分
0002	男	张小光	77	98	56	67	62	63	60	良	80.00	563.00	70.38
0003	男	赵鹏举	96	71	92	70	96	89	85	中	70.00	669.00	83.63
0004	男	张明	84	83	60	96	83	60	50	及格	60.00	576.00	72.00
0005	女	季松洁	70	96	75	98	64	78	73	优	90.00	644.00	80.50
0007	男	李艳杰	92	75	76	95	76	87	90	不及格	50.00	641.00	80.13
0008	女	赵囡	90	90	70	62	77	81	70	优	90.00	630.00	78.75

专业实训	性别
优	
	男

图 4-96　高级筛选效果图

4. 分类汇总

汇总统计男女生的总分、平均分的平均值。

（1）排序

复制“课程成绩”工作表，并将其命名为“分类汇总”。按照男女生总分进行汇总之前，首先要对其数据区域进行排序。

单击数据区域的任意单元格，然后切换到“数据”选项卡，单击“排序和筛选”选项组中的“排序”按钮，打开“排序”对话框。

将“主要关键字”下拉列表框设置为“性别”，然后单击“添加条件”按钮，将“次要关键字”下拉列表框设置为“总分”，单击“确定”按钮，完成排序。

（2）分类汇总

将光标置于数据区域内，单击“分级显示”选项组中的“分类汇总”按钮，打开“分类汇总”对话框。

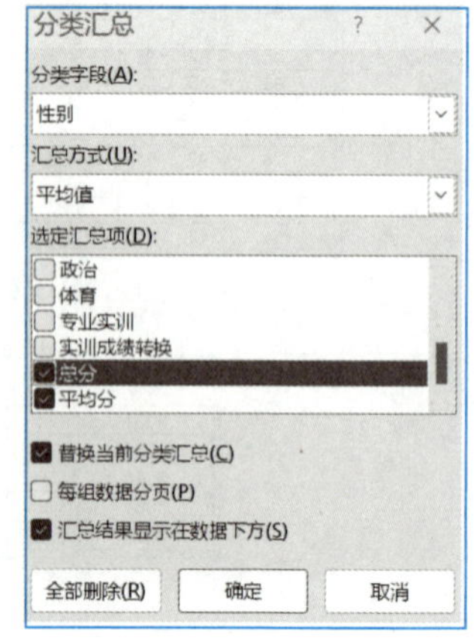

图 4-97　“分类汇总”对话框

将“分类字段”下拉列表框设置为“性别”，将“汇总方式”下拉列表框设置为“平均值”，在“选定汇总项”列表框中选择“总分”和“平均分”两项，如图 4-97 所示。单击“确定”按钮，完成对男女生总分、平均分均值的分类汇总，结果如图 4-98 所示。

信息技术1班成绩汇总表

学号	性别	姓名	英语	高数	语文	信息技术	编程基础	政治	体育	专业实训	实训成绩转换	总分	平均分
0002	男	张小光	77	98	56	67	62	63	60	良	80.00	563.00	70.38
0004	男	张明	84	83	60	96	83	60	50	及格	60.00	576.00	72.00
0007	男	李艳杰	92	75	76	95	76	87	90	不及格	50.00	641.00	80.13
0003	男	赵鹏举	96	71	92	70	96	89	85	中	70.00	669.00	83.63
	男 平均值											612.25	76.53
0008	女	赵囡	90	90	70	62	77	81	70	优	90.00	630.00	78.75
0005	女	李松洁	70	96	75	98	64	78	73	优	90.00	644.00	80.50
0001	女	李燕	80	78	86	80	85	86	93	中	70.00	658.00	82.25
0009	女	王莉莉	85	86	87	80	90	98	89	及格	60.00	675.00	84.38
0010	女	李亚萍	88	91	98	75	86	92	90	良	80.00	700.00	87.50
0006	女	王雪	88	87	95	92	97	91	92	及格	60.00	702.00	87.75
	女 平均值											668.17	83.52
	总计平均值											645.80	80.73

图 4-98　分类汇总效果图

5. 数据透视表

查看女生的最高平均分及女生总分的平均分。

单击“课程成绩”工作表数据区域的任意单元格，切换到“插入”选项卡，单击“表格”选项组中的“数据透视表”按钮，打开“创建数据透视表”对话框。保持默认选项，单击“确定”按钮，进入数据透视表设计界面，如图 4-99 所示。

在“数据透视表字段”任务窗格中，从“选择要添加到报表的字段”列表框中将“性别”字段拖动到“行”标签文本框中，将“平均分”“总分”字段拖动到“值”文本框中，结果如图 4-100 所示。

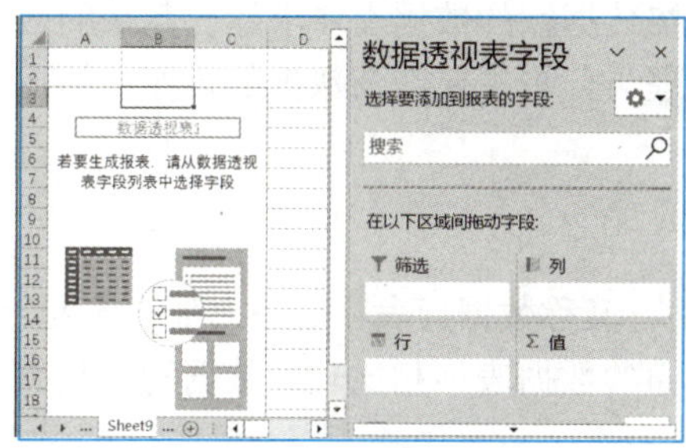

图 4-99　数据透视表字段

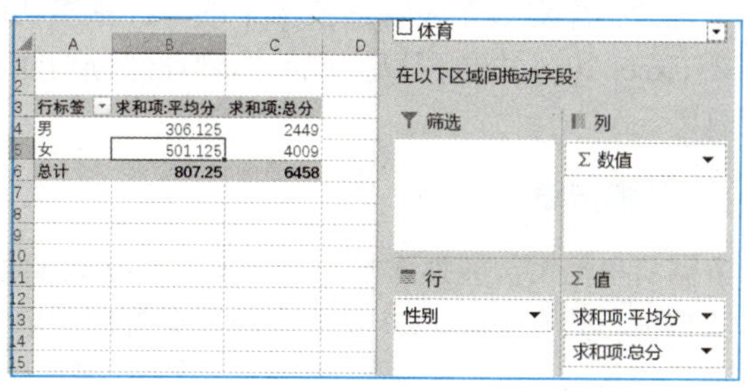

图 4-100　数据透视表字段

单击 B3 单元格“求和项：平均分”，切换到“数据透视表工具－数据透视表分析”选项卡，单击“活动字段”选项组中的“字段设置”按钮，打开“值字段设置”对话框，从中选择“值汇总方式”选项卡，在“值字段汇总方式”下拉菜单中选择“最大值”选项，如图 4-101 所示。单击 C3 单元格“求和项：总分”，切换到“数据透视表工具－数据透视表分析”选项卡，单击“活动字段”选项组中的“字段设置”按钮，打开“值字段设置”对话框，从中选择“值汇总方式”选项卡，在“值字段汇总方式”下拉菜单中选择“平均值”选项，如图 4-102 所示。

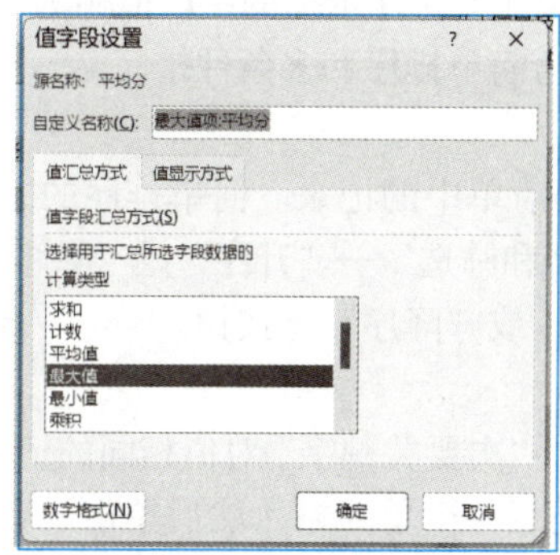

图 4-101　值汇总方式

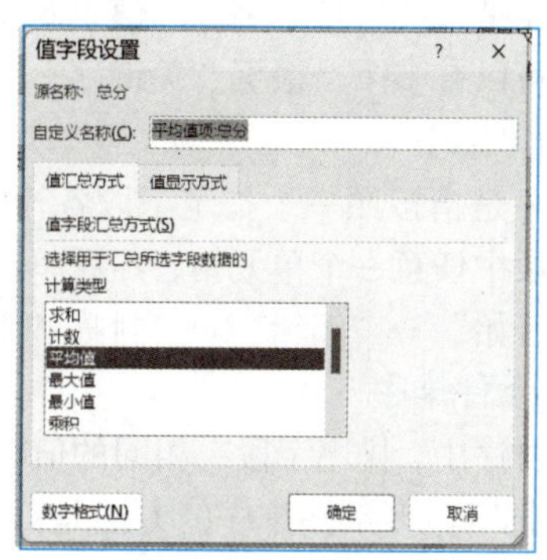

图 4-102　选择平均值

在 A3 单元格的“行标签”上单击▼下拉菜单中的“女”选项，完成女生总分的平均值数据透视表的显示，如图 4-103 所示。

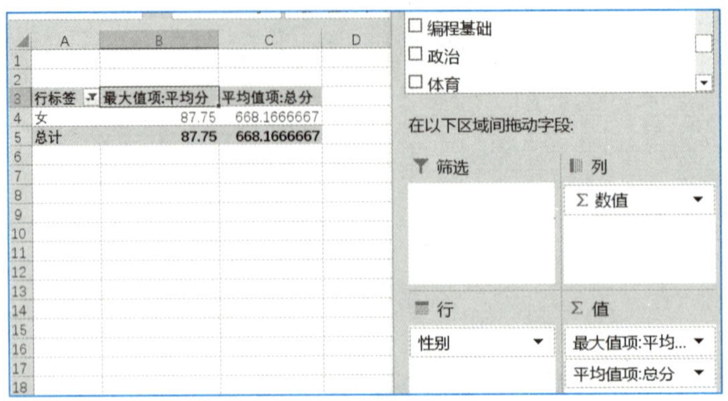

图 4-103　筛选性别

相关知识

Excel 2016 除了具有强大的制表、计算和图表处理功能外，还具有数据管理功能。对数据的管理，实际上是数据库对数据表管理技术中的一种基本功能，但对按数据库的数据表要求建立起来的数据表格，在 Excel 2016 中也可以实现数据管理部分功能，数据管理与分析主要涉及数据的排序、筛选、分类汇总等。

1. 数据清单

数据清单是指按数据库的数据表要求建立起来的数据表格，又称数据列表，它是一张二维表。

数据清单是在 Excel 2016 中实现数据管理的前提，与普通的数据表格相比较，数据清单具有如下特点：

① 数据清单的第一行为表头，主要用于输入每列的列标题。

② 数据清单中的列称为字段，每列的列标题称为该字段的字段名。

③ 列标题名必须唯一且同一列数据的数据类型必须完全相同。

④ 数据清单中不能有数据完全相同的两行。

⑤ 数据清单中不能包含空行和空列。

2. 数据排序

数据排序是指按照指定字段的值重新排列数据清单中的记录。排序依据的字段值称为“关键字”，“关键字”可以有多个，根据“关键字”个数，数据排序分为简单排序和多条件排序。

（1）简单排序

简单排序是指按照一个指定字段各行的值重新排列数据清单中的记录。简单排序的方法是：首先选定关键字段中任意一个单元格，然后单击“数据”→“排序和筛选”→“升序”或“降序”按钮即可。也可单击“开始”→“编辑”→“排序和筛选”→“升序”（或“降序”）按钮。

（2）多条件排序

在简单排序中，排序字段有相同的值时，还可以指定多个“次要关键字”对值相同的记录继续排序，称为多条件排序。多条件排序的方法是：选定数据清单中任意一个单元格，然后单击“数据”→“排序和筛选”→“排序”按钮，弹出“排序”对话框，分别设置好“主要关键字”“排序依据”和“次序”，需要添加“次要关键字”时可单击对话框中的“添加条件”按钮，如图 4-104 所示。也可以单击“开始”→“编辑”→“排序和筛选”→“自定义排序”按钮，弹出“排序”对话框进行设置即可。

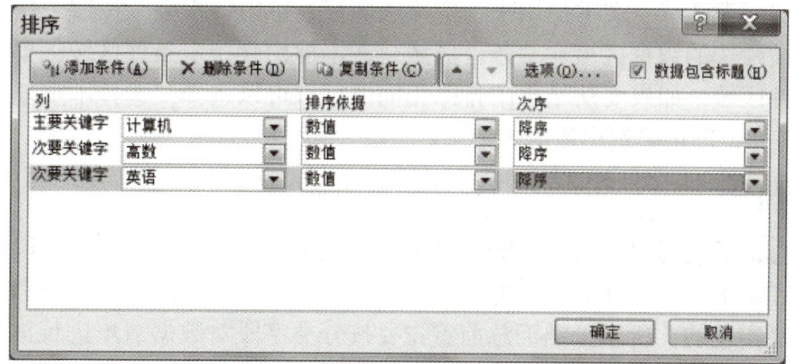

图 4-104　“排序”对话框

3. 数据的筛选

数据的筛选是指按照预设条件，把不符合条件的记录暂时隐藏，只显示符合条件的记录，数据筛选包括“自动筛选”和“高级筛选”两种方式。

（1）自动筛选

自动筛选是对单个字段建立的一种数据筛选方式，而多个字段之间是逻辑与的关系。自动筛选的条件比较简单，一般是单个条件或两个条件，这些条件可以由系统自动设置，也可以自定义设置，使用自动筛选方式筛选数据时，先选中数据清单中的任意一个单元格，然后单击“开始”→“编辑”→“排序和筛选”→“筛选”按钮，或者单击“数据”→“排序和筛选”→“筛选”按钮，此时数据清单的每个列标题右侧出现一个下拉按钮，单击下拉按钮，在弹出的下拉列表框中，如果选择“全部”选项，则数据清单显示全部记录。如果选中某一筛选条件，则不符合条件的记录自动隐藏，只显示符合条件的记录。如果要自定义条件，则在下拉列表框中选择“数字筛选”→“自定义筛选”选项，弹出“自定义自动筛选方式”对话框，可以设置两个筛选条件并确定它们的“与”“或”关系，如图 4-105 所示。

图 4-105　“自定义自动筛选方式”对话框

（2）高级筛选

相对于自动筛选而言，高级筛选是对多个字段建立的一种数据筛选方式，筛选数据时，如果预设的筛选条件很复杂，或同时对多个字段数据进行筛选，则可考虑使用高级筛选。高级筛选使用方法如下：

建立筛选条件：先在独立于数据清单的区域建立筛选条件（条件区域与数据清单之间有空行和空列分隔开即可），建立筛选条件时，条件区域首行用来输入筛选条件标题（条件标题必须与要筛选的字段名一致），从第二行起输入筛选条件，在同一行中的条件关系为“逻辑与”，在不同行之间的条件为“逻辑或”。即筛选条件间是“且”的关系，则输入在同一行中；是“或”的关系，则输入在不同的行中。

筛选数据：筛选条件建立后，单击数据清单中任意一个单元格，然后单击“数据”→“排序和筛选”→“高级”按钮，弹出“高级筛选”对话框，其中，“方式”组可以决定在原有区域或者其他位置显示筛选结果；“列表区域”文本框用来指定筛选区域，单击“折叠”按钮，然后在工作表中选定包含列标题在内的被筛选的数据区域；“条件区域”文本框用来指定条件区域；单击“折叠”按钮，在工作表中选择条件区域，如果要从结果中排除相同的行，可以选择“选择不重复的记录”复选框，最后单击“确定”按钮，即可筛选出所需的记录。

4. 数据的分类汇总

数据的分类汇总是指先将数据清单中的记录按指定关键字的值进行分类，字段值相同的为一类，然后再按类进行求和、求平均、计数、求方差等运算。分类汇总实际上包括分类和汇总两种操作，其中的分类是通过排序实现的，所以分类汇总前首先要按分类字段对数据清单进行排序，分类汇总分为简单汇总、嵌套汇总、数据透视表三种。

（1）简单汇总

简单汇总是指对数据清单中的一个字段统一做一种方式的汇总。简单汇总通常的方法是：单击“数据”→“分级显示”→“分类汇总”按钮，弹出“分类汇总”对话框。

在“分类字段”下拉列表框中选择要按其分类的关键字。在“汇总方式”下拉列表框中选择汇总方式函数，包括求和、计数、平均值、最大值、最小值、乘积、计数值、标准偏差、总体标准偏差、方差等，默认为“求和”。在“选定汇总项”列表框中给出了所有字段中选择需要汇总的字段名。

如果要替换当前的分类汇总可以选择“替换当前分类汇总”复选框；如果要在每组分类之前插入分页，则选择“每组数据分页”复选框，在打印时将一组数据打印一页；如果要在数据组末端显示分类汇总结果则选择“汇总结果显示在数据下方”复选框，最后单击“确定”按钮即可。如果要删除当前的分类汇总，在重新弹出的“分类汇总”对话框中单击“全部删除”按钮，分类汇总表即还原为一般工作表。

（2）嵌套汇总

嵌套汇总是指对数据清单中同一字段进行多种方式的汇总。嵌套汇总实际上是在上一次汇总的基础上对数据清单进行新的汇总，方法是再次单击“数据”→“分级显示”→“分类汇总”按钮，弹出“分类汇总”对话框，在“分类字段”下拉列表框中选择新的字段，并取消选择“替换当前分类汇总”复选框，即可叠加分类汇总结果。

（3）数据透视表

数据透视表是指对数据清单中多个字段进行分类汇总，简单汇总和嵌套汇总都是只能对一个字段进行分类汇总，数据透视表对数据清单中多个字段进行分类汇总的方法是：

① 选定要建立数据透视表的数据清单，然后单击“插入”→“表格”→“数据透视表”按钮，弹出“创建数据透视表”对话框，如图 4-106 所示。

② 在“创建数据透视表”对话框中，设置透视表的数据区域，如图 4-107 所示，单击“确定”按钮后，进入数据透视表编辑状态。

③ 将“数据透视表字段列表”任务窗格中的字段按数据透视表的文字说明拖到相应位置处，并调整汇总方式。

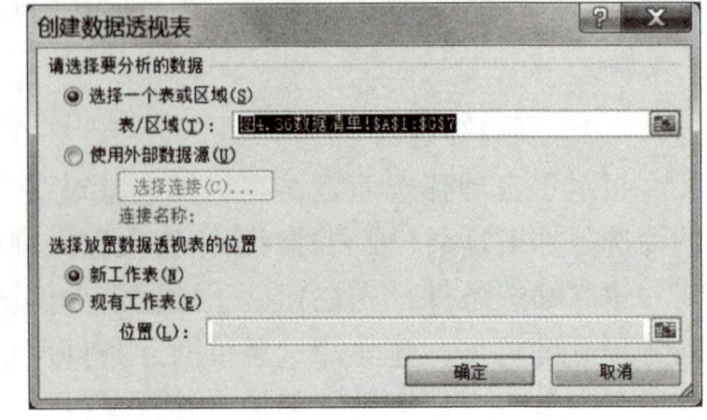

图 4-106 “创建数据透视表”对话框

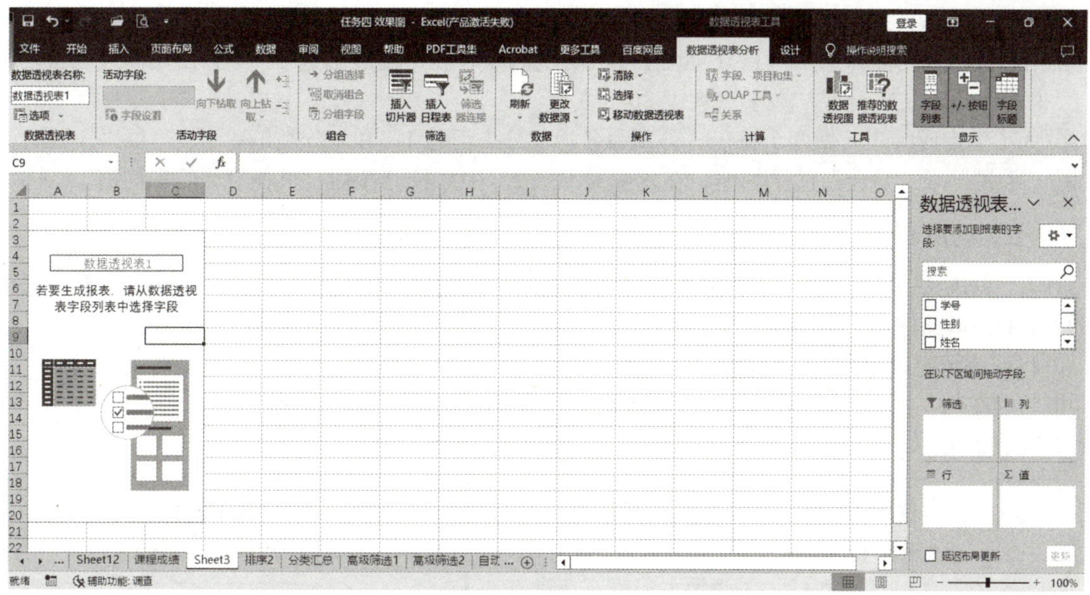

图 4-107　数据透视表编辑状态示意图

拓展训练

1. 建立学生文件夹

在 D 盘下建立学生文件夹，命名为“学号 + 姓名”。

2. 新建工作簿

在学生文件夹中，新建工作簿 ex2.xlsx，Sheet1 工作表内容如图 4-108 所示，总分和平均分要求用函数或公式输入。

	A	B	C	D	E	F	G	H	I	J
1	序号	学号	姓名	性别	语文	数学	英语	体育	总分	平均分
2	1	020090010	王红	女	88	90	90	91	359	89.75
3	2	020090011	李明明	男	88	78	69	86	321	80.25
4	3	020090012	江明	男	80	75	85	87	327	81.75
5	4	020090013	张华	男	90	85	86	72	333	83.25
6	5	020090014	罗长安	男	66	75	43	66	250	62.5
7	6	020090015	梁丽丽	女	62	37	54	83	236	59
8	7	020090016	马艺玲	女	75	48	61	68	252	63

图 4-108　Sheet1 工作表

3. 数据管理

① 将 Sheet1 标签名改为“学生成绩表”。

② 为“学生成绩表”做一个备份，命名为“总分排序”，将数据清单按“总分”降序排序。

③ 为“学生成绩表”做一个备份，命名为“多条件排序”，将数据清单按“语文”“数学”多条件降序排序。

④ 为“学生成绩表”做两个备份，分别命名为“自动筛选 1”和“自动筛选 2”。在“自动筛选 1”中，使用自动筛选功能筛选出“总分”小于 300 的记录；在“自动筛选 2”中，使用自动筛选功能筛选出“数学”分大于 70 的记录。

⑤ 为“学生成绩表”做两个备份，分别命名为“高级筛选 1”和“高级筛选 2”。在“高级筛选 1”中，使用高级筛选功能筛选出“总分”大于 320 分的男生；在“高级筛选 2”中，使用高级筛选功能筛选出“总分”等于 236 分或“数学”大于 80 的女生。

⑥ 为“学生成绩表”做两个备份，分别命名为“分类汇总 1”和“分类汇总 2”。在“分类汇总 1”中，按“性别”求“总分”的平均值；在“分类汇总 2”中，按“性别”求各门课的平均值。

4. 数据的图表化

① 在“学生成绩表”中，分别建立学号为单数的学生的柱形圆柱图，如图 4-109 所示和学号为双数的学生的柱形圆柱图，如图 4-110 所示。

② 将图表标题设为黑体、蓝色、20 号字。

③ 将“王红”的英语成绩改为 98，体育成绩改为 65，观察图表的变化。

④ 保存退出。

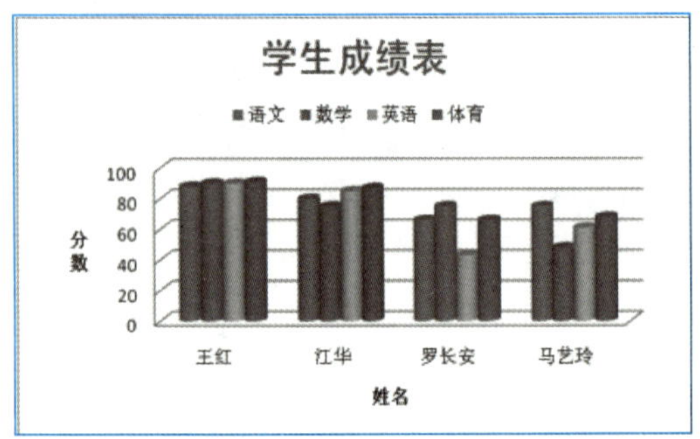

图 4-109　学号为单数学生成绩柱形圆柱图

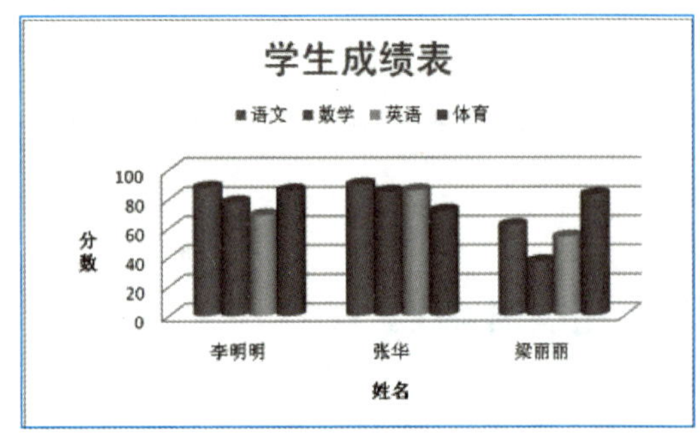

图 4-110　学号为双数学生成绩柱形圆柱图

习　　题

一、选择题

1. 在 Excel 2016 中，某工作表 D2 单元格中，含有公式“=A2+B2-C2”，则将 D2 单元格复制到该表的 D3 单元格时，D3 单元格中的公式应是（　　）。

   A. =A2+B2-C2　　　　B. =A3+B3-C3

   C. =B2+C2-D2　　　　D. 无法复制

2. Excel 中，移动图表的正确方法是（　　）。

   A. 将鼠标指针指向图表区的空白处，按住【Ctrl】键的同时拖动鼠标

   B. 将鼠标指针指向图表四周的控点上，并拖动鼠标

   C. 将鼠标指针指向图表区的空白处，并拖动鼠标

   D. 将鼠标指针指向图表区的非空白处，并拖动鼠标

3. 选择“格式”工具栏里的货币符号为人民币，2000 将显示为（　　）。

   A. #2000　　　　B. $2000

   C. ￥2000　　　　D. &2000

4. 在 Excel 2016 中建立图表时，我们一般（　　）。

   A. 先输入数据，再建立图表　　　　B. 建完图表后，再输入数据

   C. 在输入的同时，建立图表　　　　D. 首先建立一个图表标签

5. 为了取消分类汇总的操作，必须（　　）。
   A. 删除分类汇总后的工作表
   B. 按【Delete】键
   C. 在“分类汇总”对框中单击“全部删除”按钮
   D. 其他选项都不可以
6. 在对 Excel 2016 工作表的数据清单进行排序时，下列中不正确的是（　　）。
   A. 可以按指定的关键字递增或递减排序
   B. 最多可以指定三个排序关键字
   C. 不可以指定本数据清单以外的字段作为排序关键字
   D. 可以指定数据清单中的任意多个字段作为排序关键字
7. 在 Excel 工作表中，当前单元格的填充柄在其（　　）。
   A. 左上角　　B. 右上角　　C. 左下角　　D. 右下角
8. Excel 中，和数据表放在一起的图表称为（　　）。
   A. 自由式图表　　B. 独立式图表　　C. 合并式图表　　D. 嵌入式图表
9. 下面有关 Excel 2016 工作表、工作簿的说法中，正确的是（　　）。
   A. 一个工作簿可包含多个工作表，默认工作表名为 Sheet1/Sheet2/Sheet3
   B. 一个工作簿可包含多个工作表，默认工作表名为 Book1/Book2/Book3
   C. 一个工作表可包含多个工作簿，默认工作表名为 Sheet1/Sheet2/Sheet3
   D. 一个工作表可包含多个工作簿，默认工作表名为 Book1/Book2/Book3
10. 若在单元格中出现一连串的“###”符号，则需（　　）。
   A. 重新输入数据　　B. 调整单元格的宽度
   C. 删去该单元格　　D. 删去这些符号
11. 在 Excel 中，将学生成绩单中所有不及格的成绩用醒目的方式表示（如用红色显示等）利用（　　）命令最为方便。
   A. 查找　　B. 条件格式　　C. 数据筛选　　D. 定位
12. 在 Excel 2016 中，单元格的格式（　　）。
   A. 一旦确定，将不可更改　　B. 随时可更改
   C. 依输入数据的格式而定，并不能改变　　D. 更改后，将不可更改
13. 在 Excel 中，A1 单元格设定其数字格式为整数，当输入“33.51”时，显示为（　　）。
   A. 33.51　　B. 33　　C. 34　　D. ERROR
14. 在 Excel 中，要在工作簿的某工作表前增加一个工作表，应（　　）。
   A. 单击该工作表标签，并选“插入”菜单的“工作表”命令
   B. 单击该工作表标签，并按“插入”键
   C. 单击该工作表标签，并选“工作表”菜单的“插入”命令
   D. 选择“插入”菜单的“工作表”命令，然后单击该工作表标签
15. 在 Excel 的当前工作簿中含有七个工作表，当保存工作簿时，（　　）。
   A. 保存为一个文件
   B. 保存为七个文件
   C. 当以 xls 为扩展名保存时，保存为一个文件，其他扩展名进行保存则为七个文件
   D. 由操作者决定保存为一个或多个文件
16. 在 Excel 2016 中，可以创建嵌入式图表，它和创建图表的数据源放置在（　　）工作表中。

A. 不同的　　B. 相邻的　　C. 同一张　　D. 另一工作簿的

17. 如果某个单元格显示为若干个“#”号，这表示（　　）。

A. 公式错误　　B. 格式错误　　C. 行高不够　　D. 列宽不够

18. 数值型数据的默认对齐方式是（　　）。

A. 右对齐　　B. 左对齐　　C. 居中　　D. 两端对齐

19. 已在 Excel 2016 某工作表的 F1、G1 单元格中分别填入了 3.5 和 4.5，并将这两个单元格选定，然后向左拖动填充柄，在 E1、D1、C1 中分别填入的数据是（　　）。

A. 0.5、1.5、2.5　　B. 2.5、1.5、0.5

C. 3.5、3.5、3.5　　D. 4.5、4.5、4.5

20. 表格操作时，利用（　　）选项卡中的命令可以改变表中内容的垂直方向对齐方式。

A. 页面布局　　B. 设计　　C. 视图　　D. 开始

21. Excel 2016 中活动单元格是指（　　）。

A. 可以随意移动的单元格

B. 随其他单元格的变化而变化的单元格

C. 已经改动了的单元格

D. 正在操作的单元格

22. 给 Excel 2016 工作表改名的正确操作是（　　）。

A. 右击工作表标签条中某个工作表名，从弹出的菜单中选“重命名”命令

B. 单击工作表标签条中某个工作表名，从弹出的菜单中选“插入”命令

C. 右击工作表标签条中某个工作表名，从弹出的菜单中选“插入”命令

D. 单击工作表标签条中的某个工作表名，从弹出菜单中选“重命名”命令

23. 初次打开 Excel 2016 时，系统自动打开一个名为（　　）的表格。

A. 文档 1　　B. 工作簿 1　　C. 未命名　　D. Sheet1

24. 在 Excel 中，要将有数据且设置了格式的单元格恢复为普通空单元格，应先选定该单元格，然后使用（　　）。

A. 【Delete】键　　B. 快捷菜单的“删除”命令

C. “编辑”组的“清除”命令　　D. 工具栏的“剪切”按钮

25. Excel 2016 中引用单元格时，单元格名称中列标前加上“$”符，而行标前不加；或者行标前加上“$”符，而列标前不加，这属于（　　）。

A. 相对引用　　B. 绝对引用

C. 混合引用　　D. 其他几个选项说法都不正确

26. 在 Excel 2016 中，使用填充柄填充具有增减性的数据时（　　）。

A. 向右或向下拖时，数据减　　B. 数据不会改变

C. 向右或向下拖时，数据增　　D. 向左或向上拖时，数据增

27. 在 Excel 中，选取整个工作表的方法是（　　）。

A. 单击“编辑”菜单的“全选”命令

B. 单击工作表左上角的“全选”按钮

C. 单击 A1 单元格，然后按住【Shift】键单击当前屏幕的右下角单元格

D. 单击 A1 单元格，然后按住【Ctrl】键单击工作表的右下角单元格

28. 如果数据区中的数据发生了变化，Excel 中已产生的图表，会（　　）。

A. 根据变化的数据自动改变　　B. 不变

C. 会受到破坏　　D. 关闭 Excel

29. 在 Excel 2016 中，在进行分类汇总前必须（　　）。

A. 先按欲分类汇总的字段进行排序

B. 先对符合条件的数据进行筛选

C. 先排序、再筛选

D. 各选项都不需要

30. 在 Excel 2016 中，有关嵌入式图表，下面描述错误的是（　　）。

A. 对生成后的图表进行编辑时，首先要激活图表

B. 图表生成后不能改变图表类型，如三维变二维

C. 表格数据修改后，相应的图表数据也随之变化

D. 图表生成后可以向图表中添加新的数据

31. 若在 Excel 的同一单元格中输入的文本有两个段落，则在第一段落输完后应使用（　　）键。

A. 【Enter】　　B. 【Ctrl+Enter】　　C. 【Alt+Enter】　　D. 【Shift+Enter】

32. 在 Excel 2016 中，“页面布局”中的“纸张方向”标签的页面方向有（　　）。

A. 纵向和垂直　　B. 纵向和横向　　C. 横向和垂直　　D. 垂直和平行

33. Excel 中，要查找数据清单中的内容可以通过筛选功能（　　）包含指定内容的数据行。

A. 部分隐藏　　B. 只隐藏　　C. 只显示　　D. 部分显示

34. Excel 2016 中，要在公式中使用某个单元格的数据时，应在公式中输入该单元格的（　　）。

A. 格式　　B. 附注　　C. 条件格式　　D. 名称

35. 准备在一个单元格内输入一个公式，应先输入（　　）先导符号。

A. \$　　B. >　　C. <　　D. =

36. 若需计算 Excel 2016 某工作表中 A1、B1、C1 单元格的数据之和，需使用下述计算公式（　　）。

A. =count(A1:C1)　　B. =sum(A1:C1)

C. =sum(A1,C1)　　D. =max(A1:C1)

37. 在 Excel 2016 中，填充柄适合（　　）类型的数据。

A. 文字　　B. 数据

C. 具有增减趋势的文字型数据　　D. 以上各选项的类型的数据

38. 在 Excel 2016 数据清单中，按某一字段内容进行归类，并对每一类作出统计的操作是（　　）。

A. 分类排序　　B. 分类汇总　　C. 筛选　　D. 记录单处理

39. 在 Excel 2016 中，C7 单元格中有绝对引用 =AVERAGE(\$C\$3:\$C\$6)，把它复制到 C8 单元格后，双击它单元格中显示（　　）。

A. =AVERAGE(C3:C6)　　B. =AVERAGE(\$C\$3:\$C\$6)

C. =AVERAGE(\$C\$4:\$C\$7)　　D. =AVERAGE(C4:C7)

40. 在 Excel 中根据数据表制作图表时，可以对图表的（　　）进行设置。

A. 标题　　B. 坐标轴　　C. 网格线　　D. 其他选项都可以

二、判断题

1. 启动 Excel 后显示一个名为 Sheet1 的工作簿。（　　）

A. 正确　　B. 错误

2. 在 Excel 2016 中，利用格式刷复制的仅仅是单元格的格式，不包括内容。（　　）

A. 正确　　B. 错误

3. 在 Excel 2016 作业时使用“保存”命令会覆盖原先的文件。(　　)

A. 正确　　　　B. 错误

4. 在 Excel 2016 中,第一次存储一个文件时,无论单击“保存”还是按“另存为”命令没有区别。(　　)

A. 正确　　　　B. 错误

5. 在 Excel 2016 中，如果要查找数据清单中的内容，可以通过筛选功能，它可以实现只显示包含指定内容的数据行。(　　)

A. 正确　　　　B. 错误

6. 对 Excel 2016 的数据清单中的数据进行修改时，当前活动单元格必须在数据清单内的任一单元格上。(　　)

A. 正确　　　　B. 错误

7. 如要关闭工作簿，但不想退出 Excel，可以单击“文件”选项卡下的“关闭”命令。(　　)

A. 正确　　　　B. 错误

8. Excel 2016 的表格自动套用格式只适用于完整的表格,不可以对表格的某个区域使用。(　　)

A. 正确　　　　B. 错误

9. Excel 2016 下，在单元格格式对话框中可以设置字体。(　　)

A. 正确　　　　B. 错误

10. Excel 2016 只能对同一列的数据进行求和。(　　)

A. 正确　　　　B. 错误

模块 5 PowerPoint 2016 演示文稿制作

PowerPoint 2016 是微软公司开发的一款功能强大的演示文稿制作软件，是 Office 2016 的一个重要组成部分。该软件具有简单易学、支持的媒体类型多（如文字、图表、音频、视频等）、能满足一般演示文稿制作要求等特点。因此，被广泛应用于教学培训、学术交流、商业推广等领域。

本模块主要使用 PowerPoint 2016 设计三个任务，通过创建班级活动演示文稿、修饰班级活动演示文稿和放映演示文稿详细讲解演示文稿的制作方法与播放技巧。

任务 1 创建班级活动演示文稿

任务描述

某班级提出要“重走革命圣地，重温革命经典”，决定假期组织全班到井冈山旅游。为安排好本次活动，班委会决定制作一个演示文稿，跟同学们讲解有关事宜。演示文稿浏览效果如图 5-1 所示。

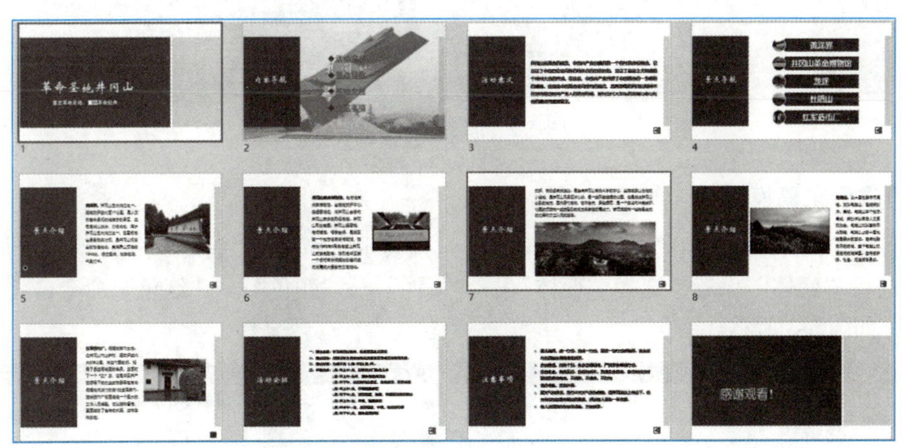

图 5-1 幻灯片浏览效果

任务分析

该任务需要设计一份能够详细介绍此次活动的演示文稿，主要制作工具为 PowerPoint 2016，涉及的主要操作为 PowerPoint 2016 的启动、新建幻灯片、图片的插入、文字的编辑、幻灯片模板的使用、设定超链接等操作。

主要制作过程如下：

- 启动 PowerPoint 2016，并新建一个演示文稿。
- 选择幻灯片模板。
- 新建幻灯片，并选择幻灯片版式。
- 完成幻灯片的文字编辑及排版工作。
- 插入超链接。
- 保存幻灯片。

任务实施

1. 创建演示文稿

启动 PowerPoint 2016，单击“空白演示文稿”图标，建立一个新的演示文稿，如图 5-2 所示。

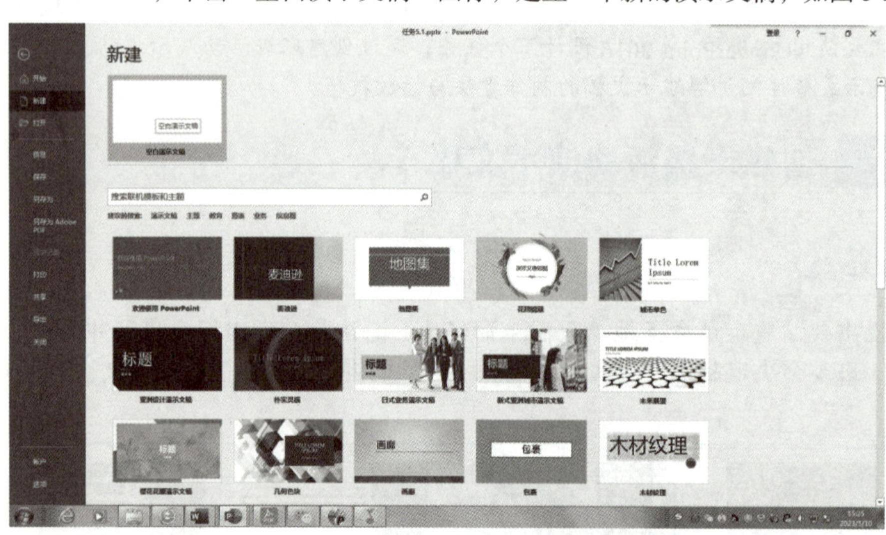

图 5-2 新建演示文稿

2. 使用演示文稿模板

在“设计”选项卡“主题”组的“主题”列表框中选择演示文稿模板“框架”主题。为了更加贴切主题，将主题模板进行“变体”设置，选择“变体”→“其他”→“颜色”→“红色”命令，将主题模板设置为红色调，如图 5-3 所示。

图 5-3 使用主题模板

3. 编辑演示文稿

（1）制作幻灯片首页

在“单击此处添加标题”文本框中单击，输入“革命圣地井冈山”，将字体设置为华文新魏，白色，66 号字，居中对齐。

在“单击此处添加副标题”文本框中输入文字“重走革命圣地，重温革命经典”作为副标题，字体为黑体，白色，24 号字，居中对齐，适当调整文本框的位置，如图 5-4 所示。

图 5-4　第一张幻灯片效果

（2）设计制作第二张幻灯片

单击“幻灯片”选项组中的“新建幻灯片”按钮，从弹出的下拉列表中选择“标题和内容”选项，新建一张“标题和内容”的幻灯片。

在新插入的幻灯片“单击此处添加标题”文本框中输入文字“内容导航”并设置字体为华文新魏，白色，字体大小为 40，居中对齐。

在“单击此处添加文本”文本框中输入四段文字，分别是“活动意义”“景点导航”“活动安排”“注意事项”，字体为黑体，36 磅，加粗，黑色，并将四个段落左对齐，然后添加项目符号。

此张幻灯片内容较少，所以添加图片背景会更加美观。具体步骤：在幻灯片背景空白处右击，在弹出的快捷菜单中选择“设置背景格式”命令，窗口右侧打开“设置背景格式”窗格，如图 5-5 所示。

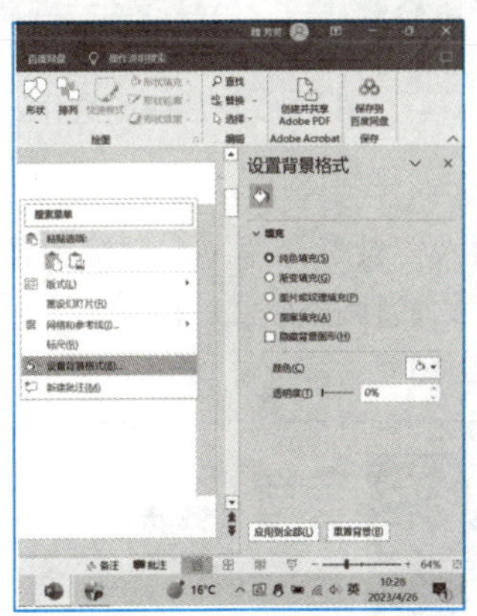

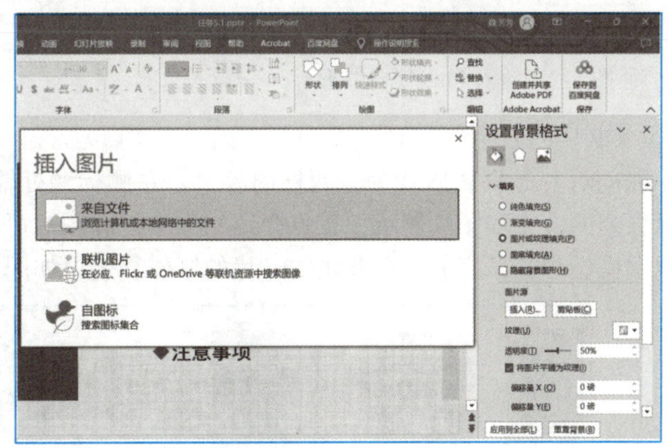

图 5-5　设置幻灯片背景

选择“图片或纹理填充”单选按钮，单击“插入”按钮，打开“插入图片”对话框，将图片“井冈山”作为幻灯片的背景插入，并适当调整图片的透明度，完成效果如图 5-6 所示。

（3）设计制作第三张幻灯片

参考步骤（2）制作第三张幻灯片，左侧标题为“活动意义”，右侧文本框中输入有关活动意义的文字，字体为幼圆，20 磅，黑色，加粗，居中对齐，如图 5-7 所示。

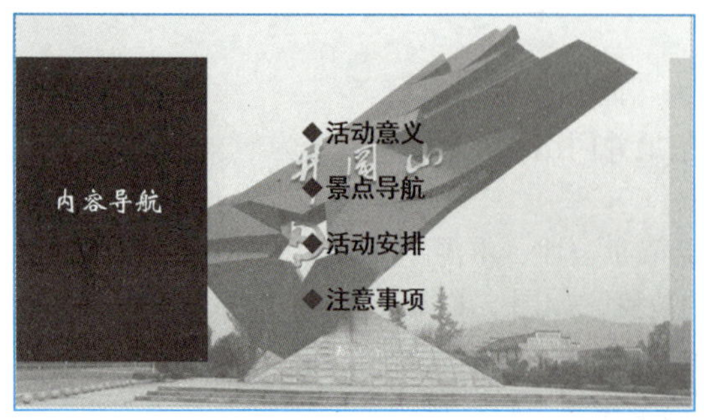

图 5-6　第二张幻灯片效果

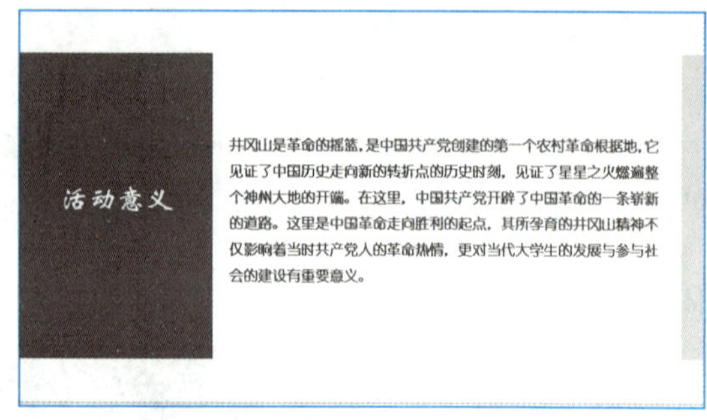

图 5-7　第三张幻灯片效果

（4）设计制作第四张幻灯片

参考步骤（2）的前两个步骤，插入一张新幻灯片，单击“单击此处添加文本”文本框中的“插入 SmartArt 图形”按钮，打开“选择 SmartArt 图形”对话框。在左侧选择“列表”选项卡，然后在右侧的列表框中选择“垂直图片重点列表”选项，单击“确定”按钮，插入 SmartArt 图形，如图 5-8 所示。

切换到“SmartArt 工具 - 设计”选项卡，然后在“在此处输入文字”提示文字的下方依次输入几个景点的名字，字号为 36 磅，字体为幼圆，白色。单击文字左侧的圆形图案中“插入图片”按钮，将对应素材图片依次插入，效果如图 5-9 所示。

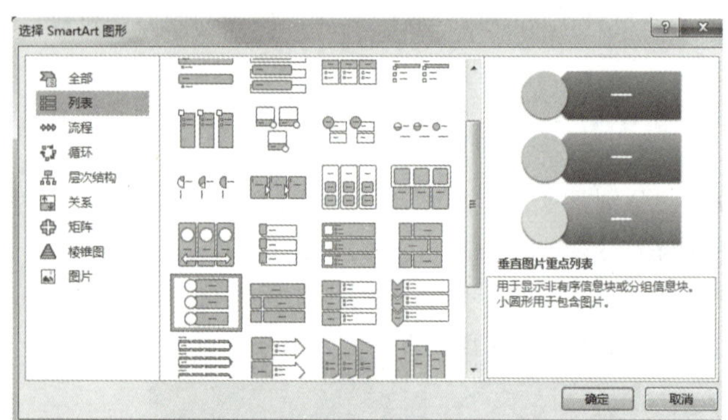

图 5-8　插入 SmartArt 图形

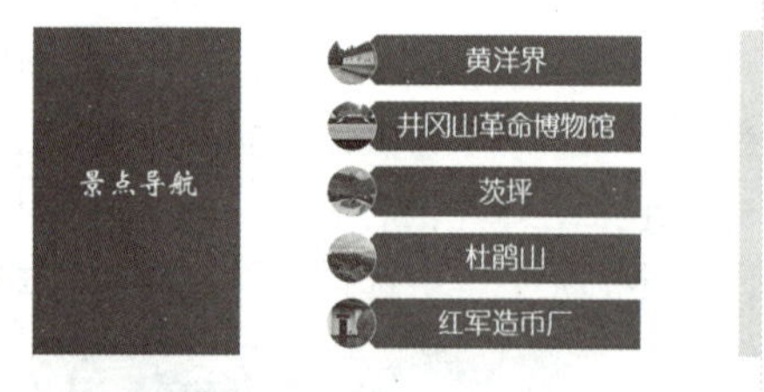

图 5-9　第四张幻灯片效果

（5）设计制作第五至九张幻灯片

新建一张幻灯片，设置版式为“两栏内容”，左侧标题处输入“景点介绍”，右侧的两栏内容分别输入景点介绍的文字和图片展示，景点介绍的文本框和图片可以适当调整位置。

按照以上操作步骤，完成五至九张幻灯片的制作，效果如图 5-10 所示。

图 5-10　第五至九张幻灯片效果

（6）设计制作第10～11张幻灯片

参考第三张幻灯片“活动意义”制作第 10 ～ 11 张幻灯片，幻灯片版式为“标题和内容”。并且给“活动安排”“注意事项”的文字部分添加自动编号，效果如图 5-11 所示。

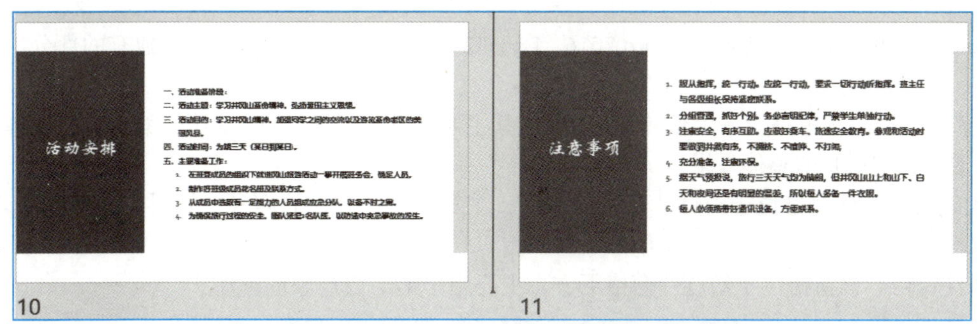

图 5-11　第 10 ～ 11 张幻灯片效果

（7）设计制作最后一张幻灯片。

插入一张版式为“标题”的幻灯片，在“单击此处添加标题”文本框中输入“感谢观看！”，字体为华文新魏，60 号，白色，效果如图 5-12 所示。

图 5-12　最后一张幻灯片效果

4. 设置超链接

（1）为“内容导航”页插入超链接

在“内容导航”幻灯片中选择文字“活动意义”，右击，在弹出的快捷菜单中选择“超链接”命令，链接到第三张幻灯片，如图 5-13 所示。使用同样的方法，给文字“景点导航”插入超链接，链接到第四张幻灯片“景点导航”；给文字“活动安排”插入超链接，链接到第 10 张幻灯片；给文字“注意事项”插入超链接，链接到第 11 张幻灯片。

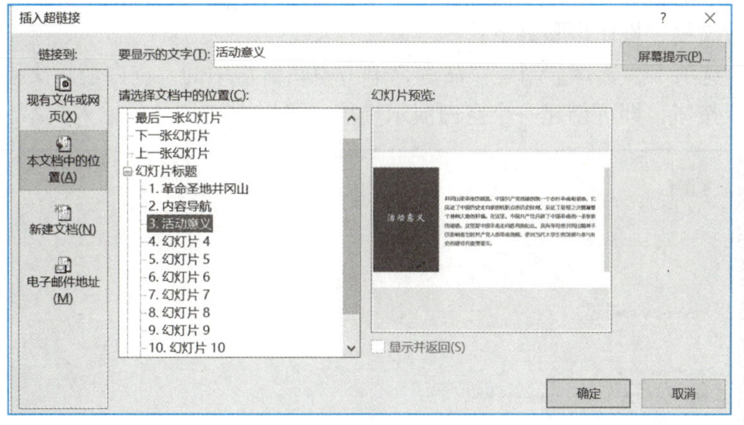

图 5-13　插入超链接

（2）为“景点导航”页插入超链接

在第四张幻灯片“景点导航”中选择景点文字，分别设置超链接，链接到对应的景点介绍。

5. 保存幻灯片

单击“文件”选项卡中的“保存”按钮，在弹出的“另存为”对话框中，设置存储路径和文件名称，单击“保存”按钮。

相关知识

1. PowerPoint 2016 简介

PowerPoint 2016 的工作界面与 Word 2016、Excel 2016 有类似之处，下面对其独有的部分进行介绍。

（1）工作界面中的窗格

① 幻灯片窗格。该窗格位于工作界面最中间，其主要任务是进行幻灯片制作、编辑和添加各种效果，还可以查看每张幻灯片的整体效果。

② 大纲窗格。该窗格位于幻灯片窗格的左侧，主要用于幻灯片的插入、复制、删除、移动整张幻灯片。

③ 备注窗格。该窗格位于幻灯片窗格下方，主要用于给幻灯片添加备注。

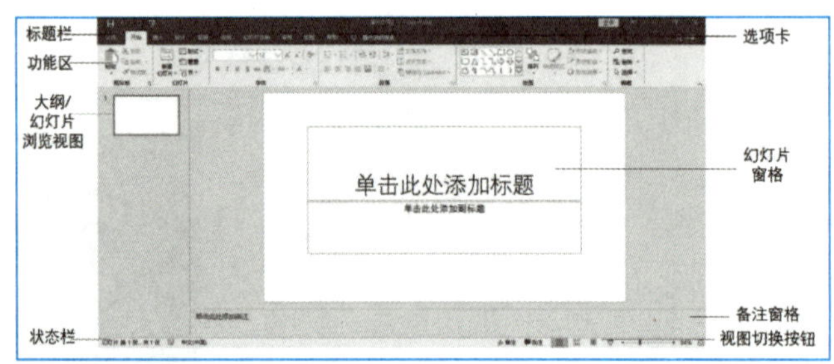

图 5-14　PowerPoint 2016 的工作界面

（2）视图的切换

通过工作界面底部的“视图切换”按钮，可以在不同的视图中预览演示文稿。

2. 创建演示文稿

（1）新建空白演示文稿

创建空白的演示文稿，操作步骤如下：

切换到“文件”选项卡，选择“新建”命令，单击中间窗格中的“空白演示文稿”图标，如图 5-15 所示。单击“创建”按钮，即可创建一个空白演示文稿，可以向幻灯片中输入文本，插入各种对象。

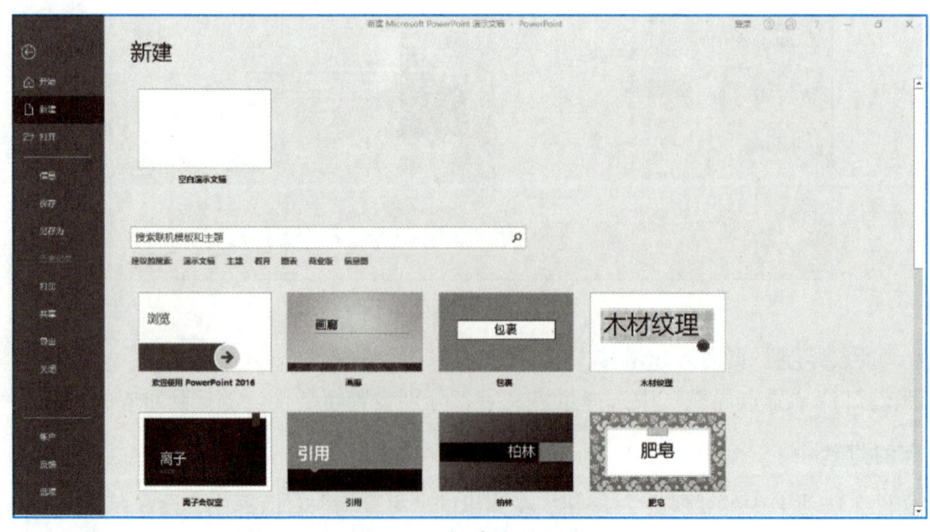

图 5-15　新建演示文稿

（2）根据模板新建演示文稿

借助于演示文稿的艺术性和专业性，观众才能被充分感染。我们可以用 PowerPoint 模板来构建缤纷靓丽的具有专业水准的演示文稿，操作步骤如下：

切换到“文件”选项卡，选择“新建”命令，单击中间窗格中的“样本模板”图标，在出现的窗口中将显示已安装的模板。选择要使用的模板，然后单击“创建”按钮，即可利用模板创建演示文稿。

3. 管理幻灯片

一个演示文稿中包含多张幻灯片，我们需要对这些幻灯片进行相应的管理。

（1）选择幻灯片

在对幻灯片进行编辑之前，首先要将其选中。在普通视图的左侧“大纲幻灯片”窗格中，单击幻灯片，即可选中该幻灯片。在选中连续的一组幻灯片时，先单击第 1 张幻灯片的图标，然后按住【Shift】键单击最后一张幻灯片的图标即可。若要选中多张不连续的幻灯片，按住【Ctrl】键，然后分别单击要选中的幻灯片缩略图即可。

提 示：

在普通视图和幻灯片浏览视图中，按【Ctrl+A】组合键可以选中所有幻灯片。

（2）插入幻灯片

如果需要插入一张幻灯片，可以参照以下步骤进行操作：

单击要插入新幻灯片的位置，切换到“开始”选项卡，在“幻灯片”组中单击“新建幻灯片”按钮，从弹出的下拉菜单中选择一种版式，即可插入一张新幻灯片，如图 5-16 所示。

（3）复制幻灯片

在制作演示文稿的过程中，可能有几张幻灯片的版式和背景是相同的，如果要在演示文稿中复制幻灯片，可以参照以下步骤：

在幻灯片浏览视图中或者在普通视图的“大纲幻灯片”窗格中，选定要复制的幻灯片，按住【Ctrl】键，然后按住鼠标左键拖动选定的幻灯片。在拖动过程中，会出现一个竖条表示选定幻灯片的新位置。释放鼠标左键，再松开【Ctrl】键，选定的幻灯片将被复制到目标位置。也可以利用“复制”和“粘贴”命令或对应的快捷键来复制幻灯片。

（4）移动幻灯片

在视图窗格中选定要移动的幻灯片，然后按住鼠标左键并拖动，此时长条直线就是插入点，到达新的位置后松开鼠标左键即可。也可以利用“剪切”和“粘贴”命令或对应的快捷键来移动幻灯片。

（5）删除幻灯片

选中要删除的一张或多张幻灯片，然后按【Delete】键。或者右击选定幻灯片的缩略图，从弹出的快捷菜单中选择“删除幻灯片”命令。幻灯片被删除后，后面的幻灯片会自动向前排列。

（6）更改幻灯片的版式

选定要设置的幻灯片，切换到“开始”选项卡，在“幻灯片”选项组中单击“版式”命令，从弹出的下拉菜单中选择一种版式，即可快速更改当前幻灯片的版式。

提 示：

在“大纲幻灯片”窗格中右击幻灯片缩略图，在弹出的快捷菜单中也可以新建、复制、删除幻灯片或者更改幻灯片的版式，右键菜单如图 5-17 所示。

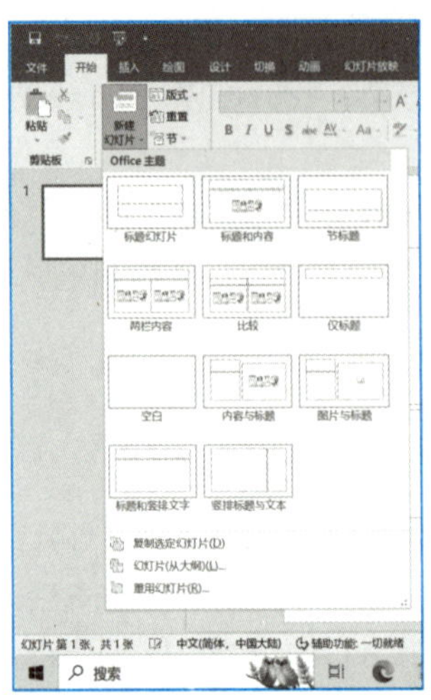
图 5-16　插入幻灯片

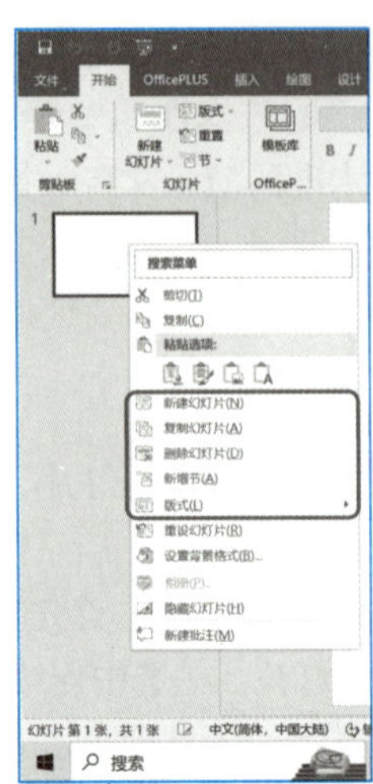
图 5-17　右键菜单

4. 美化幻灯片

（1）使用主题

主题包括主题颜色、主题字体和主题效果。通过应用主题，可以快速而轻松地设置整个文档的格式，赋予它专业和时尚的外观。

在快速为幻灯片应用一种主题时，先打开要应用主题的演示文稿，然后切换到“设计”选项卡，在“主题”选项组的“主题”列表框中单击要应用的文档主题，或单击右侧的“其他”按钮，查看所有可用的主题，如图 5-18 所示。

右击“主题”列表框中的主题，从弹出的快捷菜单中选择“应用于所选幻灯片”或者“应用于所有幻灯片”命令。

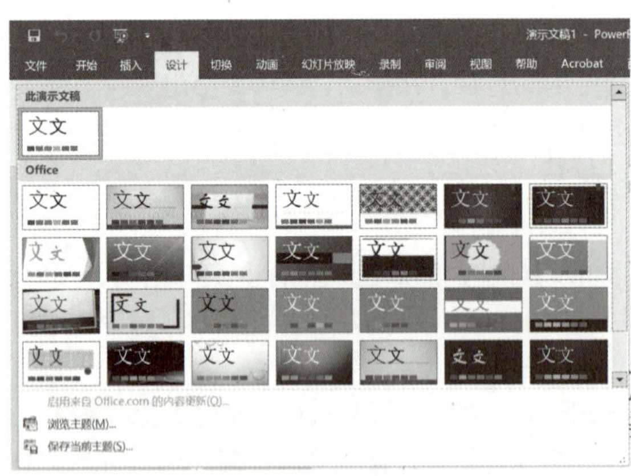
图 5-18　主题列表框

（2）插入图片

如需向幻灯片中插入图片，可以参照以下步骤：

在普通视图中显示要插入图片的幻灯片，切换到“插入”选项卡，在“图像”选项组中单击“图片”按钮，打开“插入图片”对话框。选择含有图片文件的驱动器和文件夹，然后在文件名列表框中单击图片缩略图。单击“打开”按钮，将图片插入到幻灯片中。

在含有内容占位符的幻灯片中，单击内容占位符上的“插入来自文件的图片”图标，也可以打开“插入图片”对话框来插入图片。图片插入后，可以使用“图片工具－格式”选项卡上的工具进行适当的修饰，比如应用图片样式、调整亮度、设置对比度等操作，如图 5-19 所示。

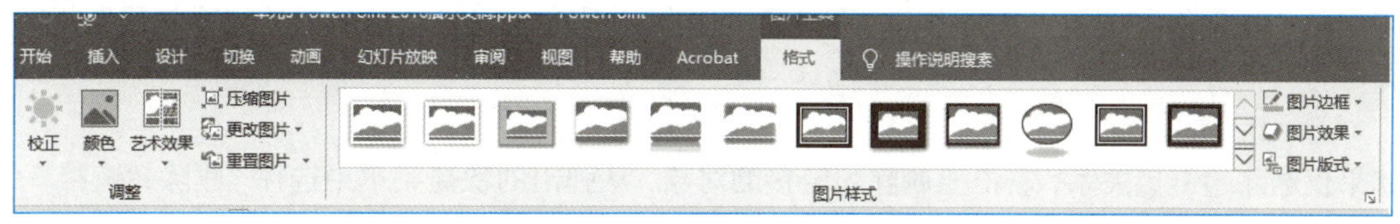

图 5-19　图片格式选项卡

（3）插入SmartArt图形

在 PowerPoint 2016 中，可以插入 SmartArt 图形对象，包括组织结构图、列表、循环图、射线图等。操作步骤如下：

在普通视图中显示要插入 SmartArt 图形的幻灯片，切换到“插入”选项卡，在“插图”选项组中单击“SmartArt”按钮，打开“选择 SmartArt 图形”对话框，从列表框中选择一种类型，再从右侧的列表框中选择子类型，然后单击“确定”按钮，即可创建一个 SmartArt 图形，如图 5-20 所示。

输入图形中所需的文字，并利用“SmartArt 工具”选项卡设置图形的版式、颜色、样式等格式，如图 5-21 所示。

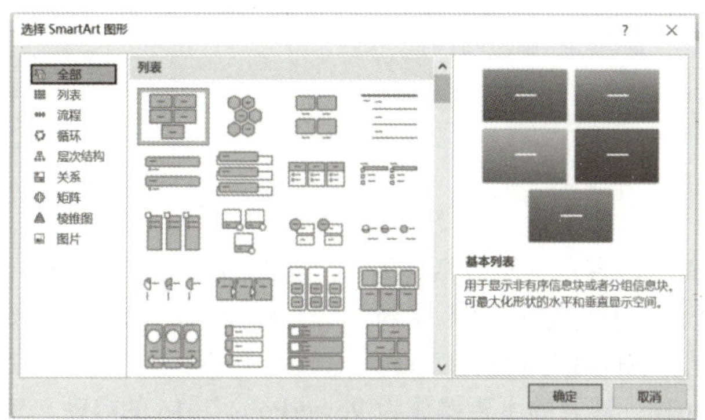

图 5-20　选择 SmartArt 图形对话框

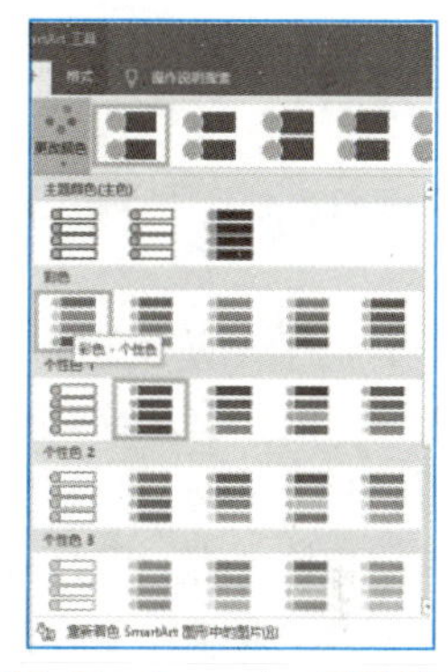

图 5-21　SmartArt 工具选项

（4）设置幻灯片背景

在 PowerPoint 2016 中，如果需要更改幻灯片的背景样式，单击要添加背景样式的幻灯片，切换到“设计”选项卡，在“自定义”选项组中单击“设置背景格式”按钮，打开“设置背景格式”任务窗格进行相关的设置，如图 5-22 所示。

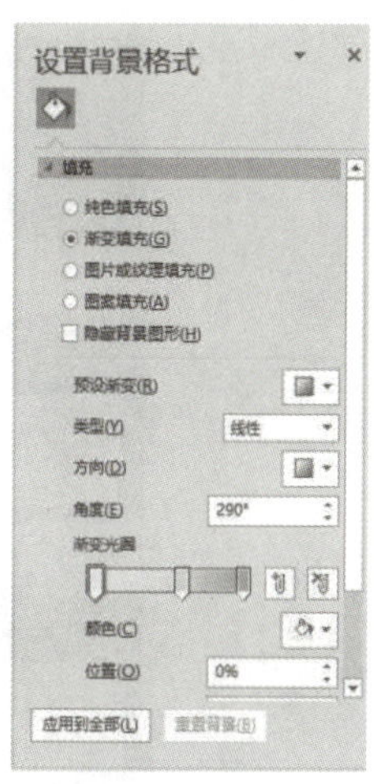

图 5-22　“设置背景格式”任务窗格

5. 使用超链接

通过在幻灯片中插入超链接，可以直接跳转到其他幻灯片、文档或 Internet 的网页中。

（1）创建超链接

选定幻灯片中需要插入超链接的文本或图形对象右击，在弹出的快捷菜单中选择“超链接”命令，打开“插入超链接”对话框，在“链接到”列表框中选择超链接的类型。在右侧选择要链接到的文件或 Web 页面的地址，从文件列表中选择所需链接的文件名。也可以选择“本文档中的位置”选项，选择跳转到文本框某张幻灯片上，如图 5-23 所示。

（2）编辑超链接

在更改超链接目标时，先选定包含超链接的文本或图形，然后切换到“插入”选项卡，单击“链接”选项组中的“超链接”按钮，在打开的“编辑超链接”对话框中输入新的目标地址或者重新指定跳转位置即可。

（3）删除超链接

如果仅删除超链接关系，右击要删除超链接的对象，从弹出的快捷菜单中选择“删除超链接”命令。

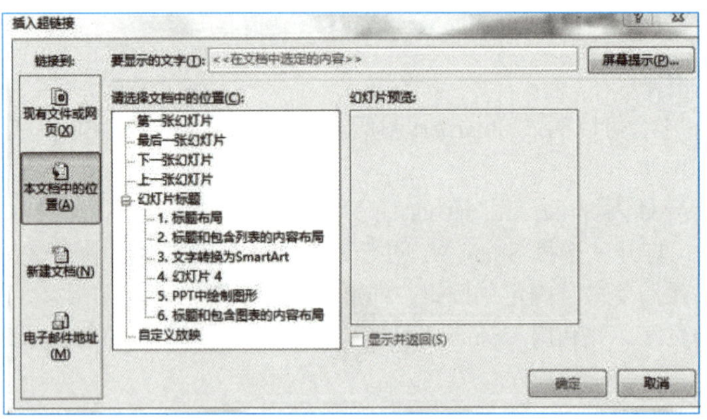

图 5-23 “插入超链接”对话框

拓展训练

制作毕业答辩演示文稿

要求一，演示文稿必须包括以下几方面的内容：一是概括性内容，包括设计标题、答辩人、设计指导教师、设计专业、致谢等；二是研究综述，包括选题背景、国内外研究现状、研究方案、研究内容；三是设计的相关内容；四是方案设计；五是存在问题与收获。

要求二，主要制作工具为 PowerPoint 2016，涉及的主要操作为 PowerPoint 2016 的启动、新建幻灯片、图片及 SmartArt 图形的插入、文字的编辑、幻灯片主题模板的使用、设定超链接等操作，参考效果如图 5-24 所示。

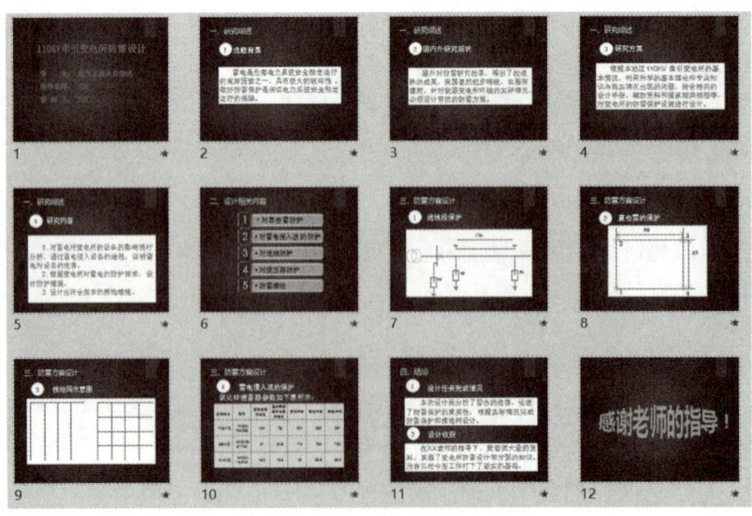

图 5-24 参考效果示例

任务 2　修饰班级活动演示文稿

任务描述

针对任务 1 所制作的演示文稿，班委会一致认为该演示文稿内容过于简单、呆板，不能够充分展示井冈山的历史文化背景，不能激发同学们的参与热情，起不到良好的教育效果，需对该演示文稿做进一步修改，引入更多的媒体因素和动画效果。

任务分析

针对班委会提出的修改意见，为进一步强化演示文稿的视觉效果，提供更加丰富的内容，决定对该演示文稿作以下修改：

- 编辑幻灯片的母版用于设置封面、封底页版式。
- 添加背景音乐“井冈山之歌”。
- 将封面封底的标题设置为艺术字效果。
- 在演示文稿的“景点介绍”栏目，添加“井冈山风景介绍”视频。添加“五指峰”“仙女潭”“龙潭”等几个景点的图片、文字介绍内容。
- 用表格重新排版“活动安排”页面。
- 为幻灯片的标题、图片、文字等对象设置动画效果。
- 设置演示文稿播放时幻灯片之间的切换特效。

任务实施

1. 打开幻灯片

视频

母版、音视频的插入

启动 PowerPoint 2016，单击“文件”选项卡的“打开”按钮，打开任务 1 班级活动演示文稿。

2. 编辑幻灯片母版

① 利用幻灯片母版，设计“封面、封底”版式。

单击“视图”选项卡中的“幻灯片母版”按钮，切换到“幻灯片母版”选项卡，如图 5-25 所示。

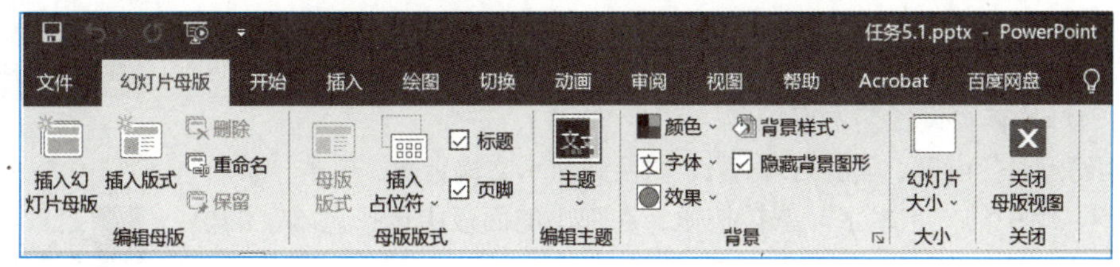

图 5-25　“幻灯片母版”选项卡

② 在“大纲幻灯片”窗口，单击第一个标题幻灯片版式（此版式应用于第 1、12 张幻灯片），如图 5-26 所示，将幻灯片背景上的内容全部删除，设置成为一张空白幻灯片。

单击“插入”选项卡“插图”组中的“形状”按钮，在弹出的下拉菜单中选择“矩形”工具，在页面上画出两个矩形框。单击一个矩形框，激活“绘图工具－形状格式”选项卡，如图 5-27 所示。

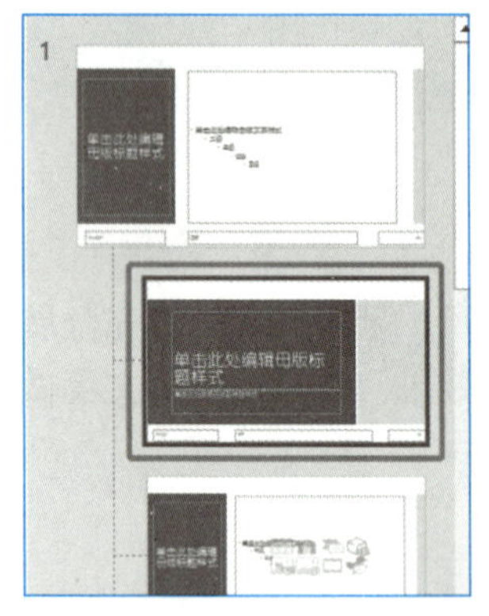

图 5-26　标题幻灯片版式

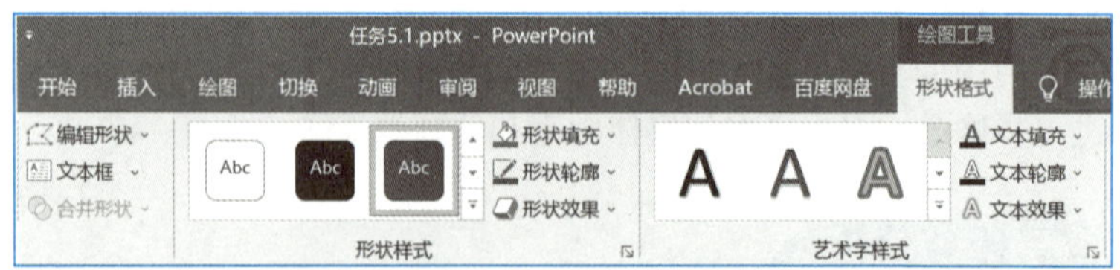

图 5-27　“绘图工具 - 形状格式”选项卡

选择下边一个矩形单击“绘图工具 - 形状格式”选项卡“形状样式”组中的“形状填充”按钮，在弹出的下拉菜单中选择“主题颜色”为“深红（标准色）”；单击“形状轮廓”按钮，在弹出的下拉菜单中设置为“无轮廓”；单击“排列”组中“下移一层”的下拉按钮，选择“置于底层”命令。单击上边的一个矩形框，按照以上操作方式，设置矩形框样式颜色为“白色，背景 1，深色 35%”，无轮廓，置于底层。

单击“插入”选项卡“图像”组中的“图片”按钮，在弹出的“插入图片”对话框中依次选择图片“封面 1”“封面 2”“封面 3”，插入到幻灯片中并调整图片位置，效果如图 5-28 所示。

单击“插入”选项卡“文本”组中的“文本框”按钮，插入一个横排文本框，输入井冈山简介文本，设置文字为华文行楷，白色，24 号字，调整文本框到适当的位置，至此母版完成，如图 5-29 所示。单击“关闭母版视图”按钮，返回“普通视图”模式。

图 5-28　插入矩形和图片后效果

图 5-29　母版完成效果

3. 增强幻灯片的表现力

（1）为幻灯片首页设置艺术字标题

在“大纲幻灯片”窗口，单击幻灯片 1，切换到演示文稿首页，单击“插入”选项卡“文本”组中的“艺术字”下拉按钮，在弹出的面板中选择艺术字的模板，如图 5-30 所示。

单击首页生成的艺术字对话框，输入“革命圣地井冈山”，字体为华文新魏，字号 66，调整标题位置，使用同样的方法输入副标题“重走革命圣地，重温革命经典”，黑体，22 号字，效果如图 5-31 所示。

至此，第一张幻灯片修饰完毕。参考第一张幻灯片，将封底“感谢观看”四个字设置为艺术字。

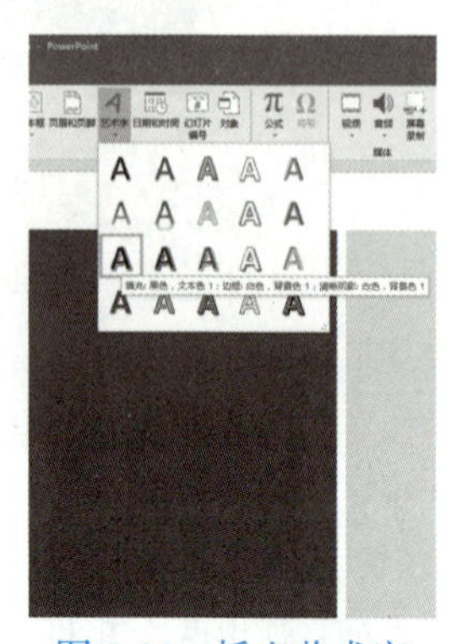

图 5-30　插入艺术字

（2）为幻灯片添加背景音乐

选中首页，单击“插入”选项卡“媒体”组中的“音频”下拉按钮，在弹出的下拉菜单中选择“文件中的音频”选项，弹出“插入音频”对话框，如图 5-32 所示。

图 5-31　第一张幻灯片完成效果

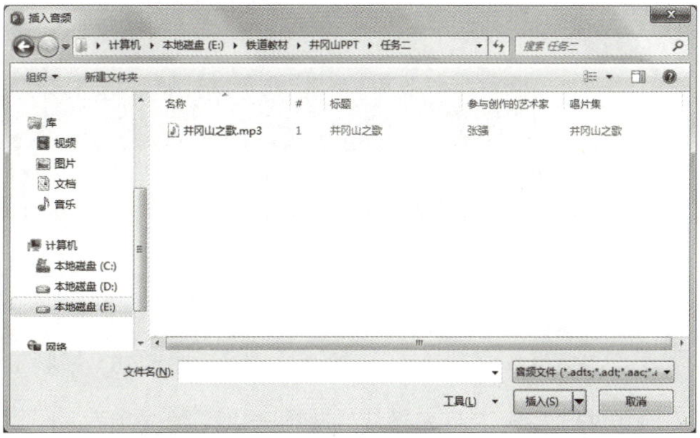

图 5-32　插入音频文件

选择要插入的音频文件“井冈山之歌”，单击“插入”按钮。选中插入的音频图标，音频的“格式”和“播放”选项卡被激活，如图 5-33 和图 5-34 所示。

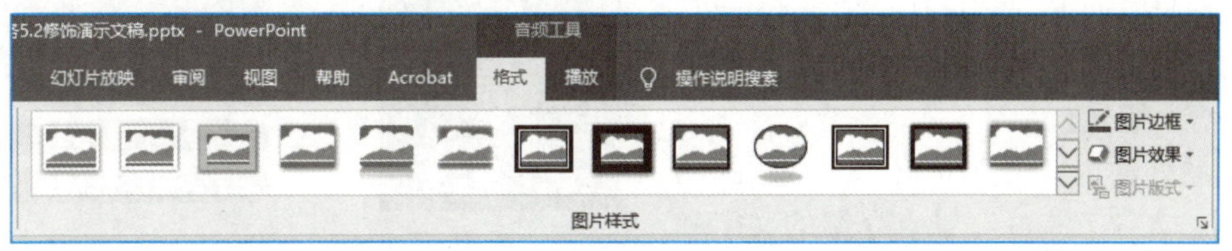

图 5-33　“音频工具 - 格式”选项卡

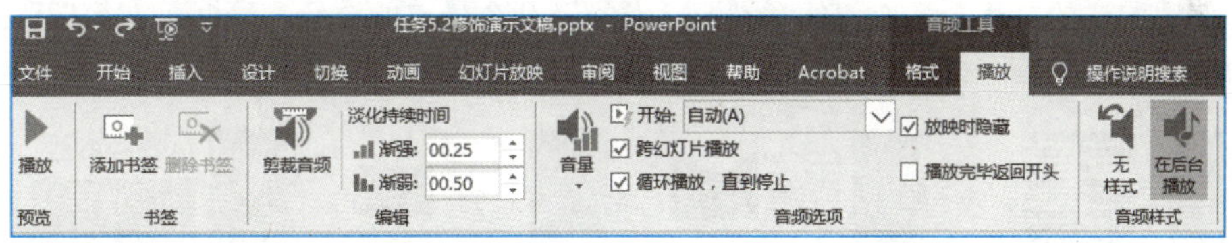

图 5-34　“音频工具 - 播放”选项卡

拖动音频图标到幻灯片的右下角，单击“音频工具 - 播放”选项卡“音频选项”组中的“开始”下拉按钮，在弹出的下拉菜单中选择“跨幻灯片播放”选项，设置背景音乐连续滚动播放。

（3）插入“井冈山风景介绍”视频

井冈山景区介绍视频应放置在第三张和第四张幻灯片之间，具体操作步骤如下：

在大纲幻灯片中选中幻灯片第三张，执行“新建幻灯片”操作，幻灯片设置为“标题和内容”版式。

单击“插入”选项卡“媒体”组中的“视频”按钮，弹出“插入视频文件”对话框，选择要插入的视频文件“井冈山风景介绍”，单击“插入”按钮。如图 5-35 所示。

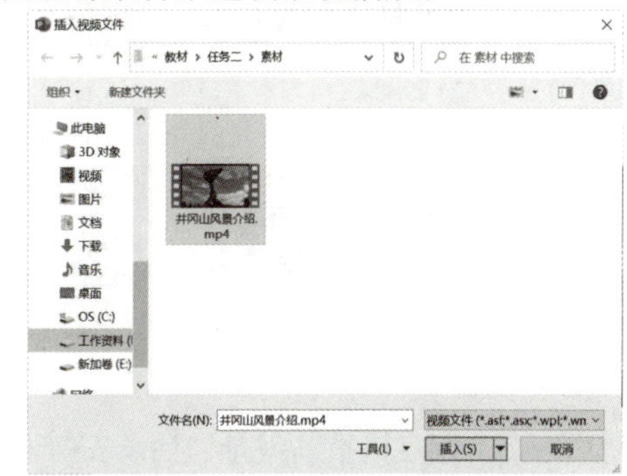

图 5-35　“插入视频文件”对话框

调整视频播放窗口大小。单击选中播放窗口，激活视频的“格式”和“播放”选项卡，如图 5-36 所示。

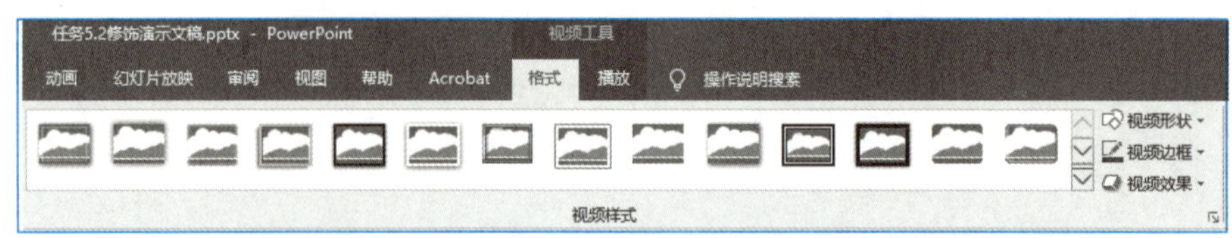

（a）“视频工具－格式”选项卡

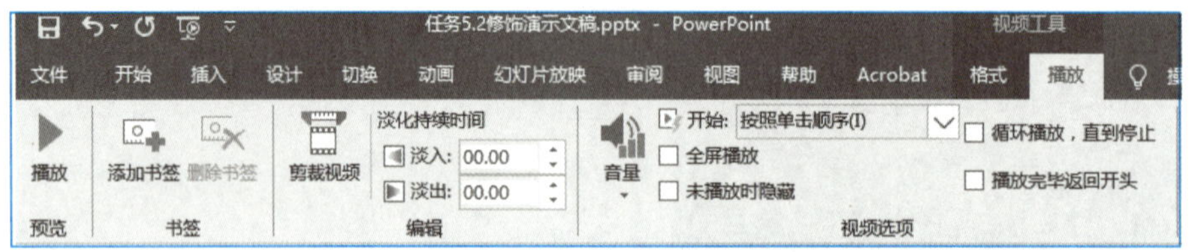

（b）“视频工具－播放”选项卡

图 5-36　视频工具选项卡

单击“视频工具－播放”选项卡“视频选项”组中“开始”的下拉按钮，在弹出的下拉菜单中选择“自动”选项，设置视频的自动播放功能。

（4）插入井冈山部分景点图片及文字介绍

具体操作步骤如下：选中幻灯片“景点介绍”页面，执行“新建幻灯片”操作，幻灯片设置为“两栏内容”版式。

左侧标题处输入“景点介绍”，右侧的两栏内容分别输入“五指峰”景点介绍的文字和图片展示，景点介绍的文本框和图片可以适当调整位置。使用同样的方法，增加“仙女潭”“龙潭”几个景点的介绍。同时，在第四张幻灯片“景点导航”中增加“五指峰”“仙女潭“龙潭”几个景点的标题。效果如图 5-37 和图 5-38 所示。

图 5-37　“景点导航”页最后效果

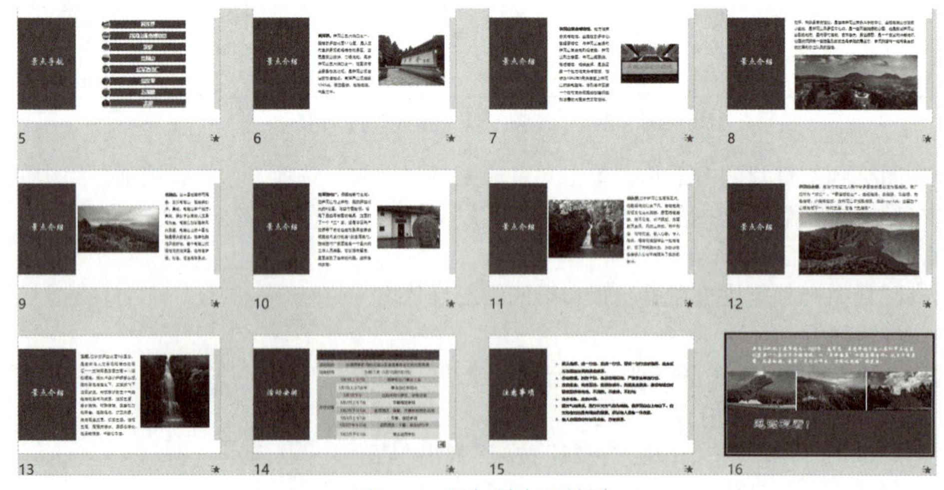

图 5-38　添加景点后效果

（5）用表格重新编排“活动安排”页面

切换至“活动安排”页面，单击“插入”选项卡“表格”组中的“表格”按钮，在弹出的下拉菜单中用鼠标拖动选择表格的栏数，如图 5-39 所示。在表格中填入文字内容，设置文字为黑体，18 号，居中对齐。适当调整表格大小，幻灯片效果如图 5-40 所示。

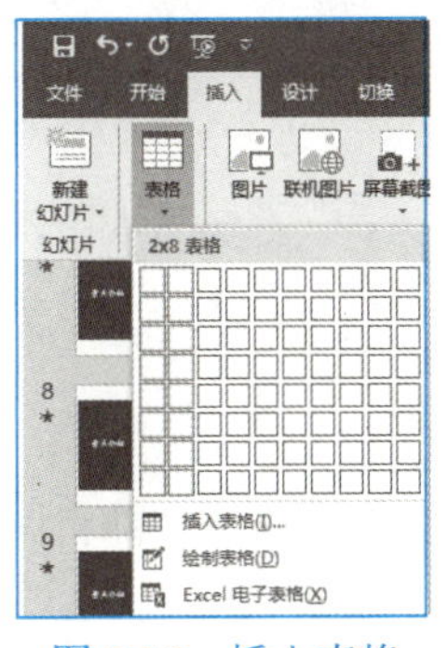

图 5-39　插入表格

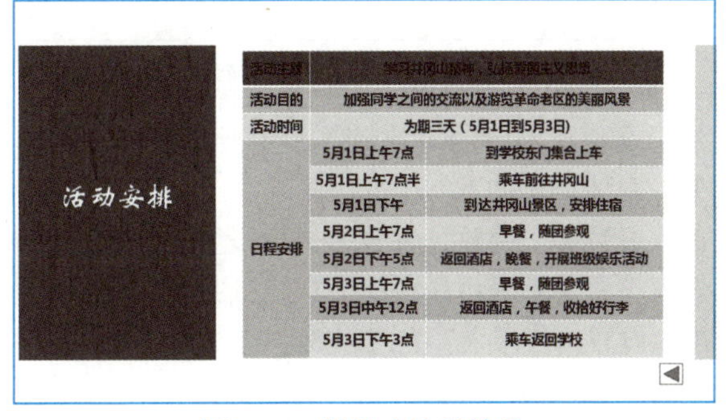

图 5-40　转换表格后效果

选中表格，激活“表格工具 - 设计”选项卡和“表格工具 - 布局”选项卡，如图 5-41 所示，可以对表格进行具体的设置。

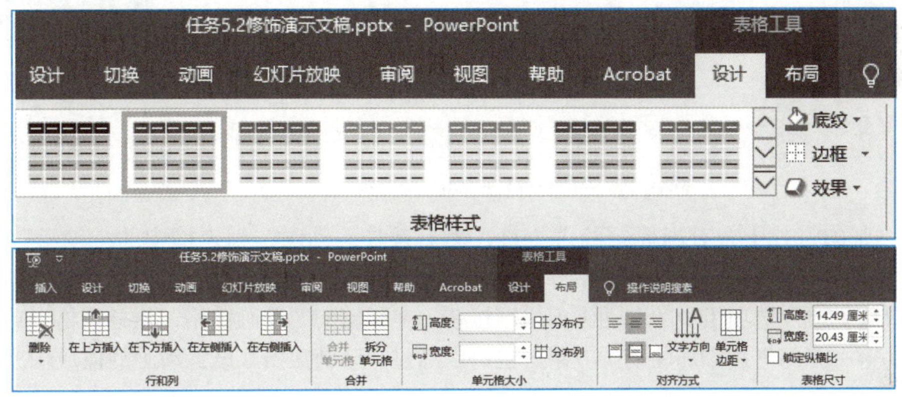

图 5-41　“表格工具 - 设计”和“表格工具 - 布局”选项卡

4. 设计幻灯片的动感效果

视 频

设置动感效果

（1）设置幻灯片的切换效果

单击“切换”选项卡，如图 5-42 所示。

图 5-42　“切换”选项卡

在“切换”选项卡“切换到此幻灯片”组的列表框中选择“页面卷曲”切换方式，效果选项设置为“双左”。在“计时”组中，将声音设置为“照相机”，持续时间为 2 s，换片方式为“单击鼠标时”。单击“计时”组中的“应用到全部”按钮，将切换效果运用至所有幻灯片，如图 5-43 所示。

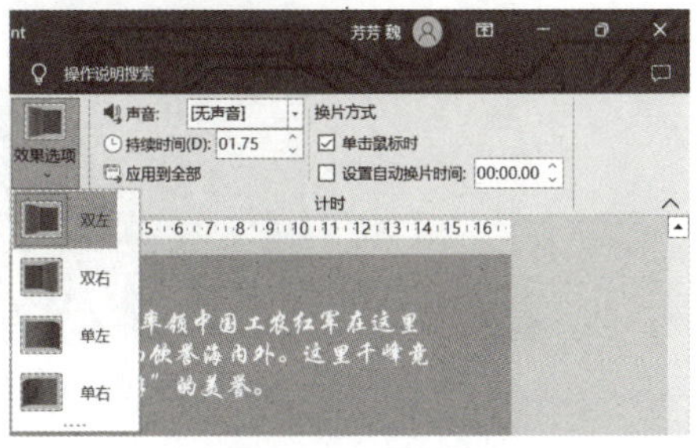

图 5-43　切换效果设置

（2）设置幻灯片的动画效果

单击“动画”选项卡，如图 5-44 所示。

图 5-44 “动画”选项卡

由于本演示文稿所包含的对象较多，主要分有标题、图片、文字三大类，针对不同的对象设置不同的动画效果，具体要求如下：

标题：进入设置为“弹跳”方式，退出设置为“收缩并旋转”方式。

图片：进入设置为“随机线条”方式，效果选项设置为“水平”方式。

文字：进入设置为“浮入”方式，效果选项设置为“自底部”方式；强调设置为“加粗展示”方式，效果选项设置为“按段落”方式。

具体操作方式如下：

在大纲窗格中单击第一张幻灯片，然后单击含有主标题的占位符，切换至“动画”选项卡，在“动画”选项组中选择“动画”列表框中的“弹跳”选项，效果选项如图 5-45 所示。

图 5-45 “动画”选项卡

单击第一张幻灯片中含有副标题的占位符，然后选择“动画”列表框中的“轮子”选项。然后单击列表框右侧的“效果选项”按钮，从弹出的下拉菜单中选择“3 轮辐图案”命令，如图 5-46 所示。

单击“高级动画”选项组中的“动画窗格”按钮，在弹出的“动画窗格”任务窗格中单击“播放”按钮，查看为第一张幻灯片添加的动画效果，也可以通过“动画窗格”设置动画的播放顺序，如图 5-47 所示。

图 5-46 “动画”选项卡

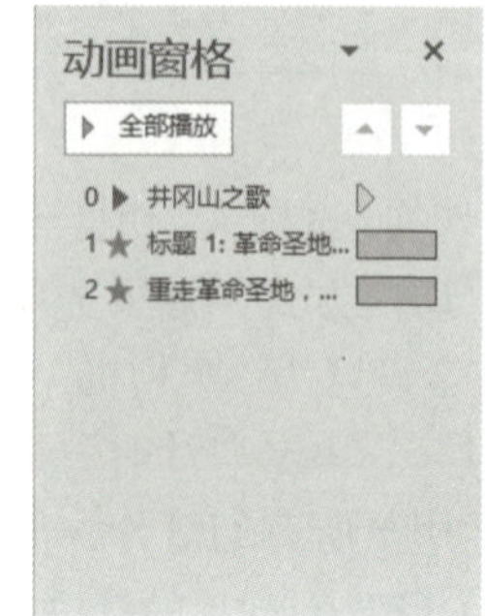

图 5-47 动画窗格

参考第一张幻灯片，为最后一张幻灯片标题添加相同的动画效果。

在大纲窗格中单击“景点导航”幻灯片，然后选中 SmartArt 图形，在“动画”选项组中选择“动画”列表框中的“随机线条”选项，对预览效果满意后，单击“确定”按钮，如图 5-48 所示。

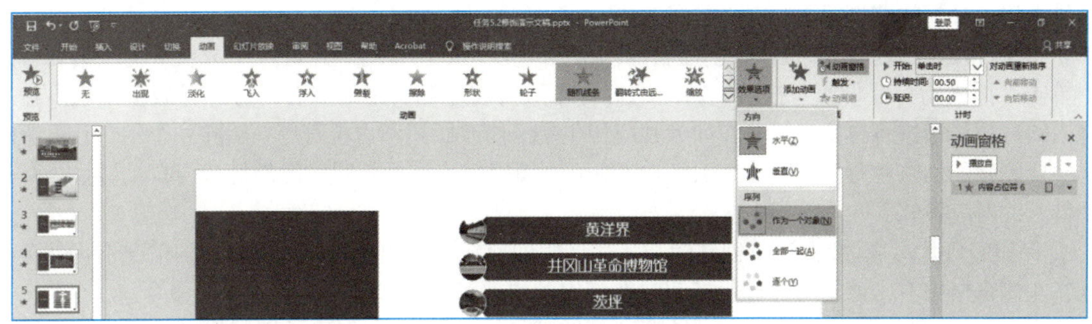

图 5-48　“动画”选项卡设置

在所有“景点介绍”幻灯片中，为图片和文字依次添加动画效果。

所有动画添加完毕后，可以通过“动画窗格”进行预览，预览效果满意，保存演示文稿即可。

相关知识

1. 使用幻灯片母版

幻灯片母版就是一张特殊的幻灯片，可以将它看作是一个用于构建幻灯片的框架。在演示文稿中，所有幻灯片都基于该幻灯片母版创建，如果更改了幻灯片母版则会影响所有基于母版创建的演示文稿幻灯片。

PowerPoint 2016 包含三种母版，分别是幻灯片母版、讲义母版和备注母版。

① 幻灯片母版。幻灯片母版是幻灯片层次结构中的顶级幻灯片，它存储着有关演示文稿的主题和幻灯片版式的所有信息，决定着幻灯片的外观。它是已经设置好背景、配色方案、字体的一个模板，在使用时只要插入新幻灯片，就可以把母版上的所有内容继承到新添加的幻灯片上。

② 讲义母版。讲义母版是为制作讲义而准备的，通常需要打印输出。它允许设置一页讲义中包含几张幻灯片，设置页眉、页脚、页码等基本信息。在讲义母版中插入新的对象或者更改版式时，新的页面效果不会反映在其他母版视图中。

③ 备注母版。备注母版主要用来设置幻灯片的备注格式，一般用来打印输出，多和打印页面有关。

2. 管理幻灯片母版

① “幻灯片母版”视图的进入与退出

要进入“幻灯片母版”视图，只要在“视图”选项卡的“母版视图”组中单击“幻灯片母版”按钮，则可进入“幻灯片母版”视图，出现“幻灯片母版”选项卡，如图 5-49 所示。要退出“幻灯片母版”视图，在“幻灯片母版”选项卡的“关闭”组中单击“关闭母版视图”按钮或从“视图”选项卡中选择另外一种视图即可。

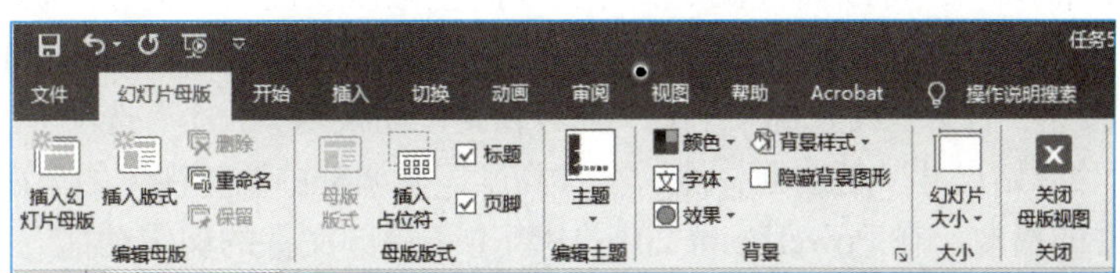

图 5-49　“幻灯片母版”选项卡

② 设计母版版式。在幻灯片母版视图中，可以根据需要设置母版版式，如改变占位符文本框、图片、图表等内容在幻灯片中的大小和位置，编辑背景图片，设置主题颜色和背景样式，使用页眉和页脚在幻灯片中显示必要的信息等。

③ 创建和删除幻灯片母版。要创建新的幻灯片母版，可在“幻灯片母版”选项卡的“编辑母版”组中单击“插入幻灯片母版”按钮，新的幻灯片母版将在左侧窗格的现有幻灯片母版下出现。然后可以对该幻灯片母版进行自定义设置，如为其应用主题、修改版式和占位符等。删除一个幻灯片母版时，先选中要删除的幻灯片母版，按【Delete】键即可。而应用了该母版版式的幻灯片会自动转换为默认幻灯片母版的对应版式。

④ 保留幻灯片母版。要保证新创建的幻灯片母版即使在没有任何幻灯片使用它的情况下仍然存在，可以在左侧窗格中右击该幻灯片母版按钮，在弹出的快捷菜单中选择“保留母版”命令。

注意：幻灯片母版一定在构建各张幻灯片之前创建，而不要在创建了幻灯片之后再创建，否则幻灯片上的某些项目不能遵循幻灯片母版的设计风格。

3. 插入音频

在演示文稿中适当添加声音，能够吸引观众的注意力和新鲜感。PowerPoint 2016 插入音频文件支持 MP3 文件（MP3 格式）、Windows 音频文件（WAV 格式）、Windows Media Audio（WMA 格式）以及其他类型的声音文件。

添加音频文件可以参照以下步骤进行操作：

选择需要插入声音的幻灯片，切换到“插入”选项卡，在“媒体”选项组中单击“音频”按钮下方的箭头按钮，插入音频的方式有“PC 上的音频”和“录制音频”两种，从下拉菜单中选择一种插入音频的方式。同时，菜单项中会出现“音频工具”选项卡，在“音频工具－播放”选项卡中可以选择菜单方便地剪辑插入的音频，同时幻灯片中会出现声音图标和播放控制条，如图 5-50 所示。

图 5-50　插入音频文件

选中声音图标，切换到“音频工具－播放”选项卡，在“音频选项”选项组中单击“开始”下拉列表框右侧的箭头按钮，可以从弹出的下拉菜单中选择一种播放方式。在“音频选项”选项组中单击“音量”按钮，可以从下拉列表中选择一种音量。

4. 插入视频文件

视频是最直观的方式，可以为演示文稿增添活力。视频文件包括最常见的 Windows 视频文件（AVI 格式）、影片文件（MPG 或 MPEG 格式）、Windows Media Video 文件（WMV 格式）以及其他类型的视频文件。

① 添加视频文件。首先选择需要插入视频的幻灯片，然后切换到“插入”选项卡，在“媒体”选项组中单击“视频”按钮下方的箭头按钮，插入视频的方式有“联机视频”和“PC 上的视频”两种。例如，选择“PC 上的视频”命令，打开“插入视频文件”对话框，在其中定位到已经保存到计算机中的影片文件，如图 5-51 所示。单击“插入”按钮，幻灯片中会显示视频画面的第 1 帧。

② 在 PowerPoint 2016 中，可以调整视频文件画面的色彩以及视频样式、形状与边框等。

具体操作如下：选中幻灯片中的视频文件，单击“视频工具－格式”选项卡中的“大小”选项组中的“对话框启动器”按钮，打开“设置视频格式”任务窗格。切换到“大小”选项卡，选中“锁定纵横比”复选框和“相对于图片原始尺寸”复选框，然后在“高度”微调框中调整视频的大小，如图 5-52 所示。

③ 控制视频文件的播放。在 PowerPoint 2016 中新增了视频文件的剪辑功能，能够直接剪裁多余的部分并设置视频的起始点。具体操作方法如下：

图 5-51　“插入视频文件”对话框

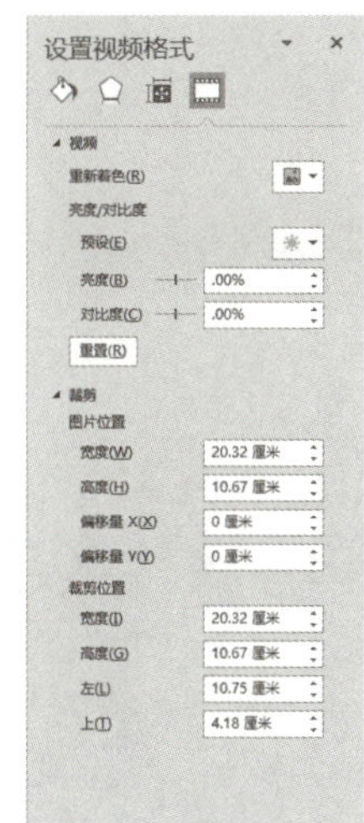

图 5-52　“设置视频格式”任务窗格

选中视频文件，切换到“视频工具－播放”选项卡，在“编辑”选项组中单击“剪裁视频”按钮，打开“剪裁视频”对话框，向右拖动左侧的绿色滑块，设置视频播放时从指定时间开始播放；向左拖动右侧的红色滑块，设置视频在指定时间结束播放，如图 5-53 所示，单击“确定”按钮，返回幻灯片中。

④ 设置视频的淡入、淡出效果能够让视频与幻灯片切换更完美地结合，不至于让观众觉得视频的播放和结束太突然。

具体操作方法为：选中视频文件，切换到“视频工具－播放”选项卡，在“编辑”选项组的“淡入”和“淡出”微调框中输入相应的时间，如图 5-54 所示。

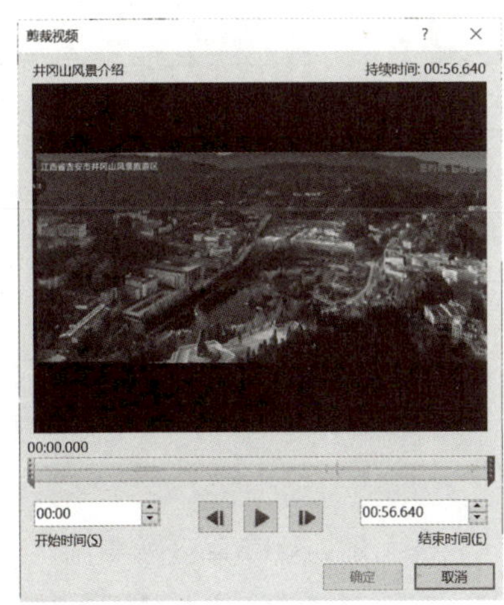

图 5-53　“裁剪视频”对话框

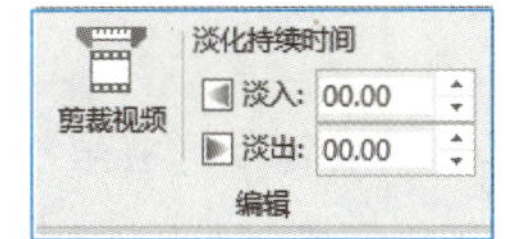

图 5-54　设置视频淡入淡出

5. 插入表格

方法一：在“插入”选项卡的“表格”选项组中单击“表格”下拉按钮，在其下拉列表中选择“插入表格”命令，打开“插入表格”对话框，然后指定表格的行数和列数，如图 5-55 所示，使用“插人表格”的方法创建的表格会自动套用主题样式。

方法二：在“插入”选项卡的“表格”选项组中单击“表格”下拉按钮，在其下拉列表中选择“绘制表格”命令，此时鼠标指针变成铅笔形状，可以根据需要绘制出不同行高和列宽的表格，如图 5-56 所示。

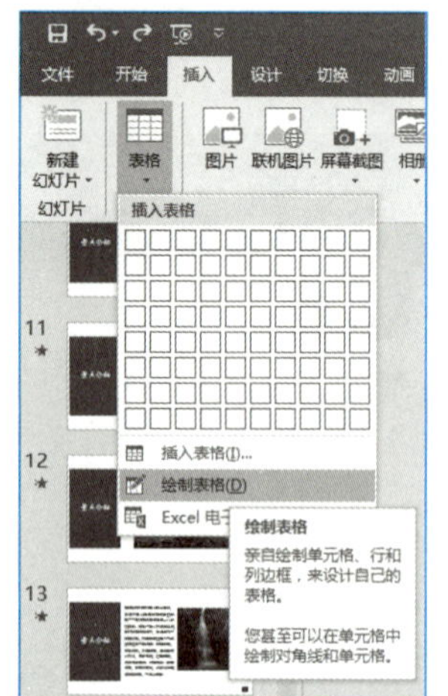

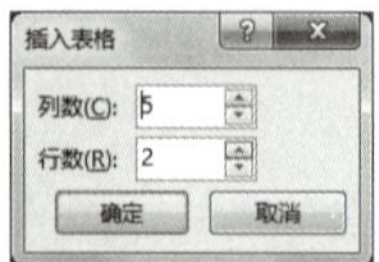

图 5-55　插入表格

图 5-56　绘制表格

6. 插入图表

在 PowerPoint 2016 中，图表工具界面以 Excel 图表界面为基础，创建、修改和格式化图表不需要退出 PowerPoint。

在 PowerPoint 2016 中创建新图表时，没有可以提取的数据表，而必须在 Excel 窗口中输入数据创建图表。默认情况下，包含示例数据，可以用实际数据替换示例数据。在幻灯片中某占位符中有“插入图表”图标，可以单击该图标创建图表，或者可以通过“插入”选项卡的“插图”组中的“图表”选项打开“插入图表”对话框，如图 5-57 所示。

选择图表类型后创建图表，同时打开“图表工具－设计”窗口，根据需要修改 Excel 窗口图表数据区域的数据。若关闭了 Excel 窗口，选中图表后，在“图表工具－设计”选项卡的“数据”选项组中选择“编辑数据”按钮，可以再次打开 Excel 窗口。

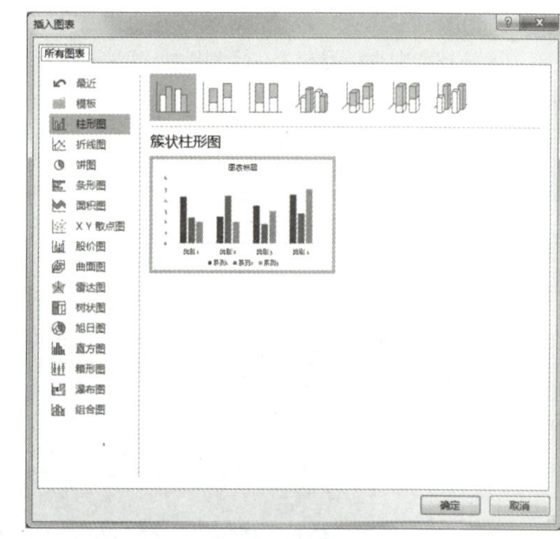

图 5-57　“插入图表”对话框

利用“图表工具－设计”选项组可以对图表进行设计和格式化，如图 5-58 所示。

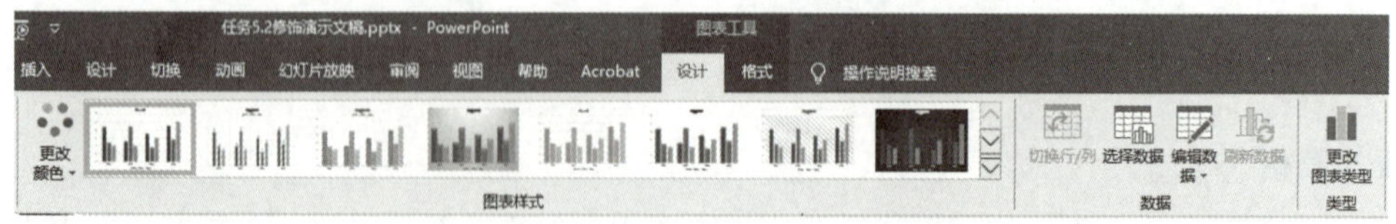

图 5-58　“图表工具－设计”选项卡

7. 设置动画效果与切换方式

对幻灯片设置动画，可以让原本静止的演示文稿更加生动。可以利用 PowerPoint 2016 提供的动画方案、自定义动画和添加切换效果等功能，制作出更加形象的演示文稿。

（1）使用动画

① 创建基本动画。在普通视图中，单击要制作成动画的文本或对象，然后切换到“动画”选项卡，从“动画”选项组的“动画样式”列表框中选择所需的动画，即可快速创建基本的动画。在“动画”选项组中单击“效果选项”按钮，可以从下拉列表框中选择动画的运动方向。

② 使用自定义动画。如果对标准动画不满意，在普通视图中显示包含要设动画效果的文本或者对象的幻灯片，然后切换到“动画”选项卡，在“高级动画”选项组中单击“添加效果”按钮，从下拉列表中选择所需的动画效果。例如，为给幻灯片的标题设置进入的动画效果，可以选择“进入”组中的一种效果，如图 5-59 所示。

如果选项组中的动画效果仍然不能满足用户的要求，选择“更多进入效果”命令，在打开的“添加进入效果”对话框中进行选择，然后单击“确定”按钮，设置完毕。

③ 删除动画效果。删除自定义动画效果的方法很简单，可以在选定要删除动画的对象后，切换到“动画”选项卡，通过下列两种方法来完成：

- 在“动画”选项组的“动画样式”列表框中选择“无”选项。
- 在“高级动画”选项组中单击“动画窗格”按钮，打开“动画窗格”任务窗格，然后在列表区域中右击要删除的动画，从弹出的快捷菜单中选择“删除”命令，如图 5-60 所示。

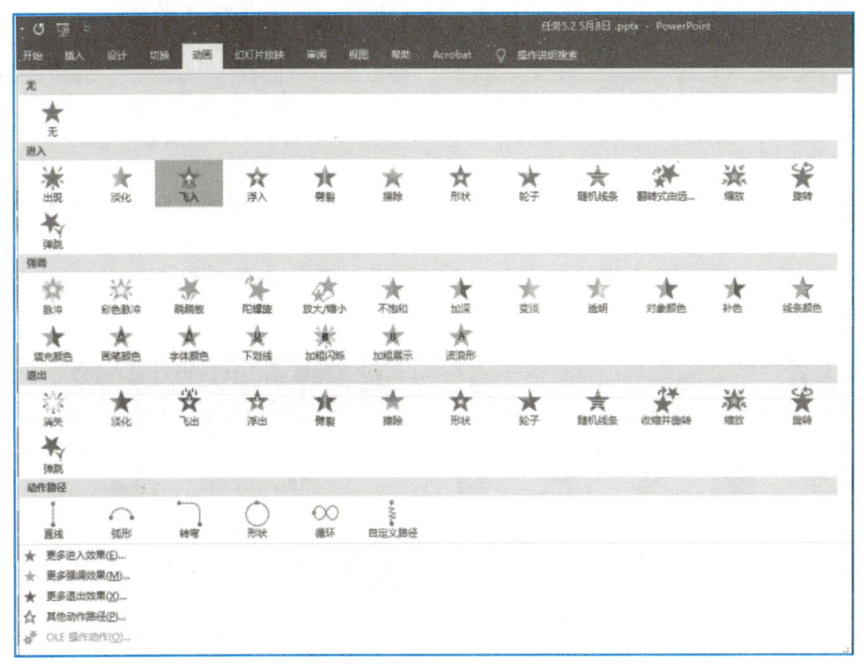

图 5-59　动画效果选项

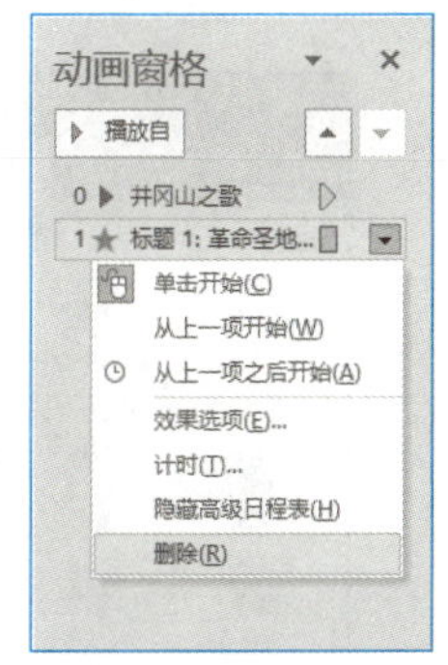

图 5-60　动画窗格

④ 设置动画选项。当在同一张幻灯片中添加了多个动画效果后，还可以重新排列动画效果的播放顺序。方法为：选择要调整播放顺序的幻灯片，切换到“动画”选项卡，在“高级动画”选项组中单击“动画窗格”按钮，在打开的“动画窗格”任务窗格中选定要调整顺序的动画，将其拖到列表框中的其他位置。单击向前移动和向后移动按钮也能够改变动画顺序。

可以单击“动画”选项卡中的“预览”按钮，预览当前幻灯片中设置动画的播放效果。如果对动画的播放速度不满意，在“动画窗格”任务窗格中选定要调整播放速度的动画效果，在“计时”选项的“持续时间”微调框中输入动画的播放时间，如图 5-61 所示。

也可以在“动画窗格”任务窗格中选择所需要设计播放时间的动画，单击要设置动画右侧的箭头按钮，从弹出的下拉菜单中选择“效果选项”命令，在出现的对话框中切换到“计时”选项卡，如图 5-62 所示。然后，在“延迟”微调框中输入动画与上一动画之间的延迟时间；在“期间”下拉列表框中选择动画的速度，在“重复”下拉列表框中设置动画的重复次数。设置完毕后，单击“确定”按钮。如果要将声音与动画联系起来，可以采取以下方法：在“动画窗格”任务窗格中选中要添加声音的动画，单击其右侧的箭头按钮，从弹出的下拉菜单中选择“效果选项”命令，打开“飞入”对话框（对话框的名称与选择的动画名称对应），然后切换到“效果”选项卡，在“声音”下拉列表框中选择要增强的声音，如图 5-63 所示。

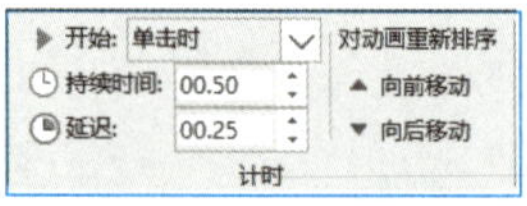

图 5-61 “计时”选项

图 5-62 “计时”选项卡

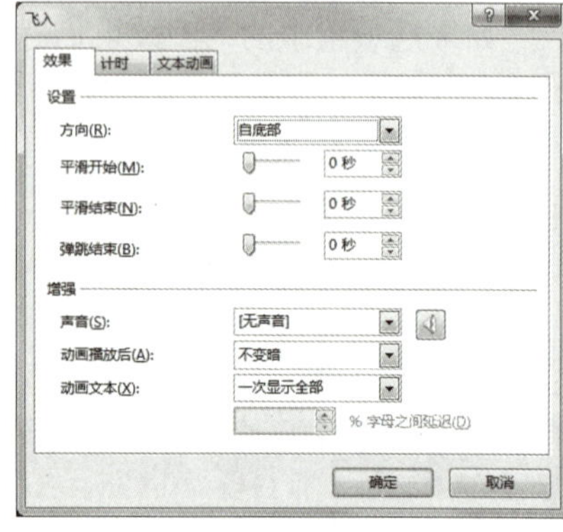

图 5-63 “效果”选项卡

（2）设置幻灯片的切换效果

所谓幻灯片切换效果，就是指两张连续幻灯片之间的过渡效果。设置幻灯片切换效果的操作步骤如下：

在普通视图中单击某个幻灯片缩略图，然后切换到“切换”选项卡，在“切换到此幻灯片”选项组中的“切换方案”列表框中选择一种幻灯片切换效果，如图 5-64 所示。

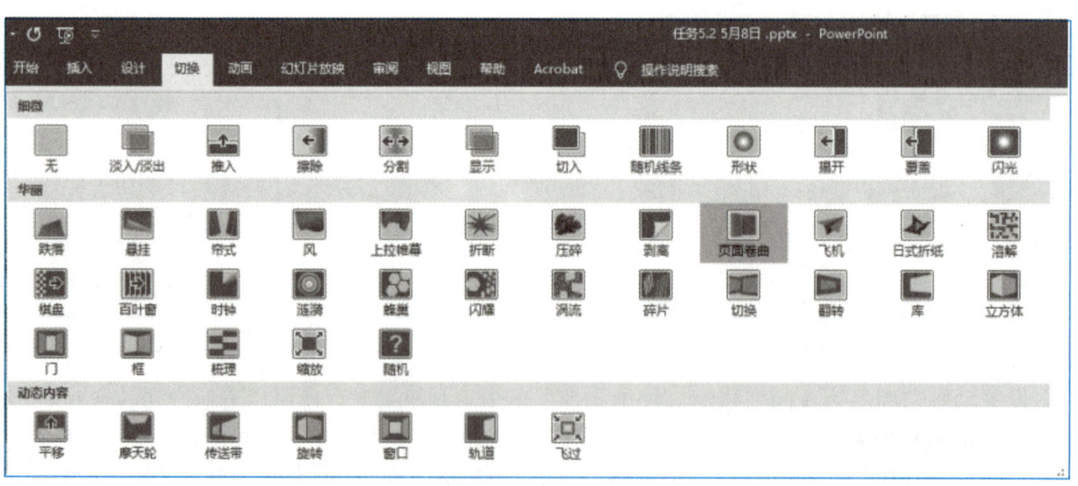

图 5-64 “切换”选项卡

如果要设置幻灯片切换效果的速度，在“计时”选项组的“持续时间”微调框中输入幻灯片切换的速度值，如图 5-65 所示。

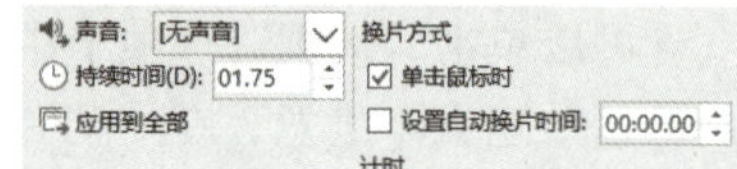

图 5-65 “计时”选项组

如有必要，在“声音”下拉列表框中选择幻灯片换页时的声音。

单击“应用到全部”按钮，则会将切换效果应用于整个演示文稿。

拓展训练

制作“美丽的三峡”演示文稿，参考图 5-66 效果图。

要求：

- 参考样图制作演示文稿。
- 设置封面标题为艺术字效果。
- 添加背景音乐“三峡我的家乡”。
- 分别添加 “瞿塘峡” “巫峡” “西陵峡”等几个景点的图片、文字介绍内容。
- 为幻灯片的标题、图片、文字等对象设置动画效果。
- 设置演示文稿播放时幻灯片之间的切换特效。

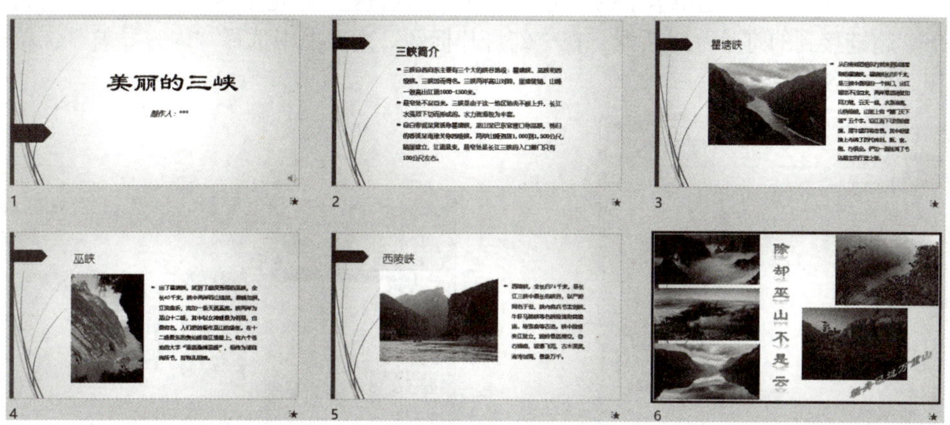

图 5-66 “美丽的三峡”制作效果

任务 3 放映演示文稿

任务描述

班委会在看了任务 2 修改后的幻灯片后非常满意，于是就让演讲者与制作者针对演示文稿的放映做进一步的沟通。经协商后，演讲者决定添加部分按钮和幻灯片备注，以方便演讲者演讲。另外需要打印一份演示文稿，以便演讲者进一步熟悉演讲内容。

任务分析

根据演讲者的需求，需要进一步对演示文稿进行编辑和修改，涉及以下知识技能：

- 添加部分动作按钮，增强演讲的逻辑性。
- 添加部分幻灯片备注，以便演讲者参考。
- 嵌入字体格式，保障演示文稿在其他计算机上能正常播放。
- 设置演示文稿自动播放。
- 打印演示文稿一份，以便演讲者进一步熟悉演讲内容。
- 打包演示文稿，保障演示文稿的独立性。

任务实施

1. 插入动作按钮

根据任务描述和技术分析方案，需要在“活动意义”“景点导航”“活动安排”栏目结尾处，制作“返回”按钮，且返回页面为“内容导航”。因此，需要在演示文稿的第3、13、14、15张幻灯片中制作。

制作“返回”按钮。具体操作步骤如下：

视 频

设置动作按钮

在“大纲幻灯片”窗口单击切换到幻灯片3，单击“插入”选项卡“插图”组中“形状”下拉按钮，在弹出的下拉菜单中选择“动作按钮”→“后退或前进”选项。

按住鼠标左键不放，在幻灯片页面上拖动绘制出“返回”按钮图形。绘制结束后，释放鼠标左键，弹出“操作设置”对话框，如图5-67所示。

选中“单击鼠标”选项卡中的“超链接到”单选按钮，单击下拉按钮，选择“幻灯片”选项，弹出“超链接到幻灯片”对话框，在“幻灯片标题”列表框中选择“内容导航”，单击“确定”按钮，如图5-68所示。

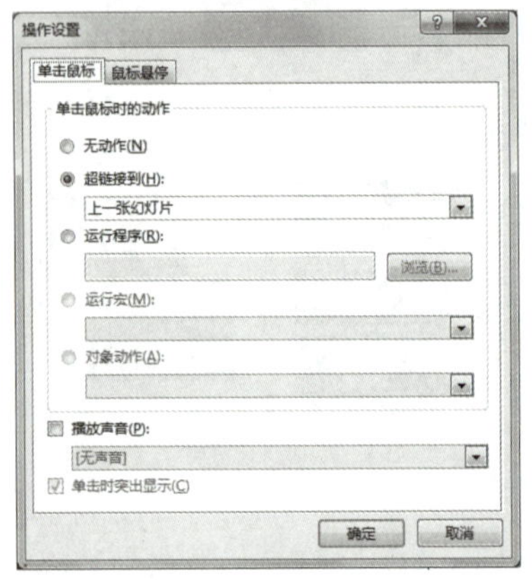

图5-67 “操作设置”对话框

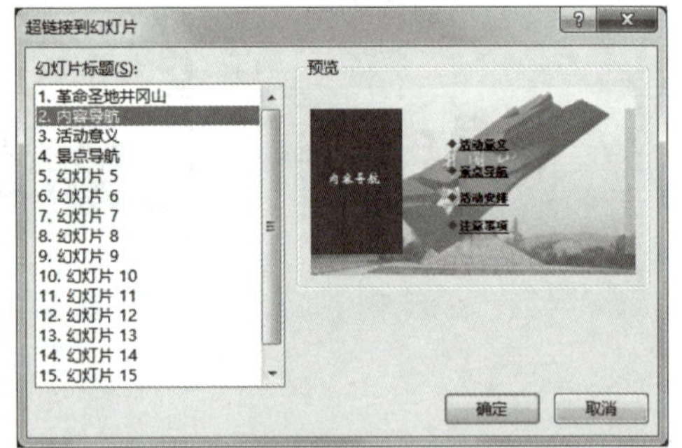

图5-68 “链接到幻灯片”对话框

按照以上操作方式，制作第13、14、15张灯片中的“返回”按钮。

2. 幻灯片放映管理

（1）添加幻灯片备注

根据演讲者的要求，该演示文稿需要在“景区视频介绍”页面添加视频的相关信息，在幻灯片“活动意义”“景点导航”“活动安排”栏目结尾处添加栏目结束的说明文字备注。因此，需要在演示文稿的第3、4、13、14张幻灯片中添加备注。

具体操作步骤如下：在“大纲幻灯片”窗口单击切换到幻灯片3，单击“备注窗口”，输入文字“活动意义介绍最后一页，请注意返回”。

视 频

演示文稿放映管理

按照以上操作方式，在幻灯片4中添加备注“井冈山风景视频介绍”，在幻灯片13中添加备注“景点介绍最后一页，请注意返回”，在幻灯片14中添加备注“活动安排最后一页，请注意返回”。添加备注后如图5-69所示。

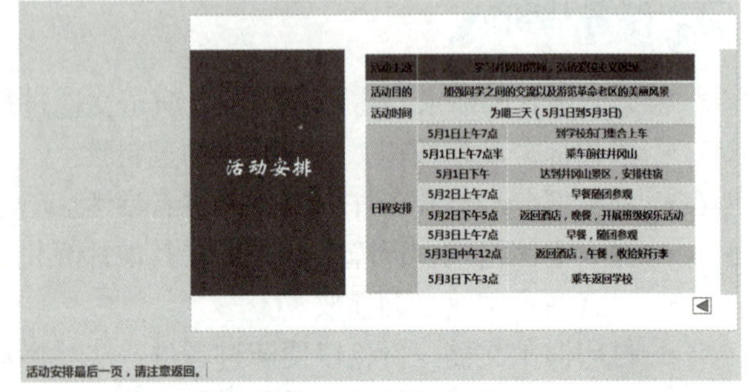

图5-69 添加备注

（2）嵌入字体格式

在人们的工作学习中，经常出现这样的问题，在某一台计算机上制作的演示文稿，移到另外一台计算机中放映时，字体无法正常显示，出现这种问题的主要原因是要放映的计算机上没有安装演示文稿所使用的字库文件。为解决这个问题，可以在演示文稿制作完成后，把相应的字体格式嵌入演示文稿中，这样就可以保证演示文稿在任意一台计算机上都能正常放映。具体操作步骤如下：

单击“文件”选项卡中的“选项”按钮，弹出“PowerPoint 选项”对话框，切换到“保存”选项卡。在“共享此演示文稿时保持保真度”区域选中“将字体嵌入文件”复选框，并选中“仅嵌入演示文稿中使用的字符”单选按钮，单击“确定”按钮，如图 5-70 所示。

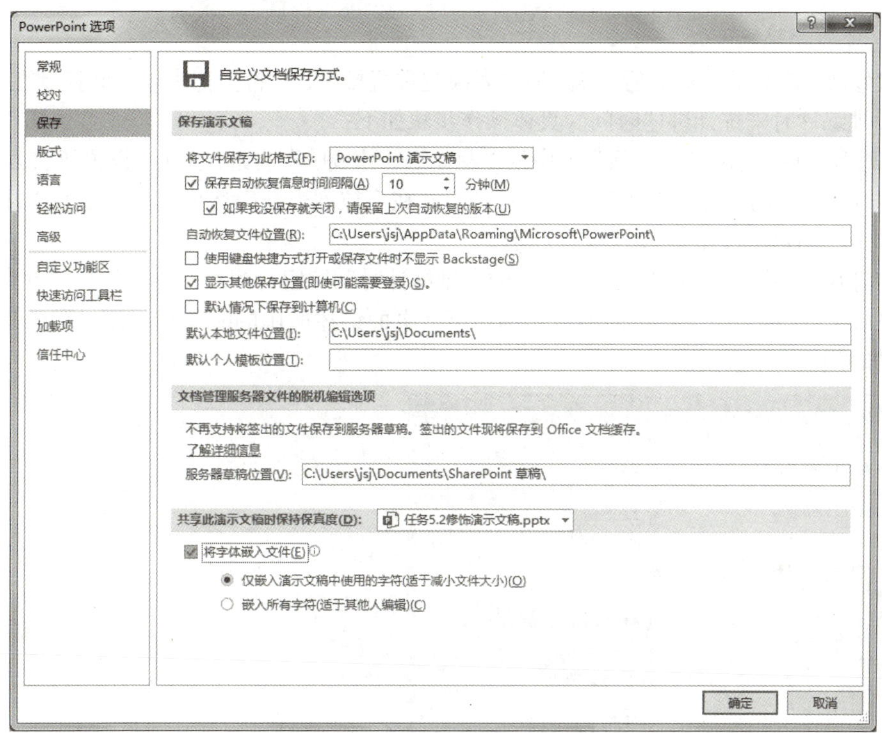

图 5-70　“PowerPoint 选项”对话框

（3）自定义放映方式

针对该演示文稿，需要的放映顺序为：首页→内容导航→活动意义→内容导航→景点介绍→内容导航→活动安排→内容导航→注意事项→结束页，即在“活动意义”“景点介绍”“活动安排”等栏目介绍完后，均需返回“内容导航”页面。在前面是通过超链接和“返回”按钮实现该放映模式，现在可以通过设定自定义播放的方式实现该放映方式。具体操作步骤如下：

单击“幻灯片放映”选项卡，如图 5-71 所示。单击“开始放映幻灯片”组中的“自定义幻灯片放映”下拉按钮，选择“自定义放映”选项。

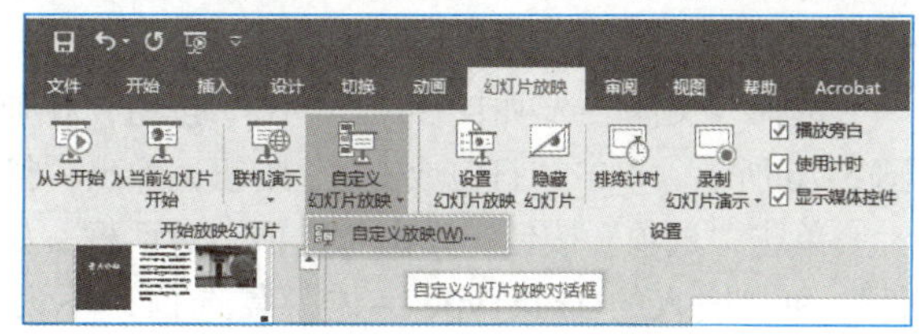

图 5-71　“幻灯片放映”选项卡

弹出“自定义放映”对话框，单击“新建”按钮，如图 5-72 所示。弹出“定义自定义放映”对话框，在“在演示文稿中的幻灯片”列表框中，按照要求的幻灯片放映顺序，依次选中幻灯片，并添加到“在自定义放映中的幻灯片”列表框中，如图 5-73 所示，单击“确定”按钮。

图 5-72 “自定义放映”对话框

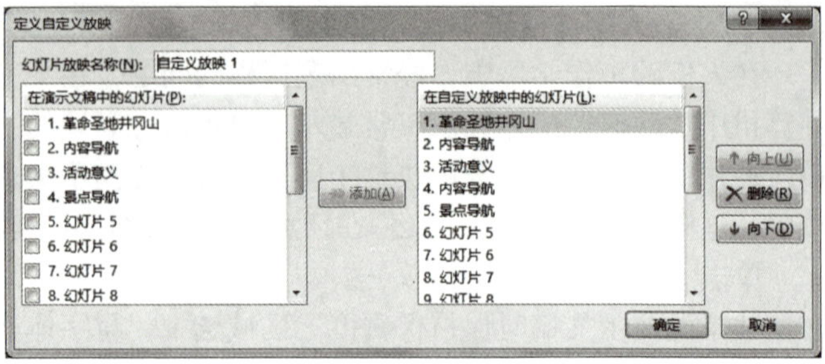

图 5-73 “定义自定义放映”对话框

（4）幻灯片放映排练计时

经过多次修改，该演示文稿最后定稿。演讲者决定进行排练，并希望把讲述时间控制在一个范围内。这个可以通过排练计时来统计讲述时间。具体操作步骤如下：

单击“幻灯片放映”选项卡“设置”组中的“设置幻灯片放映”按钮，弹出“设置放映方式”对话框，选择“放映幻灯片”中的“自定义放映”单选按钮，并在下拉列表框中选择前面设定的“自定义放映 1”放映方式，单击“确定”按钮，如图 5-74 所示。

单击“幻灯片放映”选项卡“设置”组中的“排练计时”按钮，演示文稿开始放映并弹出“录制”工具条，如图 5-75 所示。该工具条前面显示的是当前页面讲述所用的时间，后面显示的是整个演示文稿讲述所用的时间。

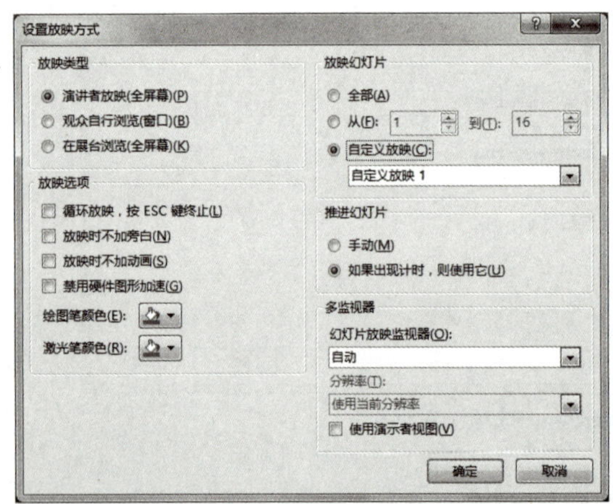

图 5-74 “设置放映方式”对话框

图 5-75 “录制”工具条

3. 设定幻灯片的打印内容

（1）打包演示文稿

为方便演示文稿的存储和移动，除了常规的复制操作，PowerPoint 2016 还提供了将演示文稿打包成可自动播放的 CD 功能。具体操作步骤如下：

选择“文件”选项卡中的“导出”按钮，在弹出的页面中单击“将演示文稿打包成 CD”按钮，如图 5-76 所示。单击“打包成 CD”按钮，弹出“打包成 CD”对话框，如图 5-77 所示。

单击“选项”按钮，弹出“选项”对话框，如图 5-78 所示。选中“包含这些文件”的“链接的文件”和“嵌入的 TrueType 字体”复选框，不设置密码，单击“确定”按钮，返回“打包成 CD”对话框。

在“打包成 CD”对话框中单击“复制到文件夹”按钮，弹出“复制到文件夹”对话框，如图 5-79 所示。

输入文件夹名称“革命圣地井冈山”，设置保存路径，选中“完成后打开文件夹”复选框，单击“确定”按钮，开始打包演示文稿。

（2）打印幻灯片

单击“文件”选项卡中的“打印”按钮，弹出“打印”页面，如图 5-80 所示，设置演示文稿的打印参数后即可打印。

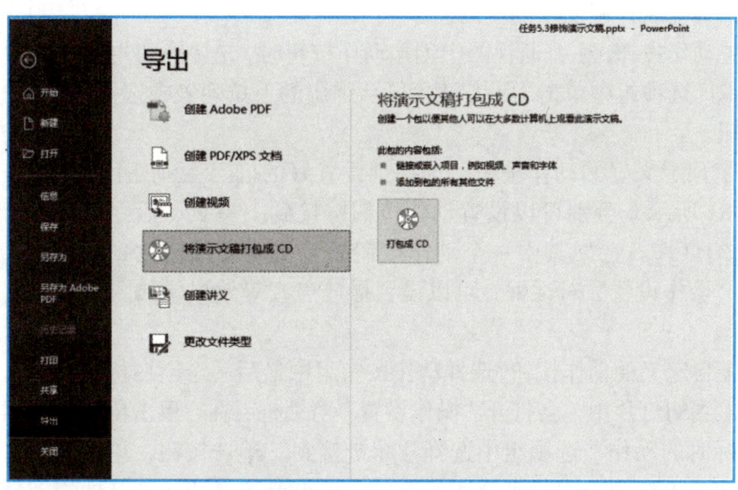

图 5-76　“导出”选项卡

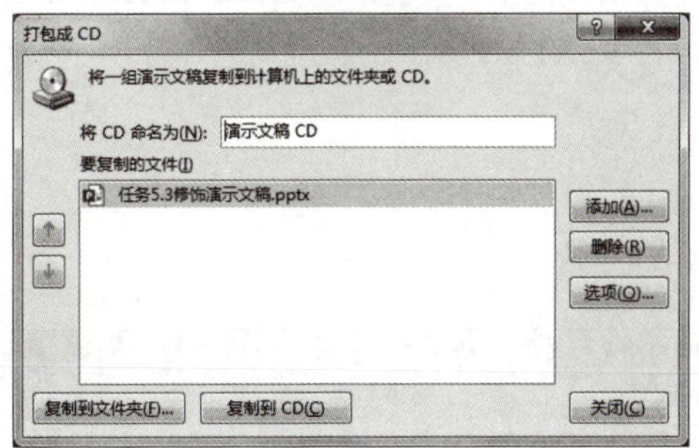

图 5-77　“打包成 CD”对话框

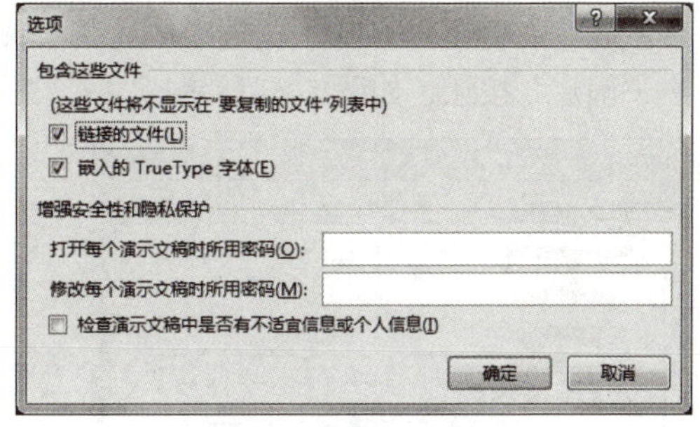

图 5-78　“选项”对话框

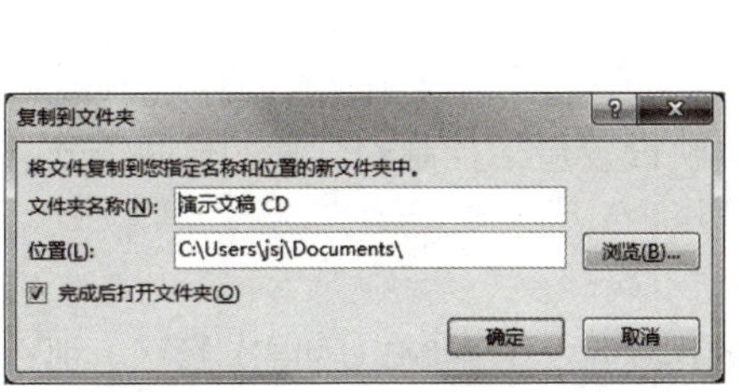

图 5-79　“复制到文件夹”对话框

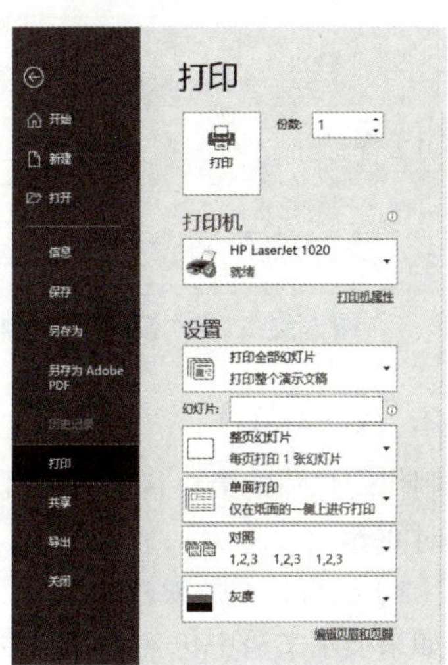

图 5-80　“打印”页面

相关知识

1. 设置交互动作

通过使用绘图工具在幻灯片中绘制图形按钮，然后为其设置动作，能够在幻灯片中起到指示、引导或控制播放的作用。

在幻灯片中放置动作按钮。在普通视图中创建动作按钮时，先切换到“插入”选项卡，然后在“插图”选项组中单击“形状”按钮，从弹出的下拉列表中选择“动作按钮”组中的按钮。

如果要插入一个预定义好的动作按钮，选择预设置好的四个动作按钮即可，如图 5-81 所示，分别可以设置动作按钮链接到上一页、后一页、第一页和最后一页幻灯片。选择其中一个动作按钮后，将动作按钮放到幻灯片合适位置，弹出“操作设置”对话框，可以设置播放声音等效果，如图 5-82 所示。

如果要插入一个自定义的动作按钮，选择动作按钮组中最后一个空白按钮，然后将动作按钮插入到幻灯片中，会打开“操作设置”对话框，在“单击鼠标”选项卡的“单击鼠标时的动作”选项组中选择“超链接到”单选按钮，单击右侧下拉箭头，在弹出的下拉列表中找到合适的选项。如果要随意切换到其他幻灯片，可以选择“幻灯片”选项，打开“超链接到幻灯片”对话框，左侧显示幻灯片主题，右侧是幻灯片预览效果，在其中选择该按钮将要执行的动作，然后单击“确定”按钮，如图 5-83 所示。

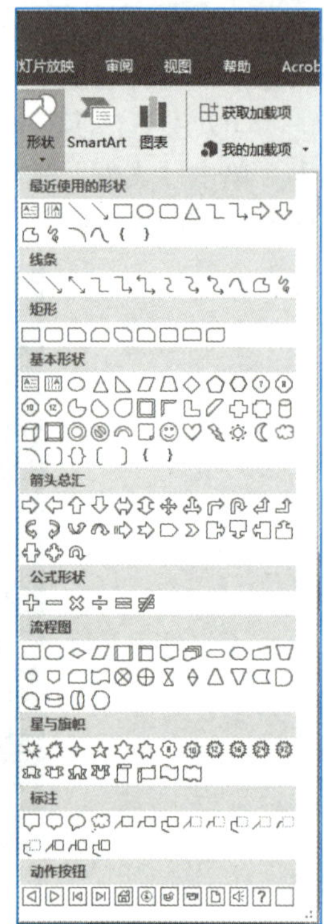

图 5-81　插入形状

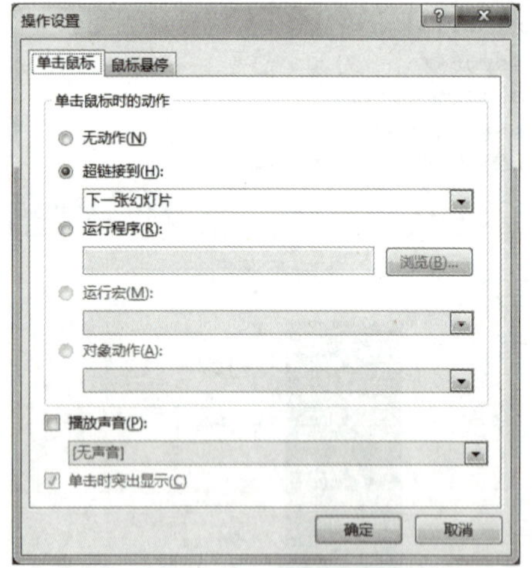

图 5-82　“操作设置”对话框

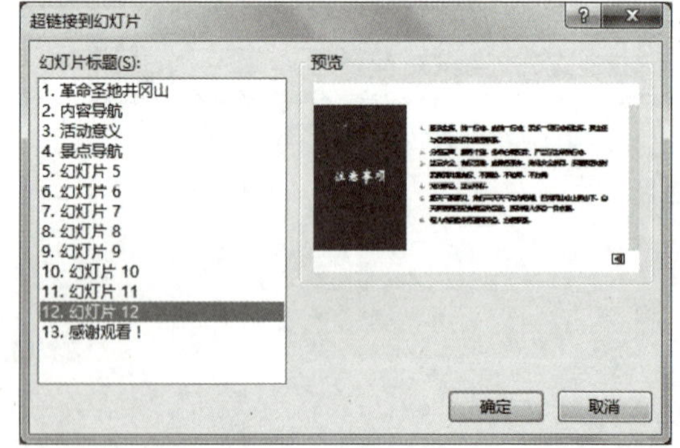

图 5-83　“超链接到幻灯片”对话框

2. 放映幻灯片

制作幻灯片的最终目标是为观众进行放映。幻灯片的放映设置包括控制幻灯片的放映方式、设置放映时间等

（1）幻灯片的放映控制

如果演示文稿中包含不需要播放的半成品幻灯片，但将其删除又会影响以后再次修订。那么需要对幻灯片进行设置，具体操作如下：切换到普通视图，在幻灯片窗格中选择不进行演示的幻灯片并右击，

从弹出的快捷菜单中选择“隐藏幻灯片”命令，或者在“幻灯片放映”选项卡中的“设置”组里，单击“隐藏幻灯片”按钮将它们进行隐藏。

在 PowerPoint 2016 中，按【F5】键或者单击“幻灯片放映”选项卡中的“从头开始”按钮，即可开始放映幻灯片。如果不是从头放映幻灯片，单击工作界面右下角的“幻灯片放映”按钮，或者按【Shift+F5】组合键。

提 示：

在幻灯片放映过程中，按【Ctrl+H】和【Ctrl+A】组合键能够分别实现隐藏，显示鼠标指针的操作。

在幻灯片放映时，如果要切换到指定的某一张幻灯片，首先右击，从弹出的捷菜单中选择“定位至幻灯片”命令，然后在其级联菜单中选择目标幻灯片的标题。另外，如果要快速回转到第 1 张幻灯片，按【Home】键。

如果想退出幻灯片的放映，可以使用下列方法：右击，从弹出的快捷菜单中选择“结束放映”命令，或者按【Esc】键。

（2）设置放映时间

利用幻灯片可以设置自动切换的特性，能够使幻灯片在无人操作的展台前进行自动放映。可以通过以下两种方法设置幻灯片在屏幕上显示时间的长短：

① 人工设置放映时间。如果要人工设置幻灯片的放映时间（如每隔 10 秒自动切换到下一张幻灯片），可以参照以下方法进行操作：

首先，切换到幻灯片浏览视图中，选定要设置放映时间的幻灯片，单击“切换”选项卡，在“计时”选项组中选中“设置自动换片时间”复选框，然后在右侧的微调框中输入希望幻灯片在屏幕上显示的秒数。

单击“全部应用”按钮，所有幻灯片的换片时间间隔将相同；否则，设置的是选定幻灯片切换到下一张幻灯片的时间。

继续设置其他幻灯片的换片时间。此时，在幻灯片浏览视图中，会在幻灯片缩略图的右下角显示每张幻灯片的放映时间，如图 5-84 所示。

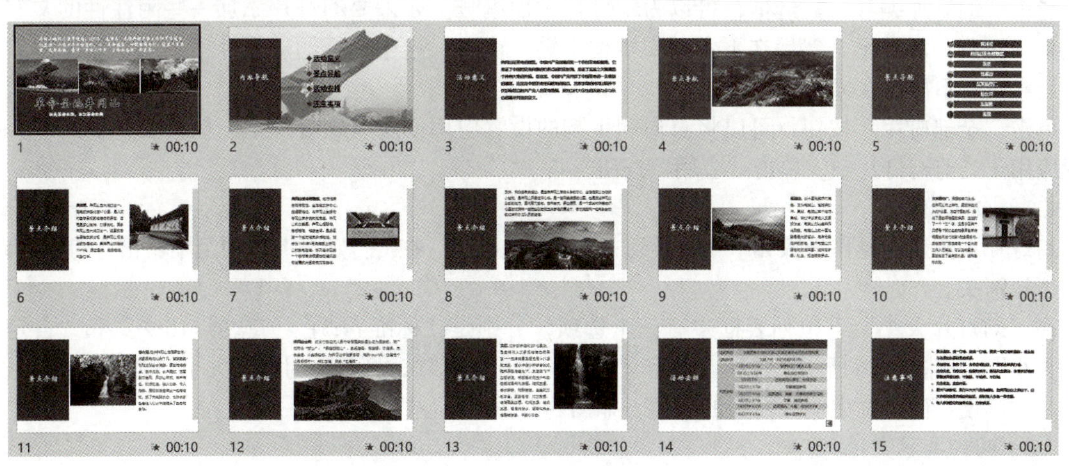

图 5-84 显示放映时间的效果

② 使用排练计时。使用排练计时可以为每张幻灯片设置放映时间，使幻灯片能够按照设置的排练计时时间自动放映。操作步骤如下：

首先，切换到“幻灯片放映”选项卡，在“设置”选项组中单击“排练计时”按钮，系统将切换到幻灯片放映视图。在放映过程中，屏幕上会出现“录制”工具栏。单击该工具栏中的“下一项”按钮，即可播放下一张幻灯片，并在“幻灯片放映时间”文本框中开始记录新幻灯片的时间。

排练结束放映后，在出现的对话框中单击“是”按钮，即可接受排练的时间；如果要取消本次排练，单击“否”按钮即可。

（3）设置放映方式

默认情况下，演示者需要手动放映演示文稿，也可以创建自动播放演示文稿，在展示或展台中自动播放。设置幻灯片放映方式的操作步骤如下：

切换到“幻灯片放映”选项卡，在“设置”选项组中单击“设置幻灯片放映”按钮，打开“设置放映方式”对话框，如图 5-85 所示。

在“放映类型”栏中选择适当的放映类型。其中“演讲者放映(全屏幕)”选项可以运行全屏显示的演示文稿；“观众自行浏览(窗口)”选项由观众自己动手使用计算机观看幻灯片；“在展台浏览(全屏幕)”选项可使演示文稿循环播放，并防止读者更改演示文稿。

在“放映幻灯片”栏中可以设置要放映的幻灯片，在“放映选项”栏中可以根据需要进行设置，设置完成后，单击“确定”按钮。

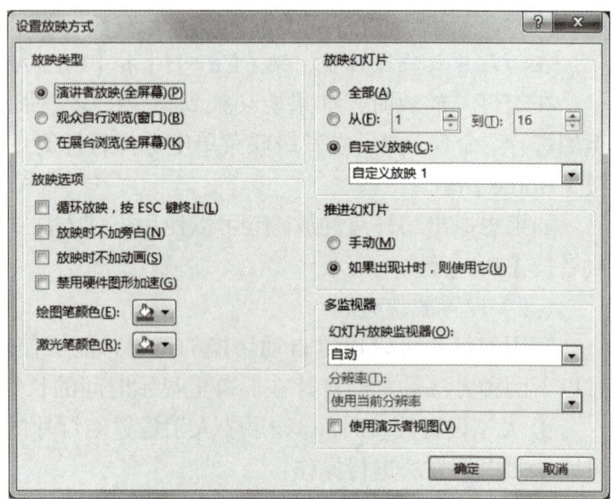

图 5-85 “设置放映方式”对话框

3. 打包与打印演示文稿

（1）设置页眉和页脚

如果要将幻灯片编号、时间和日期等信息添加到演示文稿，可以使用设置页眉和页脚功能，操作步骤如下：切换到“插入”选项卡，在“文本”选项组中单击“页眉和页脚”按钮，打开“页眉和页脚”对话框。

选中“幻灯片编号”复选框，可以为幻灯片添加编号。如果要幻灯片添加一些附注性的文字，可以选中“页脚”复选框，然后在下方的文本框中输入内容。选中“标题幻灯片中不显”复选框，可以使页眉和页脚不显示在标题幻灯片上。

单击“全部应用”按钮，可以将页眉和页脚的设置应用于所有幻灯片上。如果要将页眉和页脚的设置应用于当前幻灯片中，单击“应用”按钮。

（2）页面设置

幻灯片页面设置操作步骤如下：切换到“设计”选项卡，在“自定义”选项组中单击“幻灯片大小”下的下拉箭头。

在“幻灯片大小”下拉列表框中有三个选项，分别是“标准 (4:3)”“宽屏 (16:9)”和“自定义幻灯片大小”，如图 5-86 所示。选择“自定义幻灯片大小”选项，打开“幻灯片大小”对话框，可在“宽度”和“高度”微调框中输入需要的数值，如图 5-87 所示。

（3）打包演示文稿

如果要对演示文稿进行打包，可以参照下列步骤进行操作：

- 切换到“文件”选项卡，选择“导出”→“将演示文稿打包成 CD”命令，然后单击“打包成 CD”按钮，打开“打包成 CD”对话框，输入打包后演示文稿的名称即可。
- 单击“选项”按钮，可以在打开的“选项”对话框中设置是否包含链接的文件，是否包含嵌入的字体，还可以设置打开文件的密码等。

- 单击“复制到文件夹”按钮，打开“复制到文件夹”对话框，可以将当前文件复制到指定的位置。
- 单击“复制到 CD”按钮，将打开一个对话框提示程序会将链接的媒体文件复制到计算机中，单击“是”按钮，将打开“正在将文件复制到文件夹”对话框并复制文件。

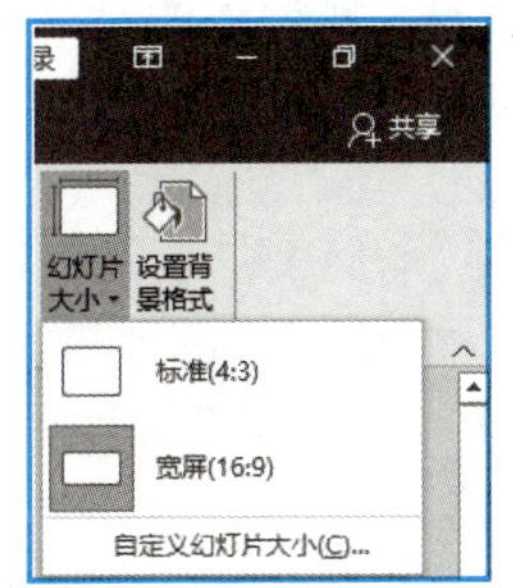

图 5-86 “幻灯片大小”列表框

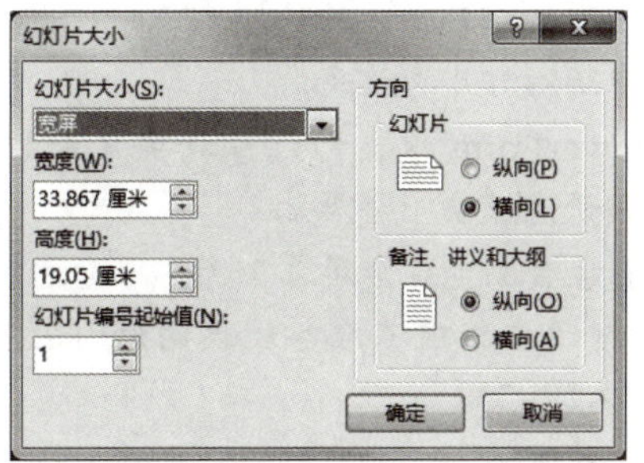

图 5-87 “幻灯片大小”对话框

- 复制完成后，可以关闭“打包成 CD”对话框，完成打包操作。
- 在系统窗口中打开光盘文件，可以看到打包的文件夹和文件。

（4）打印演示文稿

同 Word 和 Excel 一样，可以在打印之前预览演示文稿，满意后再将其打印出来。操作步骤如下：

- 切换到“文件”选项卡，选择“打印”命令，在右侧窗格中可以预览幻灯片打印的效果。如果要预览其他幻灯片，单击下方的“下一页”按钮。
- 在中间窗格的“份数”微调框中指定打印的份数。
- 在“打印机”下拉列表框中选择所需的打印机。
- 在“设置”选项组中指定演示文稿的打印范围。
- 在“打印版式”列表框中确定打印的内容。
- 单击“打印”按钮，即可开始打印演示文稿。

习　题

一、选择题

1. 在 PowerPoint 中，可对母版进行编辑和修改的视图是（　　）。

   A. 普通视图　　B. 备注页视图

   C. 幻灯片母版　　D. 幻灯片浏览视图

2. 要在选定的幻灯片中输入文字（　　）。

   A. 可以直接输入文字

   B. 首先单击文本占位符，然后可输入文字

   C. 首先删除占位符中的系统显示的文字，然后才可输入文字

   D. 首先删除占位符，然后才可输入文字

3. 在幻灯片切换中，不可以设置幻灯片切换的是（　　）。

   A. 换页方式　　B. 背景颜色　　C. 效果　　D. 声音

4. 在 PowerPoint 中，下列选项关于选定幻灯片的说法错误的是（　　）。

   A. 在浏览视图中单击幻灯片即可选定

B. 如果要选定多张不连续幻灯片，在浏览视图下按【Ctrl】键并单击各张幻灯片

C. 如果要选定多张连续幻灯片，在浏览视图下，按下【Shift】键并单击最后要选定的幻灯片

D. 在普通视图下，不可以选定多个幻灯片

5. PowerPoint 的“超链接”命令可（　　）。

A. 实现幻灯片之间的跳转　　B. 实现演示文稿幻灯片的移动

C. 中断幻灯片的放映　　D. 在演示文稿中插入幻灯片

6. 在 PowerPoint 中，幻灯片放映方式的类型不包括（　　）。

A. 演讲者放映（全屏幕）　　B. 观众自行浏览（窗口）

C. 在展台浏览（全屏幕）　　D. 在桌面浏览（窗口）

7. 对于演示文稿中不准备放映的幻灯片可以用（　　）选项卡中的“隐藏幻灯片”命令隐藏。

A. “设计”　　B. “幻灯片放映”

C. “视图”　　D. “编辑”

8. 在 PowerPoint 中，下列选项关于幻灯片的移动、复制、删除等操作，叙述错误的是（　　）。

A. 这些操作在“幻灯片浏览”视图中最方便

B. “复制”操作只能在同一演示文稿中进行

C. “剪切”也可以删除幻灯片

D. 选定幻灯片后，按【Delete】键可以删除幻灯片

9. PowerPoint 中，启动幻灯片放映的方法中错误的是（　　）。

A. 单击演示文稿窗口左下角的“幻灯片放映”按钮

B. 选择“幻灯片放映”菜单中的“观看放映”命令

C. 选择“幻灯片放映”菜单中的“幻灯片放映”命令

D. 直接按【F6】键，即可放映演示文稿

10. 在 PowerPoint 中，设置幻灯片放映时的切换效果为“百叶窗”，应使用（　　）选项卡下的选项。

A. “动作”　　B. “切换”　　C. “动画”　　D. “幻灯片放映”

11. PowerPoint 中，下列说法错误的是（　　）。

A. 可以动态显示文本和对象

B. 可以更改动画对象的出现顺序

C. 图表不可以设置动画效果

D. 可以设置幻灯片切换效果

12. PowerPoint 演示文档的扩展名是（　　）。

A. .pptx　　B. .pwt　　C. .xslx　　D. .docx

13. 下列说法正确的是（　　）。

A. 通过背景样式命令只能为一张幻灯片添加背景

B. 通过背景样式命令只能为所有幻灯片添加背景

C. 通过背景样式命令既可以为一张幻灯片添加背景也可以为所有幻灯片添加背景

D. 以上说法都不对

14. 一个演示文稿由多张（　　）构成。

A. 讲义　　B. 备注页　　C. 幻灯片　　D. 演示文稿

15. PowerPoint 中共有三种母版，下列（　　）不属于三种母版之一。

A. 幻灯片母版　　B. 讲义母版　　C. 格式母版　　D. 备注母版

16. 若要查看主题或背景样式的实时预览，应（　　）。
A. 将鼠标指针悬停在缩略图上　　B. 右击缩略图
C. 单击缩略图　　D. 双击缩略图

17. PowerPoint 的各种视图中，（　　）只显示一个轮廓，主要用于演示文稿的材料组织、大纲编辑等，侧重于幻灯片的标题和主要的文本信息。
A. 普通视图　　B. 普通视图的大纲显示方式
C. 幻灯片阅读　　D. 幻灯片浏览视图

18. 在 PowerPoint 中，可以使用（　　）选项卡上的命令来为切换幻灯片时添加声音。
A. “动画”　　B. “切换”　　C. “设计”　　D. “插入”

19. PowerPoint 的超链接可以使幻灯片播放时自由跳转到（　　）。
A. 某个 Web 页面　　B. 演示文稿中某一指定的幻灯片
C. 某个 Office 文档或文件　　D. 以上都可以

20. PowerPoint 中放映幻灯片的快捷键为（　　）。
A. 【F1】　　B. 【F5】　　C. 【F7】　　D. 【F8】

二、判断题

1. 在 PowerPoint 中幻灯片切换与动画设置都在“动画”选项卡中。（　　）
A. 正确　　B. 错误

2. 在 PowerPoint 中除了用内容提示向导创建新的幻灯片，就没有其他的方法了。（　　）
A. 正确　　B. 错误

3. 在 PowerPoint 中，“自动恢复”保存文稿是对文稿进行有规律保存的替代方式。（　　）
A. 正确　　B. 错误

4. 启动 PowerPoint 之后，利用快捷键【Ctrl+O】，将打开“打开”对话框，然后可以打开需要的演示文稿。（　　）
A. 正确　　B. 错误

5. PowerPoint 中文本只能在文本框中输入。（　　）
A. 正确　　B. 错误

6. 在 PowerPoint 中，要在幻灯片非占位符的空白处增加文本，可以先单击目标位置，然后输入文本。（　　）
A. 正确　　B. 错误

7. 用户在插入新幻灯片时，只能在内置的版式中选择，不能自己创建新的版式。（　　）
A. 正确　　B. 错误

8. 在 PowerPoint 中，幻灯片的主题可以应用到所有幻灯片、个别幻灯片。（　　）
A. 正确　　B. 错误

9. 在 PowerPoint 的窗口中，无法改变各个区域的大小。（　　）
A. 正确　　B. 错误

10. 用 PowerPoint 普通视图，在任一时刻，主窗口内只能查看或编辑一张幻灯片。（　　）
A. 正确　　B. 错误

模块 6 计算机网络应用

计算机网络是计算机技术与通信技术相结合的产物，在历经飞速发展后，计算机网络已是计算机应用领域中最广泛、最活跃的一个分支，无论是工作、学习，还是生活，计算机网络都给人们带来了极大的便利。世界上任何一台计算机只要申请接入互联网，便可分享网络的电子邮件、文件传输、信息查询、网上新闻、各种论坛和电子商务等强大的服务功能，使信息的发布与获取变得轻而易举，给工作和生活带来了极大的方便。

本模块主要通过信息检索、使用 Microsoft OutLook 2016 收发邮件两个任务，了解计算机网络的基本应用知识。

任务 1 信息检索

任务描述

大学的学习是开放性的，苏小庆同学想要提前预习各科的学习内容，就需要使用网络搜索学习资料，我们一起来看看他是怎么利用互联网搜索查找学习资料的。

任务分析

- 使用 Microsoft Edge 浏览器搜索“学习强国”。
- 搜索“5G”相关知识，在搜索到的知识中，选择自己感兴趣的内容阅读。
- 将“学习强国”首页网站收藏。
- 使用双引号搜索“学生大赛”，查找到包含“学生大赛”内容的网页。
- 使用 site 搜索：在“blog.csdn.net”网站中搜索 PHP 相关内容。
- 使用 intitle 进行搜索。
- 使用 filetype 文件格式搜索关于网络安全的 PDF 格式的文档资料。
- 使用数字信息资源检索：中国知网并尝试查询自己所需的期刊、论文、文献、年鉴、图书等资料。
- 保存登录账号和密码。

任务实施

1. Microsoft Edge 浏览器的常规使用及设置

（1）检索主页

鼠标放在 Microsoft Edge 浏览器上并双击鼠标左键，打开 Microsoft Edge 浏览器，并在搜索栏中搜索“学习强国”，按【Enter】键，如图 6-1 所示。

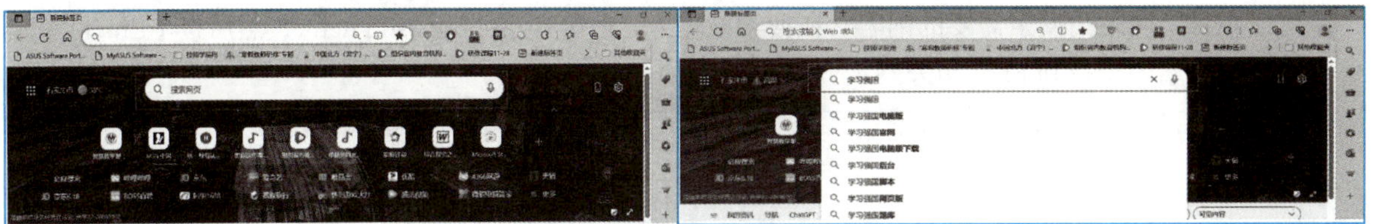

图 6-1　Microsoft Edge 浏览器输入“学习强国”

（2）学习强国站内检索“5G”相关知识

单击“搜索”按钮输入“5G”，并从其中选择一个自己感兴趣的链接，单击网页内容进行学习阅读，如图 6-2 所示。

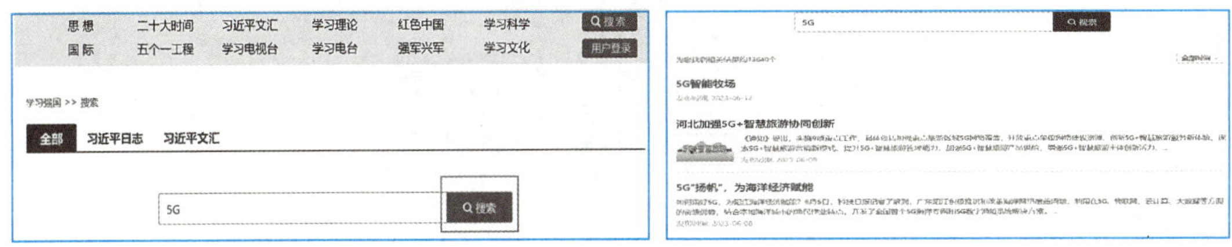

图 6-2　站内检索“5G”

（3）网址收藏

视 频

浏览器浏览收藏学习强国

打开“学习强国”首页网站，单击任务栏 ☆ ，打开收藏夹，设置收藏位置为“收藏夹栏”，如图 6-3 所示。

图 6-3　网址收藏

2. 使用双引号搜索

视 频

双引号搜索

在浏览器搜索栏输入“学生大赛”，按【Enter】键，查找与学生大赛有关的资讯内容，如图 6-4 所示。

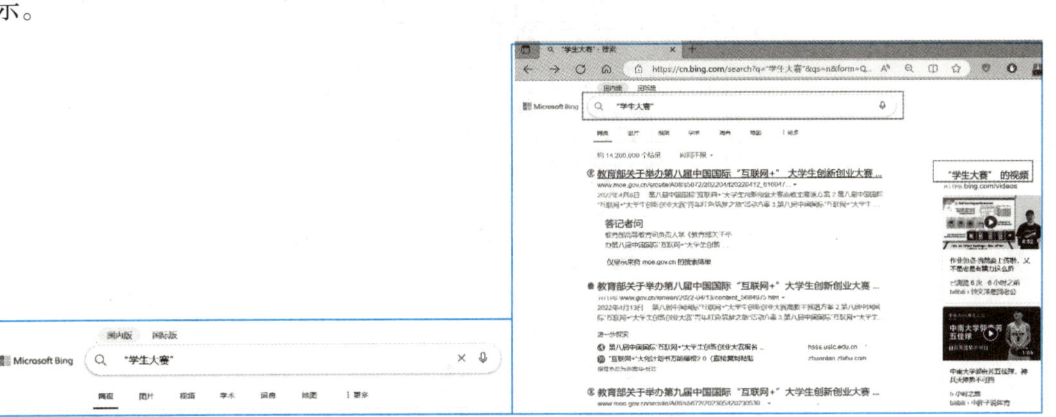

图 6-4　使用双引号搜索“学生大赛”

3. 使用 site 搜索

可以在特定网站内搜索需要的内容，在搜索栏输入“PHP site：blog.csdn.net”，然后按【Enter】键，可以在这个网站中查找到 PHP 相关网页，如图 6-5 所示。

视 频

site站内搜索

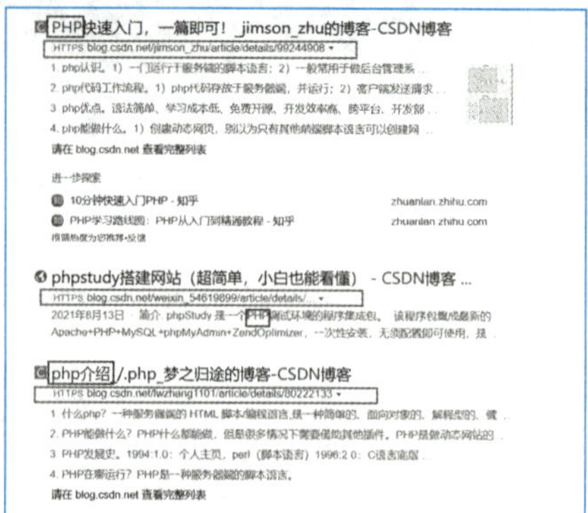

如图 6-5　使用 site 搜索 PHP 相关网页

4. 使用 intitle 进行搜索

在搜索栏输入“intitle：信息技术”进行搜索包含信息技术词的网页，如图 6-6 所示。

视 频

intitle搜索

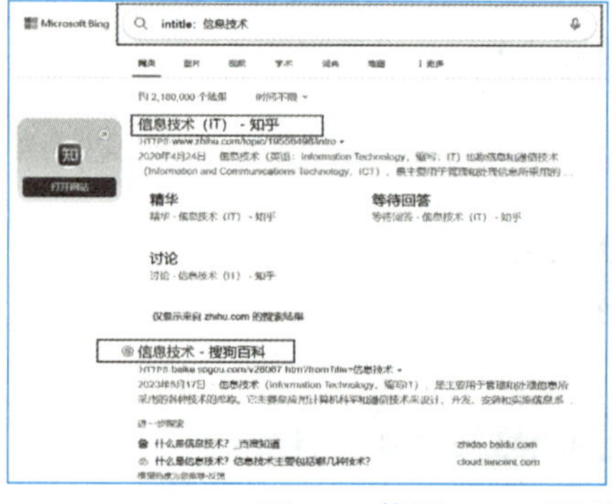

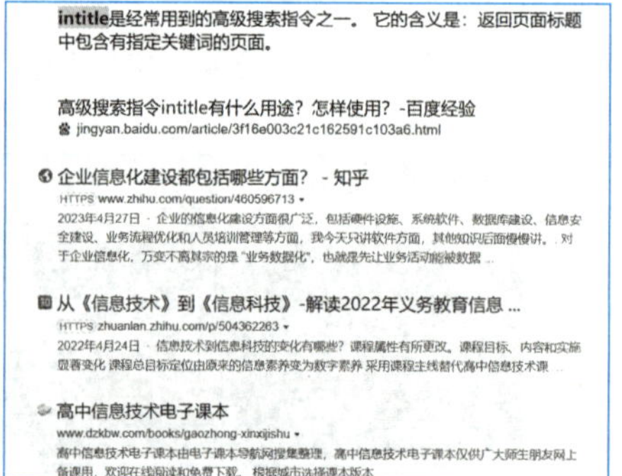

图 6-6　使用 intitle 进行搜索含信息技术词的网页

视 频

filetype搜索文件格式

5. 使用 filetype 文件格式进行搜索

浏览器搜索栏输入“网络安全 filetype：pdf”，然后按【Enter】键，如图 6-7 所示。

图 6-7　搜索网络安全 .pdf 文件类型

视 频

书名号搜索

6. 使用数字信息资源检索

（1）快速检索

浏览器搜索栏输入“中国知网”，然后单击“中国知网”官网，如图 6-8 和图 6-9 所示。

单击“中国知网”搜索栏内“主题”，在下拉菜单中可选择“主题”“关键词”“篇名”“作者”等检索字段，并尝试勾选和查询自己所需的学术期刊、学位论文、年鉴、会议、图书等资料。单击“全文”并输入“艺术设计”，单击“搜索”按钮，如图 6-10 所示。

图 6-8 快速检索“中国知网”

视频

使用数字资源检索

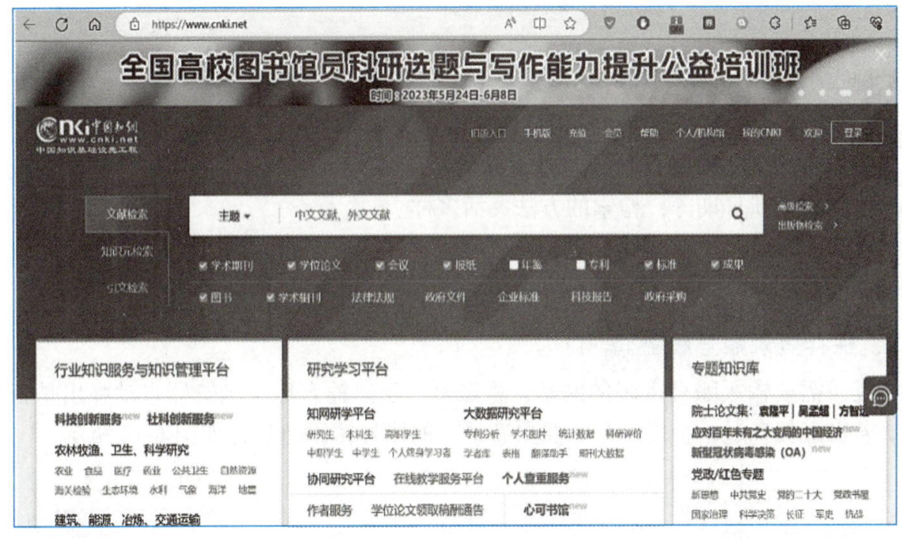

图 6-9 “中国知网”官网

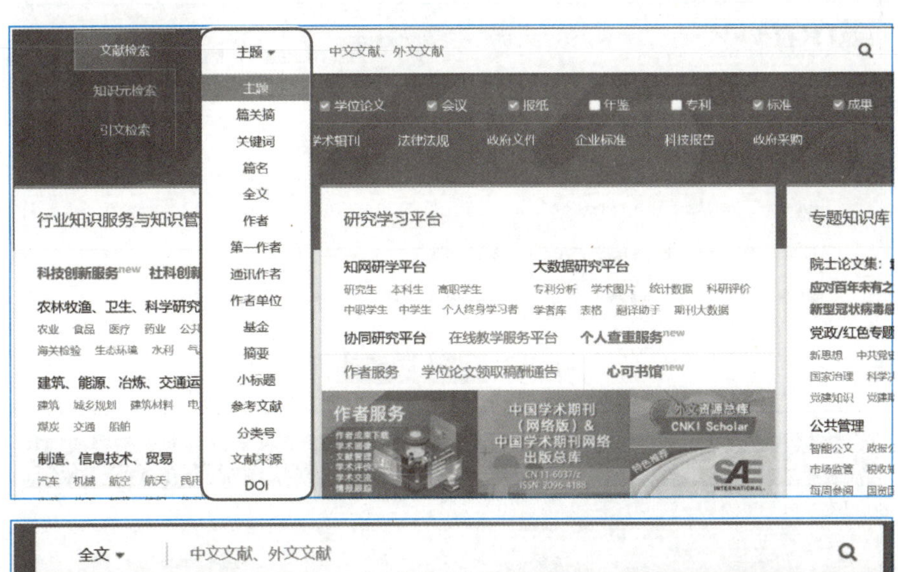

图 6-10 “中国知网”站内搜索“艺术设计”

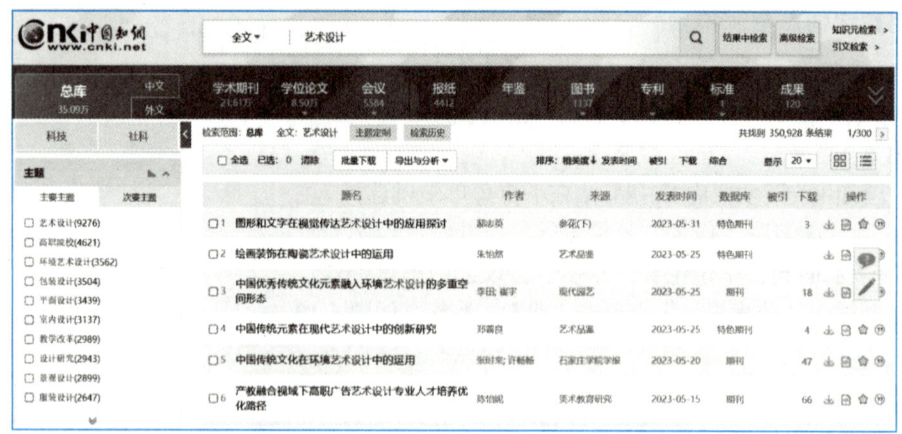

图 6-10 “中国知网”站内搜索“艺术设计”（续）

视 频

站内高级检索

（2）高级检索

高级检索增加了检索条件，通过关键词、篇名、作者等来源检索外，还可以设置文献发表的时间范围和更新日期等，检索的方法灵活多样。

检索 2021 年 1 月 1 日以后，篇名中含有“系统”、王姓作者发表的所有文章，检索方法如下，如图 6-11 所示。

视 频

保存登录账号和密码

7. 保存登录账号和密码

在登录需要输入账号密码的网站，将账号、密码输入后，浏览器自动弹出是否要自动保存账号，若已经保存过，会提示是否要更新最新的账号密码信息，如图 6-12 所示。

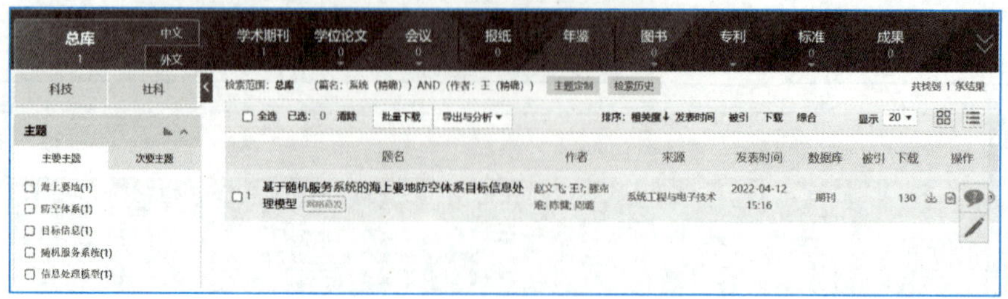

图 6-11 “中国知网”站内高级检索

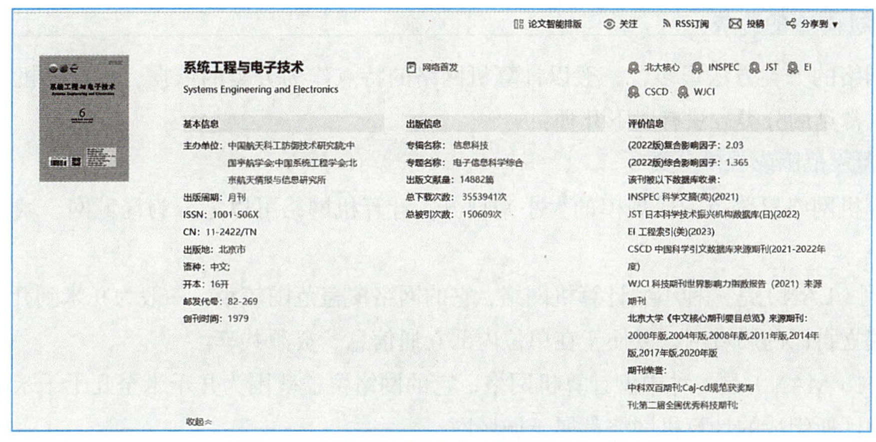

图 6-11　“中国知网”站内高级检索（续）

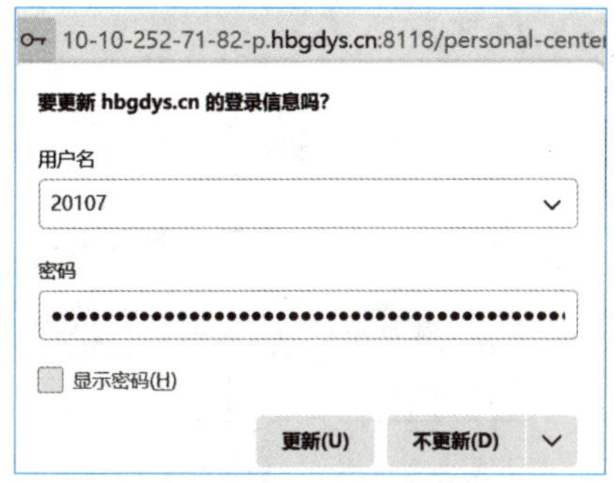

图 6-12　保存登录账号和密码

特别提示：

为了账号安全，建议只在个人计算机上保存登录账号和密码，在公共场所计算机上网时建议不要进行此操作。

相关知识

1．计算机网络的定义

计算机网络是指将地理位置不同，并具有独立功能的多个计算机系统通过通信设备和线路连接起来，在网络操作系统、网络通信协议及网络管理软件的管理和协调下，实现网络中资源共享和数据通信的计算机系统，如图 6-13 所示。

图 6-13　计算机网络

2. 计算机网络的分类

计算机网络的分类方法很多，一般以计算机网络的特点作为分类的依据，将计算机网络分为多种不同的类型，常见的分类方法有以下几种：

（1）按覆盖范围或规模分类

按照计算机网络覆盖范围或规模的大小来划分，计算机网络可以划分为局域网、城域网、广域网三种。

① 局域网（LAN）是一种小型计算机网络，它的网络覆盖范围较小，一般为几米到几千米，通常企业、学校都建立自己的局域网，以便于在单位内部互通信息、资源共享。

② 城域网（MAN）是一种中型计算机网络，它的网络覆盖范围为几千米至几十千米，一般一个城市或者一个地区所组成的计算机网络都属于城域网。

③ 广域网（WAN）是一种大型计算机网络，它的网络覆盖范围可以达到上万千米，可以跨越地区、国家，甚至全球，如 Internet，如图 6-14 所示。

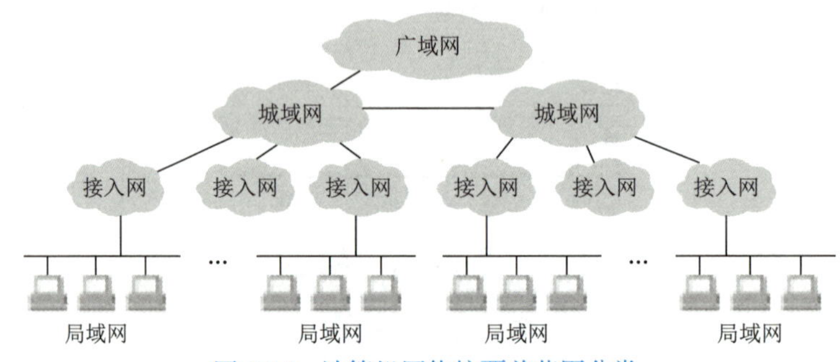

图 6-14　计算机网络按覆盖范围分类

（2）按传输介质分类

按传输介质的不同划分，计算机网络可以分为有线网与无线网。有线网采用同轴电缆、双绞线、光纤等有形传输介质来连接通信设备和计算机，并传输数据。无线网采用微波、激光与红外线作为载体来传输数据，无线网联网方式灵活方便，但是容易受到障碍物、天气和外部环境的影响。

（3）按通信方式分类

按照网络的通信方式，计算机网络分为点对点传输和广播式传输两类，点对点传输数据以点对点的方式，在计算机或通信设备中传输，即将它们直接相连在一起。广播式传输数据在共享式介质中传输。

（4）按服务方式分类

按服务方式分类，计算机网络分为客户机 / 服务器网络和对等网两类，服务器是指专门提供服务的高性能计算机或专用设备，客户机是用户计算机。这是客户机向服务器发出请求并获得服务的一种网络形式，多台客户机可以共享服务器提供的各种资源，这是最常用、最重要的一种网络类型。不仅适合于同类计算机连网，也适合于不同类型的计算机连网，如 PC、Mac 的混合连网。对等网不要求创建文件服务器，每台客户机都可以与其他客户机对话，共享彼此的信息资源和硬件资源，组网的计算机一般类型相同，这种网络方式灵活方便，但是较难实现集中管理与监控，安全性也低，适合于部门内部协同工作的小型网络，如图 6-15 所示。

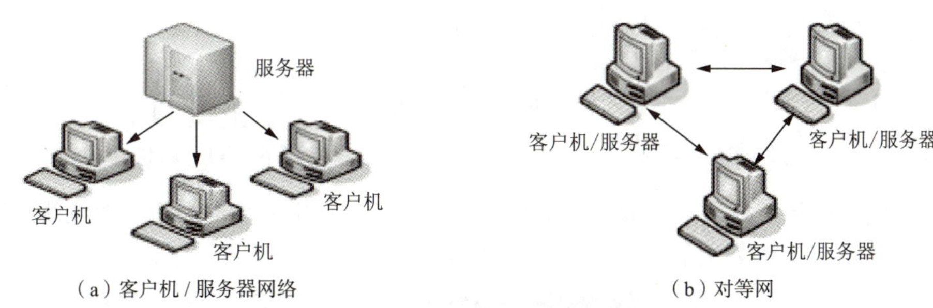

（a）客户机 / 服务器网络　　（b）对等网

图 6-15　按服务方式分类

3. 计算机网络的功能

计算机网络有许多功能，其中最重要的功能是：资源共享、数据通信、分布处理、负载平衡、提高系统可靠性和性能价格比等。

（1）资源共享

计算机网络建立的主要目的是实现资源共享。资源共享是指硬件、软件和数据资源的共享。网络用户不但可以使用本地计算机资源，而且可以通过网络访问连网的远程计算机资源，还可以调用网中几台不同的计算机共同完成某项任务。

（2）数据通信

数据通信是计算机网络最基本的功能。它用来在计算机与终端、计算机与计算机之间快速传送各种信息，包括文字信件、新闻消息、咨询信息、图片资料等。利用这一功能，可将分散在各个地区的单位或部门用计算机网络联系起来，进行统一调配、控制和管理。

（3）分布处理

当某台计算机负担过重时，或该计算机正在处理某项工作时，网络可将新任务转交给网络上空闲的计算机来完成，这样处理能均衡各计算机的负载，达到均衡地使用网络资源进行分布处理的目的；对大型综合性问题，可将问题各部分交给不同的计算机分头处理，充分利用网络资源，扩大计算机的处理能力，即增强实用性。对解决复杂问题来讲，多台计算机联合使用并构成高性能的计算机体系，这种协同工作、并行处理要比单独购置高性能的大型计算机经济得多。

（4）负载平衡

负载平衡是指工作被均匀地分配给网络上的计算机。网络控制中心负责负载分配和超载检测，当某台计算机负载过重时，系统会自动转移部分工作到负载较轻的计算机去处理。

（5）提高系统可靠性和性能价格比

在计算机网络中，即使一台计算机发生了故障，也并不会影响网络中其他计算机的运行，这样只要将网络中的多台计算机互为备份就可以提高计算机系统的可靠性。另外，由多台廉价的个人计算机组成计算机网络系统，采用适当的算法，运行速度可以得到很大的提高，且速度可以大大超过一般的小型机，因此具有较高的性能价格比。

4. 计算机网络的拓扑结构

计算机网络的拓扑结构是指网络中的通信线路和结点间的几何排列，用以表示网络的整体结构外貌，同时也反映了各个模块之间的结构关系。它影响着整个网络的设计、功能可靠性和通信费用等。常见的拓扑结构有：总线、环状、星状、树状和网状 5 种，如图 6-16 所示。

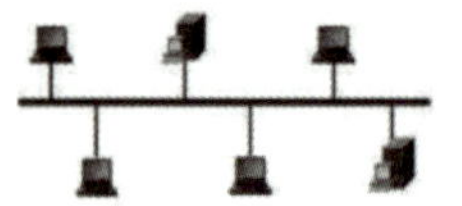
图 6-16-1 总线

图 6-16-2 环状

图 6-16-3 星状

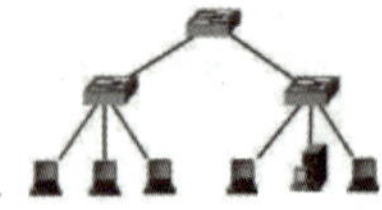
图 6-16-4 树状

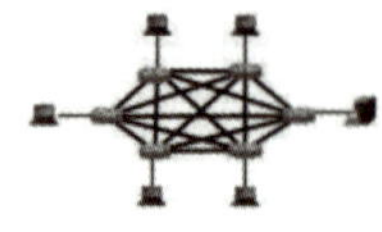
图 6-16-5 网状

所谓传输介质，就是指搭载数字或模拟信号的传输媒介。常用的传输介质有双绞线、同轴电缆和光导纤维等。另外，还有微波通信和卫星通信，如图 6-17 所示。

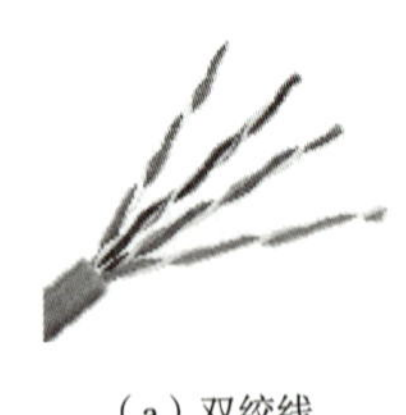
（a）双绞线

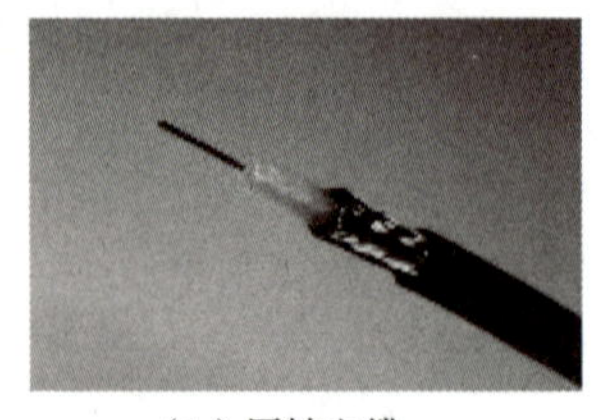
（b）同轴电缆

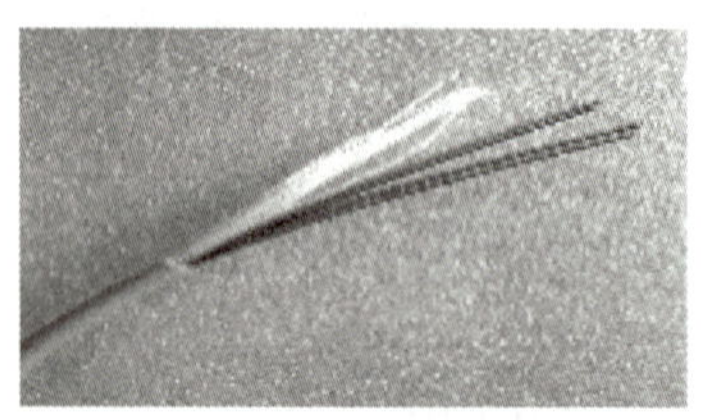
（c）光导纤维

图 6-17 传输介质

5. 计算机网络协议

（1）网络协议的概念

网络协议是指计算机网络中通信各方都必须遵循的一整套规则，即通信协议。协议要规定一系列通信时所涉及的标准，如速率、传输代码、代码结构、传输控制步骤、出错控制等，这样才能保证通信的双方能准确地交换数据。

（2）TCP/IP网络协议

Internet 是全球性的计算机网络，它由许多各种各样不同规模、不同类型的网络组成，要让 Internet 上不同网络、不同类型的计算机能进行信息传输，就必须有一个通用网络信息传输协议。目前 Internet 所采用的标准网络协议是 TCP/IP 协议，它由 TCP 和 IP 两个协议组成，TCP（transmission control protocol）是一种数据传输控制协议，用于负责网上信息正确传输。信息传输后信息包是否都已收齐，次序是否正确就是由 TCP 协议来检验的，若有哪个信息包还未收到，则要求发送方重新发送这个信息包；若信息包到达次序出现混乱，则进行重排。IP（internet protocol）是一种网际协议，IP 协议负责将信息从某一台计算机传输到另一台计算机。IP 协议规定，传输的信息分割成一个个不超过一定大小的信息包（内含信息包将被送往的地址，即 IP 地址）来传送。采用信息包传输可以避免单个用户长时间占用网络线路，且在传输出错时不必重新传送全部信息，只需重传出错的信息包即可。

TCP/IP 协议并不是简单地指 TCP 和 IP，它实际上是指 Internet 中所使用的整个通信协议组。TCP/IP 协议一般分成四个层次：第四层（最高层）是应用层，主要包括 HTTP（超文本传输协议）、FTP（文件传输协议）、Telnet（远程登录协议）、SMTP（邮件发送协议）、POP3（邮件接收协议）、NNTP（网络新闻传输协议）、DNS（域名服务协议）；第三层是传输层，包括 TCP 协议；第二层是网络层，包括 IP 协议；第一层是通信子网层，属于 TCP/IP 协议最低层。

6. Internet 网络

（1）Internet基本概念

Internet 是一个全球性的计算机互连网络，中文名称为“因特网”，它是由世界范围的、规模大小不一的网络互相连接起来而组成的国际性计算机网络。Internet 中各种各样的信息按照 TCP/IP 协议，实现网络信息的共享和使用。

Internet 的前身是 1969 年美国国防部高级研究计划署（advanced research projects agency，ARPA）建立的一个只有四个结点的存储转发方式的分组交换广域网 ARPANET（阿帕网）。该网是以验证远程分组交换网的可行性为目的的一项试验工程。进入 20 世纪 80 年代，计算机局域网得到迅速发展，这些局域网依靠 TCP/IP 标准化协议，可以通过 ARPANET 相互进行联络，这种用 TCP/IP 协议互连网络的规模迅速扩大。除了在美国，世界上许多国家通过远程通信，将本地的计算机和网络接入 ARPAnet。这使得原用于军事试验的 ARPAnet 逐渐衍化成美国国家科学基金会（national science foundation，NSF）对外开放与交流的主干网 NSFNET。

1993 年，美国政府提出建设“信息高速公路”（national information infrastructure，NII）计划，又称国家信息基础设施，在世界各国引起极大反响。欧洲和日本、韩国、东南亚各国纷纷提出了建设自己国家信息基础设施的有关计划和措施，在世界范围内掀起建设“信息高速公路”的高潮，逐渐形成世界范围的全球信息基础设施（global information infrastructure，GII）工程。作为“信息高速公路”的雏形，Internet 成为事实上的全球信息网络的原型，最终发展成当今世界范围内以信息资源共享及学术交流为目的的互联网，成为事实上全球电子信息的“信息高速公路”。

中国国家计算机网络（the national computing and networking facility of China，NCNFC），原为中关村地区教育与科研示范网络，它代表中国于 1994 年 4 月正式连入 Internet，同年 5 月正式注册，建立起我国最高域名 CN 主服务器设置，可全功能访问 Internet 资源。我国获国务院批准管理 Internet 国际出口的单位有四家，分别是中科院 CSTNET、教育部的教育和科研网 CERNET、原邮电部的 CHINANET 和原电子部的金桥网 CHINAGBN。这四家形成的互联网络构成我国当今 Internet 市场的四大主流体系，单位或部门站点、公司商业站点以及个人站点，均需要通过这四个网络中的一个与 Internet 互连。

（2）Internet地址

① IP 地址。在电话网中，每部电话机都有一个由邮局分配的电话号码，只要知道某台电话机的电话号码，便可彼此通话。如果加上所在城市的区号和所在国家（或地区）的代码，那么这部电话的号码就是全球唯一的。

在 Internet 中，为了实现计算机间的信息传输，由美国的国家数据网网络信息中心分配每个网络和网络中的主机一个类似于电话号码的地址编号，称为 IP 地址。将网络地址和主机地址合起来，就是该台主机在 Internet 中的 IP 地址，它由 32 位的二进制数组成（共 4 个字节），如编者所在学院 OA 服务器的 IP 地址是：11011110 11011001 00100100 11000110，由于这样的 IP 地址不便于理解和记忆，因此，IP 协议允许在 Internet 中采用十进制数来定义计算机的地址，即称为 IP 标准地址，具体是将 32 位的二进制数分成 4 组（即 4 个字节），每个字节的二进制数值转换成十进制数值来表示，则可得到 4 个与之对应的十进制数值，数值中间用“.”隔开，就得到 IP 标准地址，例如，11011110 11011001 00100100 11000110 表示该台计算机的 IP 标准地址为 222.217.36.198。

以上属数字型 IP 地址，包含两部分信息，即网络号和主机号，网络号用于识别一个网络，而主机号则用于识别网络中的计算机。网络号长度决定整个 Internet 中能包含的网络数，主机号长度决定所在网络能容纳的主机数，Internet 上网络的数目不容易确定，而每一个网络中的主机数是比较容易确定的，因此，按网络规模将 IP 地址分成 A、B、C、D、E 五类，但是主机只能使用前三类 IP 地址，五类 IP 地址的分配方法如表 6-1 所示。

表 6–1　IP 地址的分配

类别	IP 地址的分配	IP 地址的范围
A	0+ 网络地址（7 bit）+ 主机地址（24 bit）	1.0.0.0 ～ 127.255.255.255
B	10+ 网络地址（14 bit）+ 主机地址（16 bit）	128.0.0.0 ～ 191.255.255.255
C	110+ 网络地址（21 bit）+ 主机地址（8 bit）	192.0.0.0 ～ 223.255.255.255
D	1110+ 广播地址（28 bit）	224.0.0.0 ～ 239.255.255.255
E	11110+ 保留地址（27 bit）	240.0.0.0 ～ 254.255.255.255

A、B、C 这三类地址是常用地址，D 类为多点广播地址，E 类保留。IP 地址的编码规定是：全“0”地址表示本地网络或本地主机，全“1”地址表示广播地址。因此，一般网络中分配给主机的地址不能为全“0”地址或全“1”地址。

A 类 IP 地址：用第一个字节表示网络号，且第一位必须为“0”，因此，有 126 个网络；后三个字节表示主机号，因此，每个网络能容纳 16 777 214 台主机。A 类 IP 地址适用于大型网络，也只有大型网络才被允许使用 A 类 IP 地址。由于 A 类型的 IP 地址支持的网络数很少，所以现在已经无法申请到这一类的网络号。

B 类 IP 地址：用第二个字节表示网络号，且第一个字节的前两位必须为“10”，因此，有 16 382 个网络；后两个字节表示主机号，因此，每个网络能容纳 65 534 台主机。B 类 IP 地址适用于中型网络。

C 类 IP 地址：用第三个字节表示网络号，且第一个字节的前 3 位必须为“110”，因此，有 2 097 152 个网络；后一个字节表示主机号，因此，每个网络能容纳 254 台主机。C 类 IP 地址一般适用于小型网络。

一般可由主机的 IP 标准地址来判别所属的类别，方法是从第一个字段的十进制来确定：

若为 1 ～ 126，则该 IP 地址为 A 类。

若为 128 ～ 191，则该 IP 地址为 B 类。

若为 192 ～ 223，则该 IP 地址为 C 类。

若为 224 ～ 239，则该 IP 地址为 D 类。

若为 240 ～ 254，则该 IP 地址为 E 类。

例如，IP 地址是 222.217.36.198，则其网络号是 222.217.36，主机号是 198，属于 C 类 IP 地址。

② 子网技术。由于 A 类网络和 B 类网络的主机地址空间太大，浪费了许多 IP 地址。以 B 类 IP 地址为例，它可以标识 16 382 个不同的网络，每个网络可以容纳 65 534 台主机，网络规模巨大，2 ～ 3 个这样的网络在规模上与 Internet 相当，任何一个企事业单位不可能拥有如此巨大的网络。可见，在一个 B 类网络中，其主机号部分存在很大的浪费。因此，为了有效地使用 IP 地址，有必要将可用地址分配给更多较小的网络。

利用子网划分技术将较大规模的单一网络划分为多个彼此独立的物理网络，并通过路由器将它们连接在一起，这些彼此独立的物理网络统称为子网。

a．子网的划分方法。子网划分的基本方法是将 IP 地址中的原主机地址空间进一步划分为子网地址和主机地址。此时，一个 IP 地址由三个部分组成：网络号、子网号、主机号。网络号用于识别一个网络，子网号用于识别一个子网，而主机号则用于识别子网中的计算机。

由于划分子网号的位数取决于具体需要，因此不同的网络，其子网号的位数是不同的，那么一个网络划分为若干个子网以后，路由器如何判别子网呢？这就需要使用子网掩码。

b．子网掩码。子网掩码（Subnet Mask）也是一个 32 位的二进制数值，它用于指示 IP 地址中的网络地址（包括子网地址）和主机地址。对应于 IP 地址中的网络地址（包括子网地址），在子网掩码中用“1”

表示，而对应于 IP 地址中的主机地址在子网掩码中用“0”表示。

子网掩码也采用了十进制标记法，即将四个字节的二进制数值转换成四个十进制数值来表示，数值中间用“.”隔开，例如：

子网掩码　　11111111 11111111 11111111 00000000

十进制表示为　255.　255.　255.　0

有了子网掩码，就可以区分网络号和主机号了，也就可以判断一台计算机是在本地网络中（相同的网络号），还是在远程网络中（不同的网络号）。例如，一台计算机的 IP 地址是 61.139.2.69，若其子网掩码为 255.255.0.0，则网络号为 61.139，主机号为 2.69。同一个子网中的所有计算机都将使用同一个子网掩码，其 IP 地址中的网络号都是相同的，而主机号则不同。

子网掩码的另一个功能就是将网络分割成以多个 IP 路由连接的子网。例如，已经有一个 C 类的网络 192.168.15.0，现在希望将该网络划分为六个不同的子网。由于需要至少三位二进制数表示，因此，需要将该网络中的主机地址空间（8 位）中的高三位作为子网地址，所以其子网掩码为 11111111 11111111 11111111 11100000，即 255.255.255.224。

③ 域名地址。IP 地址是全球通用的地址，但这种数字型 IP 地址太抽象，使用起来不方便，如果用有含义的字符表示 IP 地址，可帮助理解和记忆，所以 TCP/IP 协议提供了另一种以字符表示 IP 地址的命名机制，称为域名系统（domain name system，DNS），以域名系统命名的 IP 地址称为域名。域名地址是从右到左来表述其意义的，最右边的部分为顶层域，最左边的则是这台主机的名称。一般域名地址可以表示为主机名 . 单位名 . 网络名 . 区域名。在浏览器的地址栏中，也可以直接输入 IP 地址来打开网页。

区域名由 ISO 3166 规定，分为两大类，一类是由三个字母组成（见表 6-2）。另一类是由两个字母组成的（见表 6-3）。但是域名并不是主机的 IP 地址，使用时必须进行域名转换，将域名转换成与之对应的 IP 地址的工作称为域名解析，域名解析需要由专门的域名解析服务器来完成，整个过程自动进行。大型的网络运营商一般都提供域名解析服务。域名解析实质上就是域名和 IP 地址的翻译，用户在进行网络设置时可以随意选择域名解析服务器。例如，上网时输入的 www.lztdzy.com，将由域名解析系统自动转换成柳州铁道职业技术学院网站的 Web 服务器 IP 地址：222.217.36.198。

表 6–2　美国 3 个字母组成的域名列表

域　名	含　义	域　名	含　义
com	商业	net	网络机构
edu	教育	mil	军事机构
gov	政府	fir	公司企业
int	国际机构	org	非营利组织

表 6–3　常见国家和地区域名列表

域　名	国家和地区	域　名	国家和地区
au	澳大利亚	it	意大利
be	比利时	in	印度
cn	中国	jp	日本

续表

域　名	国家和地区	域　名	国家和地区
ca	加拿大	kr	韩国
ch	瑞士	nz	新西兰
de	德国	ru	俄罗斯
es	西班牙	se	瑞典
fr	法国	sg	新加坡

7. Internet 的接入方式

Internet 接入的技术主要采用 ADSL 接入、光纤接入、无线接入等。

（1）ADSL接入

ADSL 是一种数字通信技术，全称为“asymmetric digital subscriber line”，即“非对称数字用户线路”。它是一种在现有的电话线路上提供高速数据传输的技术，可以同时进行语音和数据传输，且传输速度较快。ADSL 的特点是上行和下行的带宽不同，下行的带宽比上行的带宽大很多，因此适合用于下载速度要求高的互联网应用，如视频、音乐等。同时，ADSL 的传输距离也比较远，可以覆盖更广泛的区域。

（2）光纤接入

一些城市已开始兴建高速城域网，主干网速率可达几十吉比特每秒，并且推广宽带接入。光纤可以铺设到用户的路边或者大楼，适合大型企业。

（3）无线接入

由于铺设光纤的费用很高，对于需要宽带接入的用户，一些城市提供了无线接入。用户通过高频天线和 ISP 连接，距离在 10 km 左右，费用低廉，但是受地形和距离的限制，适合城市里距离 ISP 近的用户，性能价格比很高。

8. WWW 浏览服务

WWW 是 World Wide Web 的英文缩写，又称 Web，翻译为万维网，它是一种基于超文本的多媒体信息查询工具，采用超文本传输协议（hyper text transfer protocol，HTTP），WWW 中的信息资源由一个个的网页为基本元素构成的，所有网页采用全球统一资源定位器（uniform resource locator，URL）来唯一标识，网页采用超文本标记语言（hyper text markup language，HTML）编写，Web 页采用超文本链接，用户借助 IE 浏览器即可访问信息服务资源。

（1）IE浏览器

Internet Explorer 是微软公司所开发的一个功能强大的 WWW 浏览器，它的主要用途有浏览 Web 页、收藏访问网页。

① 浏览器作用。

- 标签栏：显示当前已经打开的网页标签、支持同时打开多个网页标签。
- 地址栏：访问网站时输入网站地址。
- 收藏栏：显示已收藏的网站名称。
- 状态栏：显示网页声音、显示比例等状态。

- 搜索栏：输入关键词可搜索信息。
- 拓展栏：提供网页截图、翻译、阅读模式设置、扩展程序等功能。
- 下载与网页回收站按钮：提供页面下载工具、显示之前访问过的网页。
- 工具及浏览器设置选项：提供浏览器工具及浏览器常用设置选项。
- 页面显示区：显示网页内容。

② 浏览器功能。

- 打开新的窗口、打开新的无痕窗口、切换浏览器模式。
- 收藏夹、历史记录、保存网页、恢复关闭网页。
- 截图、打印、网页缩放、全屏。
- 日间、夜间模式，省电模式。
- 字体大小、浏览器声音、网页下载文件位置。
- 更多工具、设置、帮助与反馈、扩展。

（2）浏览Web页

输入网址浏览网页，一般是知道网址情形下所采用的访问方法，此时可在 IE 地址栏中输入该网页所在的网站 URL 地址，URL 的地址格式为“协议名 ://IP 地址或域名”，按【Enter】键，便可进入该网站浏览网页。

9. 日常访问网页方法

（1）采用超链接功能浏览网页

采用超链接功能浏览网页，一般适用于容易获得网页的超链接情形所采用的访问方法，单击超链接便可跳转到该网页。如要访问“新浪新闻”网页，单击“网址之家”网站主页的“新浪新闻”超链接，即可显示“新浪新闻”网站的主页。对不知道网页地址，但容易获得网页的超链接情形，采用超链接功能浏览网页，更能显示出该方法的快捷简便。

（2）使用搜索引擎搜索互联网信息

搜索引擎是一种专门用来查找网址和相关信息的网站，目前，专用搜索引擎网站有百度等。另外，新浪（Sina）、搜狐（Sohu）等门户网站也提供了信息检索的功能。搜索引擎将互联网上的网页检索信息保存在专用的数据库中，并且不断更新。用户通过网站提供简单的关键字搜索功能，在引擎提供的输入框中输入和提交有关查找信息的关键字，经对数据库进行信息检索后，显示包含网页以及与关键字相关的查询信息，用户即可选择网页浏览或继续信息查找。

（3）使用收藏夹访问网页

浏览网页时，对一些不容易查找、又要经常访问的网页，可用 IE 10.0 提供的收藏网页地址的功能，将网页地址添加到收藏夹中，以后只需要单击收藏夹列表中的选项，就可以快速访问该网页。添加网页地址到收藏夹的方法是：在访问某网页时，选择“收藏”→“添加到收藏夹”命令，即可将当前网页地址添加到收藏夹中。

（4）保存当前访问网页

IE 除了提供收藏网页地址的功能外，还提供了保存当前访问网页的功能，其作用与收藏网页地址相同，都是方便以后快速访问该网页。保存当前访问网页的方法是：在访问某网页时，选择“工具”→“文件”→“另存为”命令，弹出“保存网页”对话框，如图 6-18 所示。

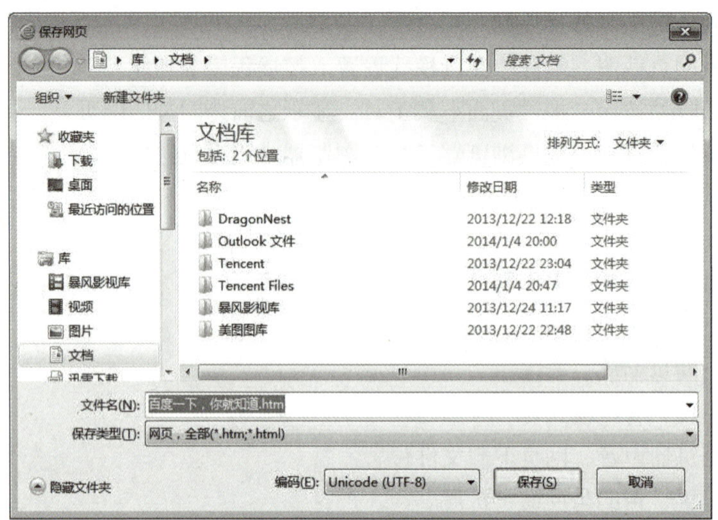

图 6-18　保存百度首页

然后确定保存的位置、文件名和文件类型，单击“保存”按钮即可。当在保存类型中选择“文本文件(* .txt)”可将该网页中的全部文本保存为文本文件。

另外，网页中的图片也可以进行保存。保存网页中的图片的方法是：右击需要保存的图片，然后在弹出的快捷菜单中选择“图片另存为”命令即可。

拓展训练

- 访问“网址之家”网站的主页，如图 6-19 所示。

图 6-19　“hao123 网址”主页

- 使用主页的超链接功能浏览网站中的其他资源。
- 使用搜索引擎搜索“党的二十大报告”全文，并保存成“党的二十大报告 .docx”。
- 使用搜索引擎搜索新闻周刊 _ 央视网 (cctv.com) 互联网信息。

- 使用收藏夹收藏访问的新闻周刊 _ 央视网 (cctv.com) 网页，收藏教育频道 2023 年高校党组织示范微党课展播。
- 检索央视网道教育频道《职业教育产教融合方案出炉！官方最新解读来了》，并将网页内容保存为：职业教育产教融合方案出炉 .txt，存放在计算机桌面。
- 检索央视网道 5G 频道“美丽云乡村”产业振兴基地介绍，将图片另存为“聚焦乡村振兴 .jpeg”，保存在桌面。

任务 2 使用Microsoft Outlook 2016收发邮件

任务描述

申请到个人电子邮箱后，在主页登录邮箱，就可以进行邮件收发。也可以利用 Microsoft Outlook 2016 软件，无须登录邮箱所在的网站收发邮件。Microsoft Outlook 2016 是 Microsoft 公司开发的 Office 2016 办公套装中一款电子邮件管理软件，该软件提供用户将邮件下载到本地保存和邮件管理功能。

任务分析

- 添加并配置电子邮件账户。
- 创建新邮件。
- 写邮件。
- 添加附件。

任务实施

1. Microsoft Outlook 2016 的基本设置

视 频

Outlook网页版创建

选择“开始”→“所有程序”→Microsoft Office→Microsoft Outlook 2016 命令，便可打开 Outlook 2016 的主窗口，如图 6-20 所示。

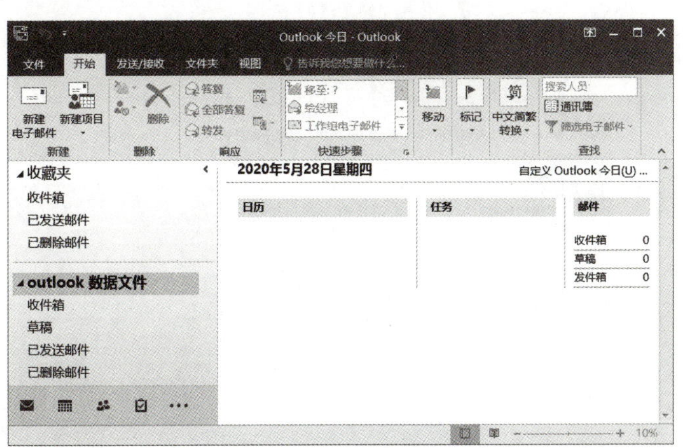

图 6-20 Outlook 2016 常规设置

在默认状态下，“开始”选项卡中的“新建电子创建邮件”按钮用于撰写新的电子邮件，并且可以单击其右边的下拉箭头，从列表中选择预定的格式对邮件进行修饰。“发送 / 接收”选项卡则用于接收或发送电子邮件。

首次使用 Outlook 2016 收发电子邮件之前，必须添加并配置电子邮件账户。如果在安装了 Outlook 2016 的计算机上使用早期版本的 Microsoft Outlook，那么账户设置将自动导入。如果您是 Outlook 的新用户，或者要在新计算机上安装 Outlook 2016，那么“自动账户设置”功能将自动启动，并帮助配置电子邮件账户的账户设置。此设置只需要您的名称、电子邮件地址和密码。如果无法自动配置电子邮件账户，那么必须手动输入所需的附加信息。

必须添加并设置用户的电子邮件账号，才能接收或发送电子邮件。要添加邮件账号的操作步骤如下：

第 1 步：在图 6-20 所示的主窗口中，选择“文件”选项卡，并在“信息”下，单击“添加账户”按钮，如图 6-21 所示。

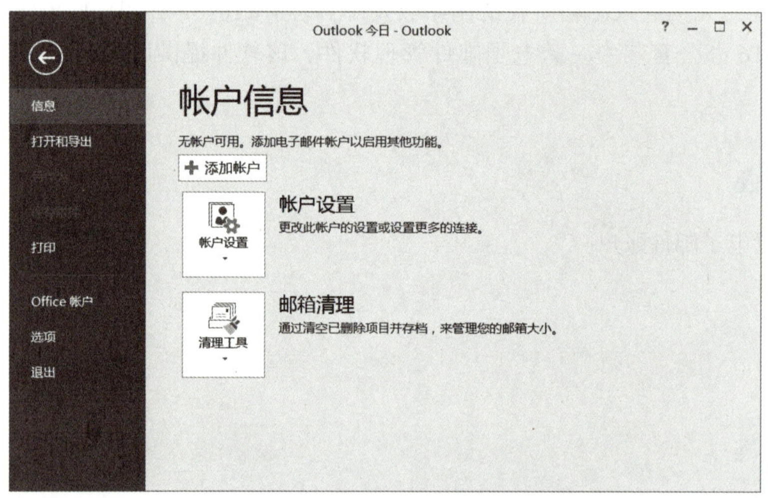

图 6-21 “添加新账户”示意图

第 2 步：打开“添加新账户”对话框，如图 6-22 所示。在“添加新账户”对话框中，选择“电子邮件账户”服务单选按钮，见图 6-22，并单击“下一步”按钮。

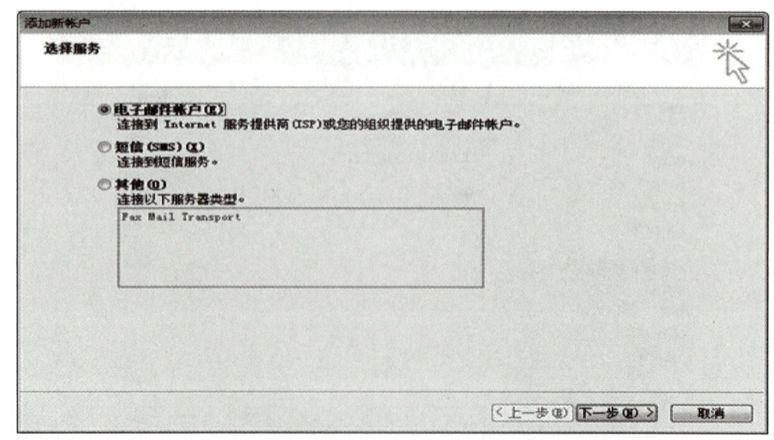

图 6-22 “添加新账户”对话框

第 3 步：在打开的“添加新账户”对话框中输入：您的姓名、电子邮件地址和密码，如图 6-23 所示，并单击“下一步”按钮即可完成配置电子邮件服务器设置，如图 6-24 所示。

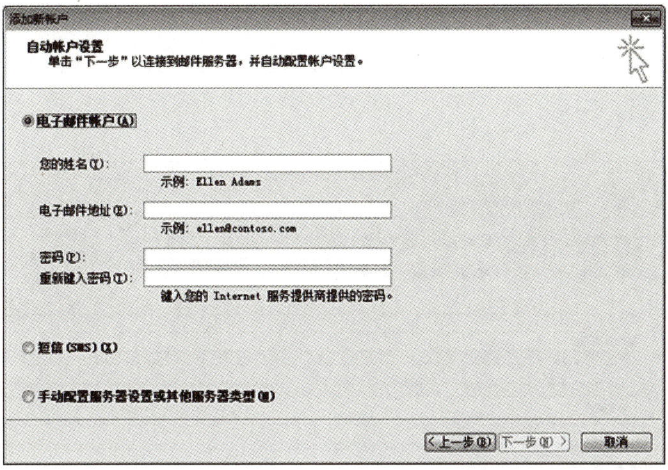

图 6-23　在“添加新账户”对话框输入电子邮件地址

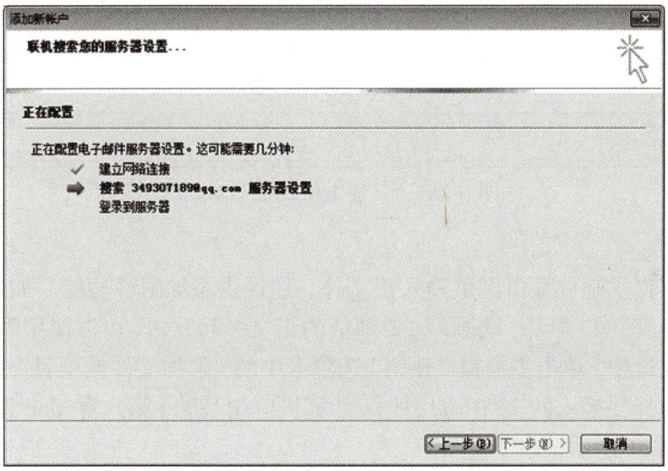

图 6-24　设置电子邮件账号

2. 收发电子邮件

收发电子邮件通常包括：创建新邮件、发送邮件、接收和阅读邮件、打开和存储附件和答复邮件等。操作步骤分别如下：

第 1 步：创建新邮件。

启动 Outlook 2016 后，单击主窗口“开始”选项卡中的“新建电子邮件”按钮，打开新邮件窗口，如图 6-25 所示。

第 2 步：写邮件。

在新邮件窗口的“收件人”文本框中，输入收件人的电子邮件地址；在“主题”文本框中，输入邮件的主题，以便让收件人不必打开信件就可一目了然地知道信件的主要内容（如张三稿件）；在“抄送”文本框中，输入要同时发送给其他人的电子邮件地址（本例无其他人）；在邮件编辑区中输入邮件的正文。本例正文如下：

编辑同志：您好！

现将文章发给您，见附件，收到请回信。

　　此致

敬礼！

张三

2020 年 6 月 18 日

视 频

Outlook网页版的使用

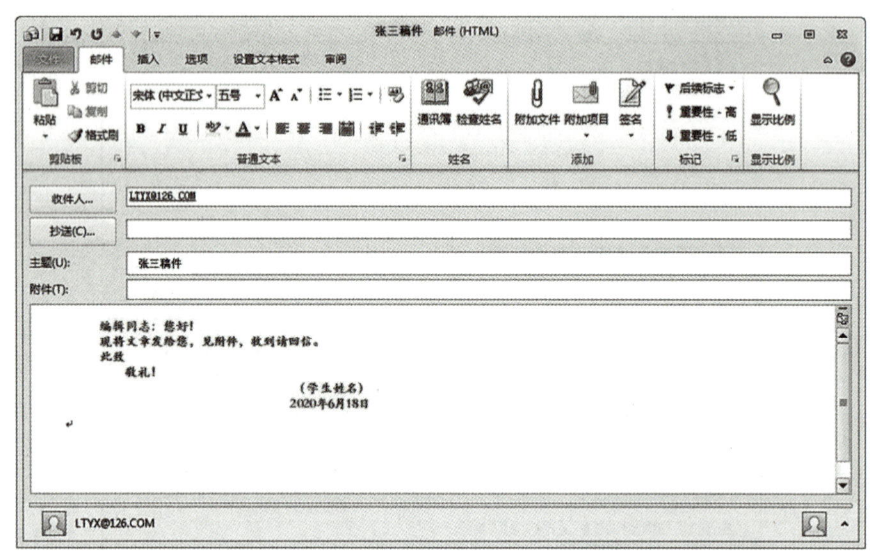

图 6-25　“新建电子邮件”对话框

第 3 步：添加附件。

Outlook 2016 除了提供邮件编辑区供输入正文外，还提供添加附件功能，如果还有独立的文件（该文件可以是 Word 文档、图像、声音、动画等）要随信的正文一起发送，可以使用附加文件或项目的功能。操作方法：在新邮件窗口中，单击主窗口“开始”选项卡中的“附加文件或项目”按钮，打开“插入文件”对话框。从对话框中选择要插入的文件（如添加《计算机应用基础》第六章 .doc 为附件），然后单击“插入”按钮，结果如图 6-26 所示。

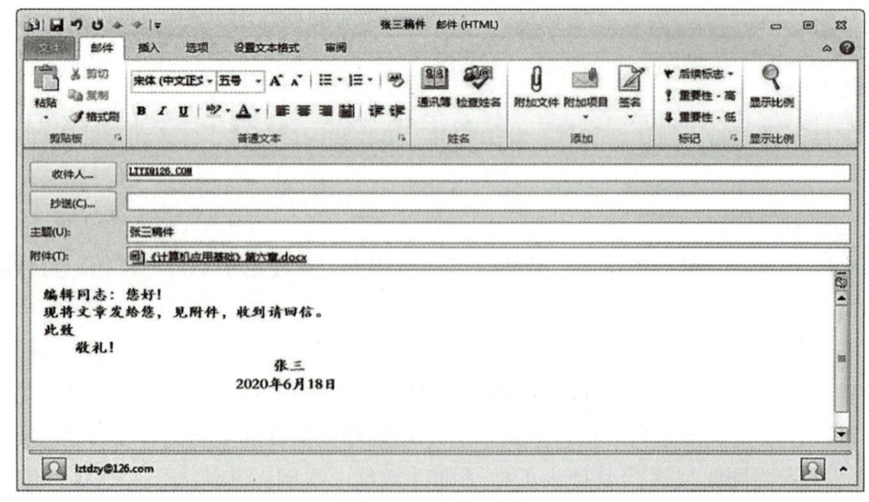

图 6-26　添加附件

第 4 步：发送、接收、阅读邮件和打开、存储附件。

单击 Outlook 2016 中的“发送 / 接收”选项卡中的“发送 / 接收”按钮即可发送、接收、阅读新邮件，如果邮件有附件，在邮件列表区中双击包含附件的邮件主题。此时，该邮件将显示在新窗口中，其附件以图标的形式显示在“附件”框中，右击附件图标选择“打开”命令可打开附件，右击附件图标选择“另存为”命令可保存附件。

相关知识

电子邮件是由 Electronic Mail 翻译过来的，简称 E-mail。电子邮件是 Internet 应用最广的服务，通过网络的电子邮件系统，网络用户可以用非常低廉的价格（无论发送到何处，只需支付网费即可），以非常快速的方式（几秒内可以发送到世界上任何指定的目的地），与世界上任何一个角落的网络用户联络，这些电子邮件可以是文字、图像、声音等各种方式。由于电子邮件使用简易、投递迅速、收费低廉、易于保存、全球畅通无阻，使得电子邮件被广泛应用，也使人们的交流方式得到了极大的改变。

1. 收发电子邮件

（1）电子邮件服务协议

电子邮件服务是 Internet 提供的可收发电子邮件的电子邮件系统，目前，该系统采用的是 SMTP 和 POP3 两种协议。

SMTP（simple mail transfer protocol，简单邮件传输协议）是一组用于由源地址到目的地址传送邮件的规则，由它来控制信件的中转方式。SMTP 属于 TCP/IP 协议簇，它帮助每台计算机在发送或中转信件时找到下一个目的地。通过 SMTP 所指定的服务器，网络用户就可以把 E-mail 寄到收信人的服务器上，整个过程只要几秒。SMTP 服务器则是遵循 SMTP 的发送邮件服务器，用来发送电子邮件。

POP3（post office protocol 3，邮局协议的第 3 个版本）是规定如何将个人计算机连接到 Internet 的邮件服务器和下载电子邮件的协议，是互联网电子邮件的第一个离线协议标准，POP3 允许用户从服务器上把邮件存储到本地主机（即自己的计算机）上，同时删除保存在邮件服务器上的邮件。POP3 服务器是遵循 POP3 的接收邮件服务器，用来接收电子邮件。

（2）建立个人电子邮箱

在 Internet 上使用电子邮件服务功能进行电子邮件收发，要先建立个人电子邮箱。所谓电子邮箱，是邮件服务器为每个注册用户提供的一个有限的存储空间，用以存储用户的电子邮件，每个电子邮件存储空间都对应地建立一个账号，它是互联网内唯一的，这个账号就是用户的个人电子邮箱，为 E-mail 地址。电子邮件收发时，按照 POP 协议，电子邮件首先被传送到邮件服务器上个人电子邮箱中，然后按照 SMTP 协议，由邮件服务器将信件转发到用户的计算机上。通常情况下，用户到 ISP 处办理上网账户时，同时就会获得电子邮箱。电子邮件的地址用来标识自己的电子邮箱，以便与他人的邮箱区别开来。全球的电子邮件地址是不重复的。

在 Internet 上，新浪、网易等门户网站都提供有免费电子邮箱服务。这些电子邮箱提供以万维网（WWW）方式在线收发电子邮件的功能。用户可以进入这些网站进行申请。

E-mail 地址由三部分组成，电子邮件的典型地址格式是“用户名 @ 邮件服务器名”。

- 这里 @ 表示 at（中文“在”的意思）。
- @ 之前是邮箱的用户名，它并不是用户的真实姓名，而是用户在服务器上的信箱名。
- @后是提供电子邮件服务的服务商名称，用户名可以自己设定，邮件服务器名由网络服务商提供。

例如，user@sina.com.cn 表示用户 user 在新浪网站的免费邮箱地址。

2. 其他文件传输服务

（1）文件传输（FTP）服务

所谓文件传输，就是从本地主机传送文件到网络上的远程主机或从远程主机读取文件到本地主机。FTP 是 Internet 上最早提供的文件传输服务之一，它通过客户端和服务器端的 FTP 应用程序在 Internet 上实现远程文件传送，是 Internet 上实现资源共享最方便、最基本的手段之一。

对于基于客户 / 服务器模式的 FTP 服务，客户首先登录到服务器主机上，然后就可以像在本地计算机上复制文件一样，通过网络从服务器主机传送各种类型的文件到本地计算机。这种从服务器向客户机传送文件的形式称为“下载”（download）。反之，若是从客户机向服务器传送文件，则称为“上传”（upload）。只要两台计算机遵守相同的 FTP 协议，就可以进行文件传输，并不受操作系统的限制。在实际应用中，各种操作系统中都开发了各自的 FTP 应用程序。FTP 可用多种格式传输文件，常用的文件传输格式有文本格式和二进制格式。

图形化的 FTP 客户端软件为用户提供了更好的界面，使不了解 FTP 命令的用户也能轻松使用 FTP 传输文件。FTP 软件种类繁多，常用的 FTP 专用软件有 Cute FTP、WS-FTP、网络蚂蚁、迅雷等软件，此外，还有一些不是专用的 FTP 软件也可以用来完成 FTP 操作，如 Web 浏览器。这些专用的文件传输工具通常都具有断点续传功能，在上传或下载文件时，不至于由于各种原因中断文件传输而前功尽弃。此外，有些网站在主页上集成了文件下载的功能，用户浏览到这些主页时，单击相关的选项就可以显示供下载的文件目录，单击想要的文件名或输入有关的个人信息就可以启动文件下载过程。

（2）远程登录（Telnet）服务

Telnet 服务是将用户本地计算机连接到网络上的远程主机，使用户本地计算机成为远程主机的虚拟终端，以终端的形式使用远程主机硬件和软件资源。

（3）网络新闻（USENET）服务

USENET 是一个讨论组系统，在这个系统中有各种专题论坛，每个论坛又称为新闻组。通过 USENET，用户可以参与自己感兴趣的专题讨论，可以看到其他用户的观点并发表自己的看法，与他们进行网上讨论和聊天。

（4）广域信息服务系统

WAIS 是供用户查询 Internet 上的各类数据库的一个通用接口软件。用户只要选择菜单中所希望查询的数据库并输入查询关键字，系统就能自动进行远程查询，帮助读出相应数据库中含有该查询词的所有记录，用户可进一步选择是否读取感兴趣的记录内容。

（5）电子公告板（BBS）

BBS（bulletin board system）开辟了一块“公共”空间供所有用户读取和讨论其中的信息。BBS 可提供一些多人实时交谈、网络游戏服务，公布最新消息和提供各种免费信息，包括免费软件等。

拓展训练

QQ 个人邮箱界面如图 6-27 所示。

- 使用自己的 QQ 邮箱给自己写一封邮件。自己的 QQ 号码 +@qq.com. 就是自己的 QQ 邮箱地址。
- 邮件内容需要通过网络检索到自己最喜欢的一款汽车的图片，保存成“最喜欢的车 .jpeg”，存放在桌面上，并将照片以附件的形式，添加进邮箱。
- 发送回执。

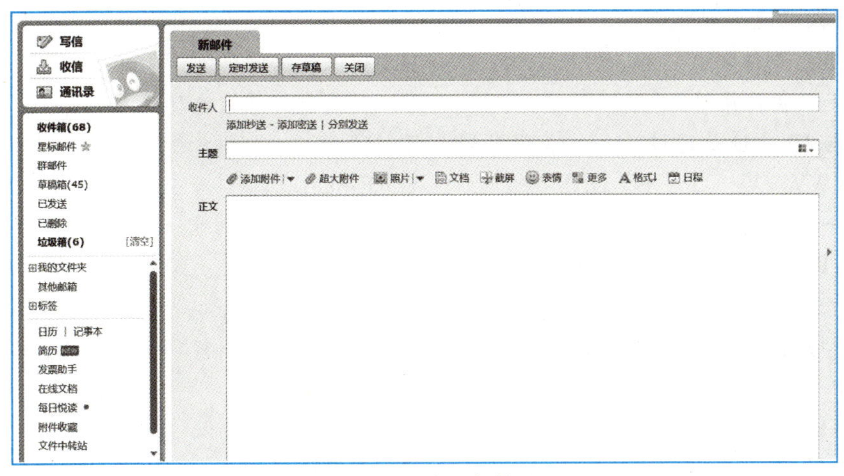

图 6-27 QQ 个人邮箱界面

习 题

一、选择题

1. 广域网和局域网是按照（　　）来分的。

A. 网络使用者　　B. 信息交换方式

C. 网络作用范围　　D. 传输控制协议

2. 域名系统 DNS 的作用是（　　）。

A. 存放主机域名　　B. 存放 IP 地址

C. 存放邮件的地址表　　D. 将域名转换成 IP 地址

3. FTP 是指（　　）。

A. 远程登录　　B. 网络服务器

C. 域名　　D. 文件传输协议

4. 计算机网络的目标是实现（　　）。

A. 数据处理　　B. 文献检索

C. 资源共享和信息传输　　D. 信息传输

5. Internet 中不同网络和不同计算机相互通信的协议是（　　）。

A. NovCll　　B. ATM　　C. X25　　D. TCP/IP

6. 在计算机网络中，英文缩写 WAN 的中文名是（　　）。

A. 局域网　　B. 无线网　　C. 广域网　　D. 城域网

7. 根据域名代码规定，表示非营利性组织网站的域名代码是（　　）。

A. .net　　B. .com　　C. .gov　　D. .org

8. 就计算机网络分类而言，下列说法中规范的是（　　）。

A. 网络可以分为光缆网、无线网、局域网

B. 网络可以分为公用网、专用网、远程网

C. 网络可以分为局域网、广域网、城域网

D. 网络可以分为数字网、模拟网、通用网

9. TCP 协议的主要功能是（ ）。
A. 对数据进行分组 B. 确保数据的可靠传输
C. 确定数据传输路径 D. 提高数据传输速度
10. 域名与 IP 地址是通过（ ）服务器相互转换的。
A. WWW B. DNS C. E-mail D. FTP
11. 如果一个 WWW 站点的域名地址是 WWW.sjtu.edu.cn，则它一定是（ ）的站点。
A. 美国 B. 中国 C. 英国 D. 日本
12. Internet 的中文含义是（ ）。
A. 因特网 B. 城域网 C. 互联网 D. 局域网
13. HTTP 是（ ）。
A. 网址 B. 超文本传输协议
C. 域名 D. 高级语言
14. 下列 IP 地址中，可能正确的是（ ）。
A. 172.16.55.69 B. 202.116.256.10
C. 10.215.215.1.3 D. 192.168.5
15. 如果一个 WWW 站点的域名地址是 www.bju.edu.cn，则它是（ ）站点。
A. 教育部门 B. 政府部门 C. 商业组织 D. 以上都不是
16. 在计算机网络中，通常把提供并管理共享资源的计算机称为（ ）。
A. 路由器 B. 网关 C. 工作站 D. 服务器
17. LAN 是（ ）的英文缩写。
A. 城域网 B. 网络操作系统
C. 局域网 D. 广域网
18. 计算机网络的主要功能包括（ ）。
A. 日常数据收集、数据加工处理、数据可靠性、分布式处理
B. 数据通信、资源共享、数据管理与信息处理
C. 图片视频等多媒体信息传递和处理、分布式计算
D. 数据通信、资源共享、提高可靠性、分布式处理
19. 目前网络的有形传输介质中传输速率最高的是（ ）。
A. 双绞线 B. 同轴电缆 C. 光缆（纤） D. 电话线
20. 计算机网络是按照（ ）相互通信的。
A. 信息交换方式 B. 传输装置 C. 网络协议 D. 分类标准
21. 下列网络属于广域网的是（ ）。
A. 校园网 B. 通过电信从长沙到北京的计算机网络
C. 两用户之间的对等网 D. 计算机游戏中的游戏网
22. 局域网使用的数据传输介质有同轴电缆、光缆和（ ）。
A. 电话线 B. 双绞线 C. 总线 D. 电缆线
23. IP 地址 132.166.64.10 中，代表网络号的部分是（ ）。
A. 132 B. 132.166 C. 132.166.64 D. 10
24. E-mail 邮件本质上是（ ）。
A. 一个文件 B. 一份传真 C. 一个电话 D. 一个电报

25. 以下关于访问 Web 站点的说法正确的是（　　）。
    A. 只能输入 IP 地址　　B. 需同时输入 IP 地址和域名
    C. 只能输入域名　　D. 可以输入 IP 地址或输入域名
26. 下列各项中，正确的电子邮箱地址是（　　）。
    A. TT202#yahoo.com　　B. K201&yahoo.com.cn
    C. L202@sina.com　　D. 112.256.23.8
27. 电子邮件是 Internet 应用最广泛的服务项目，通常采用的传输协议是（　　）。
    A. SMTP　　B. TCP/IP　　C. CSMA/CD　　D. IPX/SPX
28. 电子邮箱的地址由（　　）。
    A. 用户名和主机域名两部分组成，它们之间用符号"@"分隔
    B. 主机域名和用户名两部分组成，它们之间用符号"@"分隔
    C. 主机域名和用户名两部分组成，它们之间用符号"."分隔
    D. 用户名和主机域名两部分组成，它们之间用符号"."分隔
29. 下列关于电子邮件的叙述中，正确的是（　　）。
    A. 如果收件人的计算机没有打开时，发件人发来的电子邮件将丢失
    B. 如果收件人的计算机没有打开时，发件人发来的电子邮件将退回
    C. 如果收件人的计算机没有打开时，当收件人的计算机打开时再重发
    D. 发件人发来的电子邮件保存在收件人的电子邮箱中，收件人可随时接收
30. 下列关于计算机病毒的说法中，正确的是（　　）。
    A. 计算机病毒是一种有损计算机操作人员身体健康的生物病毒
    B. 计算机病毒发作后，将造成计算机硬件永久性的物理破坏
    C. 计算机病毒是一种通过自我复制进行传染的、破坏计算机程序和数据的小程序
    D. 计算机病毒是一种有逻辑错误的程序
31. 为了防止计算机病毒的感染，应该做到（　　）。
    A. 干净的 U 盘不要与来历不明的 U 盘放在一起
    B. 长时间不用的 U 盘要经常格式化
    C. 不要复制来历不明的 U 盘上的程序（文件）
    D. 对 U 盘上的文件要进行重新复制
32. 防火墙的作用是（　　）。
    A. 防止网络硬件着火
    B. 防止网络系统被破坏或被非法使用
    C. 保护外部用户免受网络系统的病毒侵入
    D. 检查进入网络中心的每一个人，保护网络
33. 三层结构类型的物联网不包括（　　）。
    A. 感知层　　B. 网络层　　C. 应用层　　D. 会话层
34. RFID 属于物联网的（　　）。
    A. 感知层　　B. 网络层　　C. 应用层　　D. 业务层

二、判断题

1. 在电子邮件接收与发送时，要遵循两个协议，一个是 SMTP，一个是 POP3。（　　）
    A. 正确　　B. 错误

2. 电子邮箱的账号由两部分组成，前面是服务器名，后面是用户名，之间用 @ 连接。(　　)
   A. 正确　　B. 错误
3. 计算机病毒主要通过读 / 写移动存储器或 Internet 网络进行传播。(　　)
   A. 正确　　B. 错误
4. 计算机网络是计算机技术与信息技术相结合的产物。(　　)
   A. 正确　　B. 错误
5. Internet 采用的通信协议是 HTTP。(　　)
   A. 正确　　B. 错误

参 考 文 献

[1] 张敏华，史小英 . 计算机应用基础 (Windows 7+Office 2016) [M]. 2 版 . 北京：人民邮电出版社，2022.

[2] 陈晴 . 计算机应用技术与实践 (Windows 10+Office 2010) [M]. 3 版 . 北京：中国铁道出版社有限公司，2019.